創見文化，智慧的銳眼
www.book4u.com.tw   www.silkbook.com

一開始 創業 就做對

創業不是用賭的，現在就該懂的事

世界華人八大明師亞洲首席 **王擎天** 著

Plan　Success　Company

給新手老闆的創新×創意的創業成功SOP

擁有本書，等於擁有一位私人的創業顧問，你還在等什麼？

在這個飛速發展的時代，人們對生活品質的要求越來越高，也越來越渴望實現自我的人生價值。但是，在這個魚龍混雜的環境下，不是每個人都有合適的平台可以展現自己的能力和才幹，在自己內心欲望的膨脹、普通上班族的發展受到侷限、工作不順心……等因素下，幾乎每一個人都曾動過創業的念頭，但最後付諸實踐的卻只有很少的一部分，而在這些少數的人當中，又只有更少的人取得了成功。曾經有一位年輕的創業者說：「其實，夢想就像雞蛋，不及時孵化，就會變臭。所以，夢想不能僅僅停留在空想中，更不能在天馬行空中耗費光陰。」

蘋果公司創辦人賈伯斯說：「生命有限，別浪費時間在重複別人的人生。」透過創業，才能讓自己快速掌握人生並且獲得自由。而創業，已經成為這個時代的熱門話題，在各行各業當中，不斷有新的佼佼者脫穎而出，而他們正是通過創業這條途徑發展起來的。但是，當我們視點聚焦在這些風光的人物身上時，卻忘了還有更多的失敗者依然在那黑暗的角落裡苦苦掙扎，而這些掙扎的人卻占了創業總人數的將近九成之多。為什麼同樣都是創業，而成功的創業者卻少之又少？當我們聽到那些創業失敗者抱怨說：「創業太難了，完全不是想像中的那麼回事。」甚至有些創業者公司都已經註冊好了，卻還不知道自己要幹什麼，有些知道自己想做什麼、目標在哪裡的，卻又不知道從哪裡下手，那麼造成創業成功率低的原因到底是什麼呢？歸根結底還是經驗的不足和方法使用不當，以及對於自己、市場和大局都沒有清楚的認識。

成功沒有捷徑，但一定有方法！創業成功的SOP就是找到你的興趣，並且思考如何將興趣轉化為商品，並且讓顧客願意花錢購買，結合你的經驗與專長，只要能填補市場缺口、找到利基市場，就能夠成功創業。

創業就是「解決大家的問題，得到你想要的東西」，透過這樣的過程，創造事業。那麼創業者要如何做好準備，在對的時機、邁出對的第一步！本書主要針對當前的市場環境，以筆者創辦19家公司成功的經驗為基礎，提供給想創業的人創業的方法和創業過程中需要注意的事項。為了讓讀者更能理解創業、掌握創業的過程以及利用各種創業方法，本書從創業者的創業適應性、尋找創業的機會點、創業者如何利用自己的創意進行創業、在創業的過程中如何去規劃和控管創業資金，並搭配案例解說，清楚地列出創業過程中的每一個步驟，所面臨的每一個問題，以及所應對的解決方法，讓讀者能夠一目了然，輕鬆創業成功。

　　尤其是那些正準備創業和剛開始創業不久的人，細細研讀有助於在以後的創業過程中，瞭解一些可能會遇到的問題和突發情況，以便提早做好準備，避免不必要的損失，為自己的創業道路掃清荊棘，更加暢快地邁向成功。而對於創業的資深人士，則可以根據自身創業所遇到的問題和情況，進行有針對性的選讀，從中提取在創業過程中所遇到問題的解決方法，以免出現「千里之堤潰於蟻穴」的情況，從而讓自己的辛辛苦苦創造的事業發展得更強大、更加牢固，在創業的路途上，可以走得更長、更久、更遠。

王擎天

于台北上林苑

Chapter 3 創造利基市場，確定目標客群

Chapter 4 你如何賣它？通路與行銷

Chapter 5　關於錢——創業應有的財會觀念

Chapter 1

商機在哪裡？
創業的起步

01 抓住時代的脈動，創業的開始

西元2000年，美國封閉的校園環境讓大學生們極度渴望有一種快速有效的聯絡方式，一位哈佛的大學生祖克柏（Mark Zuckerberg）觀察到當時同年齡人士的社交需求，並且運用自己在網路與程式設計的能力創辦了社交網站「Facebook」（臉書），不但解決了社會的問題，還一舉創業成功成為全球最年輕的白手起家富豪，時至今日他的公司「Facebook」（臉書）已經把世界上五億多人聯繫在一起，人口數量僅次於中國與印度，成為世界第三大國家。

時間再往前推三十多年前美國的七○年代，當時電腦不但價格昂貴，組裝也困難，只有專業人士才能夠使用，於是社會正彌漫著將電腦運算能力交給群眾的呼聲，一位美國青年在自家倉庫與朋友一起打造一般人負擔得起也方便使用的蘋果電腦，一舉打破了電腦使用的普遍障礙，更帶領大家進入個人電腦的時代，他就是蘋果電腦的創辦人──賈伯斯（Steve Jobs）。今日蘋果電腦的各項產品，包括iphone手機、ipad平板電腦、ipod音樂播放器不僅在世界上一一熱銷，更大大地豐富、便利人類的生活。

從臉書的創辦人祖克柏再到蘋果電腦的創辦人賈伯斯，他們的創業起步都不約而同地與時代的需求有著密不可分的關係，祖克柏觀察到大家需要的不只是個可以聯絡並且儲存有用的資訊而已，而是一個能夠聚集眾多朋友的有效溝通平台。賈伯斯更是突破了一般人使用電腦的障礙，讓大家都買得起、操作簡單的電腦。當大眾的需求獲得滿足，人們的生活進一步地獲得豐

富並且改善，於是商機與利潤就不斷地產生，讓企業得以成長壯大。

勇敢踏出第一步

然而，創業者除了要嗅到時代的脈動與需求之外，有勇氣踏出成功的步伐更是成功創業的關鍵所在；以祖克柏來說，當時創辦臉書時的他還是哈佛大學在學生，在面對名校畢業證書與一發不可收拾的社交網路發展契機，祖克柏被迫要做出最後抉擇，在幾經思考之後，祖克柏做出了一個讓他後半輩子都幸福的抉擇，就是專心地在臉書的經營與研發，果然在2004年臉書「Facebook」網站啟動之後，第一週就有近半數哈佛人學生在臉書上註冊，三週後哥倫比亞大學、史丹佛大學、耶魯大學等名校生也都紛紛註冊成為臉書的會員，就這樣祖克柏的名字就隨著臉書的推廣宣傳而被快速地傳開來。

蘋果電腦教父賈伯斯也不遑多讓，他在1972年從里德學院休學，理由是他看不出上大學有何價值，卻得花掉父母一輩子的積蓄，這樣的決定曾一度讓他的父母對他十分失望，但不到十年的光景，賈伯斯這個大學中輟生卻已經累積了上億美元的身價，主要是在這段時間他潛心研究中國的書法與麥金塔電腦的設計，讓蘋果電腦公司與他個人的價值水漲船高。同樣是因為有勇氣踏出創業成功的第一步，而名利雙收的最佳典範。

熱愛工作，讓創業更容易

不過特別要說明的是，雖然祖克柏與賈伯斯都是因為放棄大學教育而闖出一片天的，但並不是說每個人都要循此途徑達到成就，其實能夠讓他們勇敢地捨棄學校教育，全心投入創業與研發，背後還存在很大的一個關鍵，那就是創業者對於所創辦的事業是否有興趣、能力與熱忱，因為這也攸關著他們事業是否真能成功以及持續發展的關鍵。

雖然賈伯斯從里德學院休學，不過他還是修習了自己感興趣的課程——書法課，因為里德學院有全美第一流的書法學程；賈伯斯這個決定著實改變

了他的一生，也改變了全世界，因為日後麥金塔電腦裡頭漂亮的字體設計，都是源自於書法課的影響。賈伯斯上書法課只有一個理由，就是他迷上了書法造型，後來就是因為融入了這些漂亮字體與方便使用的圖形介面，讓麥金塔電腦大獲成功，使得蘋果電腦得以襲捲市場生存至今。所以如果不是賈伯斯當年對書法字型那麼有興趣，以及對麥金塔電腦研發付出如此大的熱情，蘋果電腦恐怕早就已經消失了。

賈伯斯2005年在史丹佛大學畢業典禮上的演說中也曾表示，想要獲得偉大的成就，你必須熱愛自己的工作，那是唯一的方法。早年一起與賈伯斯組裝電腦做設計研發的渥茲尼克也說過：「我做設計工作可以不收一毛錢，心甘情願，因為我熱愛這工作。」賈伯斯與沃茲尼克都把志趣化為工作，因此他們都能創業成功。

即便是後來賈伯斯在1985年與蘋果董事會決裂毅然離職，賈伯斯仍然不改創業的精神，在1986年以一千萬美元從美國導演喬治·盧卡斯（George Lucas）手中收購了位於加州的電腦動畫工作室，並成立獨立公司皮克斯動畫工作室，擔任起了全球3D動畫電影的重要推手，開創了「玩具總動員」和「海底總動員」等動畫鉅片的成功。而這一切的一切還是因為賈伯斯熱愛自己所做的事情。

「做你愛做的事，如果做你所愛的事，在逆境中依然有力量。而當你從事喜愛的工作時，專注於挑戰要容易得多。」這是祖克柏曾經說過的話，同時也再次驗證了創業者對於所開創的事業有了豐沛的熱情就比較能成功。其實祖克柏在進哈佛大學時也曾跟賈伯斯有同樣的困擾，就是在自己所不擅長的學習方面耗費了許多寶貴的時間，後來他漸漸發現原來自己對於網路世界有著很大的興趣，在集中心力在社交網站的建構之後，祖克柏這才逐漸地找到自己創業的方向和人生的目標。

及時訂立明確的目標

　　明確的目標是所有想要創業成功者必須做到的基本的前提，在創業之初將自己想要做的事業願景清楚地勾勒出來是非常重要的事，祖克柏很明確地知道自己的興趣與熱情所在，更強調自己要將Facebook打造成一個具有社會公共價值的軟體平台，於是他義無反顧地往此邁進，並逐步完成自己的使命。

　　據說在二次大戰期間，如果有一名身分不明的士兵在黑暗中突然出現，而又不能立即報出他的任務與使命時，他會立刻被槍殺。雖然這樣的說法有些駭人聽聞，不過藉此也告訴所有創業者，在創業前找到自己人生的道路以及你將履行的企業使命是多麼地重要，否則你個人與企業將會隨波逐流，過著無意義的生活而不自知。

　　每個人都有著不同的生命特質，包括獨特的能力、興趣與熱情、個性與過去的經歷，這些都是創業者在開創事業前所必須要充分了解的，而不是一味地看到市場需求增加，就往那個市場投入想大賺一筆，如果是市場需求下降，你是否就此打住不做了，我想不管是賈伯斯或是祖克柏固然都是看到市場與社會的需要才開始做了創業的計畫，但在他們遇到困難挑戰時仍然能繼續往此目標前進的動力，不外乎是他們深知自己的興趣與熱情所在，也明白自己能夠做什麼以及不斷地堅持自己的理想與企業使命的關係。

　　以祖克柏而言，在小時候就很清楚自己想要的什麼，在少年時期就已經開始為美國線上編寫功能代碼並學會了程式設計，而這也奠定了他長大後成功創辦臉書的關鍵能力。此外，祖克柏也深深地意識到，大部分真的值得付出心力去做的事都不是容易的，甚至是個不可能的任務。但他定睛在自己的目標與才能，並且很努力地實現夢想，所以才能有今天這般的成就。

　　祖克柏曾經說過：「成功不是靈感和智慧的瞬間形成的，而是經年累月實踐與努力的工作。所有真正值得敬畏的事情都需要很多的付出。」所以，當我們看到祖克柏創業成功時，不要只看到其成功的果實，想想自己是否也願意學習他那不斷挑戰自己與解決問題的毅力。

如何從商機尋找
創業的機會點

成功需要時間，而創業是需要機會的，只是通常心懷夢想的人們總是不知道到底應該怎麼來尋找創業機會，不同的人對於商機的發現是不同的，所以創業的方式和模式也就存在了差別，看似不起眼的工作環境中，也大有商機，你是否忽略了？創業者須仔細思考方向，從外部環境分析創業機會，再思考可以整合什麼資源、創造機會！

對於一些有頭腦的人來說，他們會主動創造機會，而對於大多數的大眾來說，機會都是被發現出來的，實際上，比較務實的人會從自己身邊的點點滴滴中尋找創業機會，看似不起眼的發現或者就幫助你成就了一生的事業，所以千萬別忽略了就在我們身邊的那些創業機會。

創業過程中，做足準備可降低風險、避開創業陷阱，就比較能夠創業成功，從初期創業發想到經營管理，要如何去思考、準備、評估與判斷商機呢？

舉例來說2014年消費電子展（CES），各種穿載裝置產品紛紛出籠，創業者無不想提早卡位，從穿戴商機分一杯羹，今年的CES顯示，穿戴裝置已逐漸成為一門「潮流」，但穿戴裝置要達到「商機」水準，還有待整個市場成熟，現在電子穿戴商機，其中絕大多數專注於智慧錶、健康感應器，穿戴裝置顯然已是一塊值得探索的成熟領域。

好！！現在問題來了，既然穿戴裝置能為未來電子產業，帶來另一波商機。那想創業的人真的該切入這個市場嗎？這市場未來能創造高收益嗎？在

行動裝置氾濫的年代，誰還會特地穿戴電子手錶或眼鏡？所以市場商機又在哪裡呢？以目前尋常認定的智慧型手錶而言，一般功能包括接聽電話，看到來電者的身分，確認地標以及內建的計步器和心跳測量器等。那麼，智慧型手錶是否會成功？我們可以從總市值、利潤、技術、時機等不同面向來分析出幾個商機點。

「商機點一」市場大，手錶2013年產出60億美元。

「商機點二」有利潤，手錶毛利率約在 60%。

「商機點三」有吸引力，手錶利潤高於其它行動裝置。

從以上三個商機點我們可以看出，電子穿載裝置未來的收益很可觀，雖然現在市場不成熟，但是創業者永遠是在市場還是一片藍海的時候，先行卡位。從國際電子大廠的整個研發策略來看，蘋果（Apple）在全球各地註冊iWatch商標，三星電子（SAMSUNG）、SONY（索尼）也強攻智慧手錶，傳統腕錶業卻絲毫不畏高科技競爭，拒絕走入夕陽，在勞力士（ROLEX）等高價精品錶帶動下，美國傳統腕錶市場銷售額近三年仍增加24%，預估2017年前還將成長30%。既然各家廠商都開始研發「iWatch」，而且定價都在1000～2500美元，那想創業人該如何從這波流行趨勢，尋找自己的創業的機會點呢？

評估創業時機

我們從「穿戴裝置商機」觀察可從趨勢、自我、時機、技術、行銷、服務六個方向評估創業時機。

❶ 趨勢

首先，要觀察想創業的市場的流行趨勢，有沒有兩至三年以上的光景。穿戴裝置有這個光景，相對於多年前的蛋塔效應，就不一定有這個光景，創業不是一窩蜂搶攻市場。不管做哪一行，都得先看看自己能否在市場屹立不搖。就像某些知名蛋塔店，在潮流退後仍然存在。創業者看到的趨勢，是自己的

專業技術和品牌價值能否在趨勢中打開知名度，而不是跟著趨勢發瘋。

❷ 自我

創業者看出趨勢之後，先問問自己的專業能力能否追隨趨勢，創造自己的獨特性，開發出自己的市場。例如一對夫妻，一個懂生物科技研發，一個懂行銷，兩個人專業結合，就可以從美容市場趨勢中，研發出適合女性美容的產品，抓住這一波醫美趨勢潮流。

❸ 時機

天時、地利、人和這每一個時機點環環相扣，天時是從趨勢分析市場走向，選擇切入市場的範圍（地力），在洞悉產業發展的趨勢及範圍之後。自己應審慎評估，是否有充足的資金、人才足以開創事業，以眾人之力分散風險，避免日後創業失敗而走上絕路。

❹ 技術

有人開小吃店生意興旺，有人卻生意很差，重點在製作小吃的技術，能否讓消費者認為「好吃」，有了讓大家都覺得好吃的技術，創業開小吃店才會生意興隆。其它像是手工香皂創業者，擁有創新技術及研發模型的能力，掌握了關鍵技術，再致力於市場的開發，打出有機手工香皂的品牌，自然能在這波養生風潮中找到自己的定位。

❺ 行銷

這年頭靠口碑行銷，創業成功機率才會高，好吃的東西有口碑就會有人買，好用的東西在網路上有口碑，自然會有人主動來網路下單，產品口碑已經成為創業成功必備的條件，打開市場能見度需要行銷口碑加持，若能有效運口碑宣傳管道，產品打入趨勢潮流的機率才會大。

❻ 服務

創業者必須先以消費者的觀點看他們要的服務是什麼，產品才有可能讓消費者買單，比如說在網路上買一件手工打造的禮服，如果創業者告訴消費者三

個星期後可以拿到，結果竟然等了三個月，即使產品手工再怎麼精緻，也無法令消費者接受。所以，一定要確定產品或服務有沒有獨到之處，只要有獨到之處，令消費者滿意，消費者自然會買單。

培養機會發現力

發現創業機會是當老闆必備的能力之一。要有這種能力在日常生活中就需要有意識地加強實踐，培養市場研究調查的習慣，了解市場供需狀況、變化趨勢，從各種知識、經驗、想法中汲取有益於自己創業的東西，增強發現趨勢的能力。比如說投資餐飲業，必須先調查研究店面的曝光度、成效有多高，招牌怎麼放才顯目，在哪個地方租看板廣告，評估消費者的活動範圍，選定店面後，還得考慮商圈周邊的消費者，消費動機高不高，商圈消費者移動速度，每個人會在街道上約停留多少分鐘，從這些小細節觀察中，研判出自己的創業機會。發現趨勢要有獨特的思維能力。絕佳的機會往往是被少數人抓住，抓住被別人忽視的機會，只要你才有機會找到自己的立足之地。

以美國知名品牌Levi's為例，當初創始人Levi Strauss去西部淘金，淘金者需要過河，他看到擺渡過河商機，結果做起了擺渡生意，賺了不少錢，不久擺渡生意變得很競爭之後，Levi看到淘金者採金礦需要大量的飲用水，有賣水商機，於是做了賣水生意賺了一筆。後來賣水的生意又很競爭，那時他發現淘金者跪在地上工作的關係，褲子的膝蓋很容易就磨破，他看到了牛仔褲商機，於是捨棄賣水生意改做牛仔褲生意，Levi從別人忽略的細節找到商機，實現了致富夢想，從Levi的成功中我們可以看出幾個商機發現力：

❶ 全觀力

Levi具有豐富的主觀內心世界，而它的思維核心就是全視野觀察力，淘金者渡河、口渴、褲子磨破都是全視野的觀察，不是單一點的觀察了解人與世界的互動，就能對萬事萬物持有獨到的看法，以採取適當的態度和行為反應，穩妥地處理各種問題，抓住商機點。

❷ 反觀力

一般人創業會對自己過分苛求，把創業方向定在自己能力所及的範圍之內達成目標。這樣，反而侷限了自己發展的可能性。Levi正好相反，他以反視野觀察力的方式，放棄自己原先經營的事業，轉而投向另一個更好的市場。Levi不會因為生意被搶走而情緒失控，相反的，他懂得自我調控情緒，讓自己用另一種態度，在愉快的環境中看到商機賺到錢。創業者對生活充滿熱情與信心，遇到不好的事，要換個方法變個方式思考，創業的成功機率自然會很高。

❸ 原動力

每一個成功創業者在找尋商機點時，會看出利潤滾出來的原動力，Levi看到口渴的原動力，接著也就開發出賣水的商機，一般來說，創業者要明白創業的原動力根本來自於顧客深層的原始需求——渴望，善於滿足顧客的渴望與需求的創業者，就能抓住商機。

未來最賺錢的行業

筆者預測，在未來的經濟發展過程中，許多行業都將會成為狠撈一筆的行業之一，例如運輸業、旅遊業、金融服務業、汽車產業等，都有可能成為繼「科技新貴」之後的某某新貴。如果我們能搶先瞭解與培養未來可能風行的行業資訊，就能提早為自己或事業的發展做定位。

 汽車售後服務

我們說汽車的「售後服務」市場，是有蠻大發展潛力的行業。汽車的售後服務市場是指，消費者從購車之日開始，到若干年後報廢之日的期間，在該車上的所有維修、保養等花費所產生的商機。

筆者認為，未來的行業將分為「個人服務」與「非個人服務」，前者必須跟顧客面對面接觸，或是交易場所需要固定在特定地點，像是汽車維修或中醫針灸等工作，因為這類型的行業無法由電腦的「遠距服務」來取代，因此形成了「不可替代性」，競爭力較強。

網路遊戲＆動畫製作的宅商機

如今網路的普遍使用，給網路遊戲和動畫製作帶來了相當大的發展空間，雖然許多行業因受通膨影響而遭到衝擊，但是遊戲動漫產業這一塊領域卻是不降反漲，使得不少從事傳統行業的企業也開始投資遊戲。

你知道什麼是御宅族（OTAKU）？在日語中，簡單來說 OTAKU是指

對某樣事物或領域特別狂熱，卻對其他事物漠不關心，甚至到封閉自己的族群。例如鐵路宅（「鉄道御宅」，喜好蒐集電車模型、照片，對各地鐵路如數家珍等）、軍事宅（「軍事御宅」，喜歡收集槍械或軍事用品者）。但一般來說，還是以動畫、漫畫、遊戲的狂熱愛好者為主要的稱呼對象。

在台灣，因誤解其字面意思為中文的「宅」，而以「居住處」的意思解釋。認為「宅」是具備：經常足不出戶、流連網路、穿著不修邊幅、不擅言詞、缺乏對異性的魅力等形象，只要符合上述特徵，便會被社會大眾套上「宅男宅女」加以形容。但事實上，這些定義卻是比較符合隱蔽青年。

同時，台灣的宅消費已經從「規模小、優先度低」，快速轉變為「影響力大，扮演領導市場」的角色。只要能在不需露出真面目只需代號的網路世界裡，看出「阿宅」們千奇百怪的需求，然後找到滿足這些需求的方法，提供服務，就能拿下這波「宅經濟」的大餅。

而在全球上網密度最高的台灣，數位匯流加上宅商機，也創造出許多工作機會。

據統計，目前全球動漫產值超過二千億美元，若加上周邊商品，產值更高達3千億美元。在文創產業和數位內容開發的雙重趨勢下，台灣的「御宅族」市場前景可期，推估十年內將可創造出十萬個工作機會。

3G＆3C產品的商機

3G業務對用戶來說，意味著速度更快、應用更多元、內容更豐富的特點，因此對於有志在無線網路應用領域裡有所作為的人來說，3G甚至4G時代的到來將會是絕佳的創業契機。

筆者預測，到了2016年時，將會有近十億的消費終端產品能夠行動上網，而3G手機用戶的上網需求將會超過無線網路市場的整體成長速度。不僅如此，在全球最重要的行動通訊產業的年度行動通訊世界大會（MWC）上，會透過邀請各國手機廠商、電信業者、軟體商和專家學者等，藉由展示

新產品、服務和討論行動產業趨勢和技術，讓全球一窺科技發展趨勢。

而一向被視為是行動通訊產業風向球的MWC，在近年主要透露出了三項新科技——分別是Android 3.0平板電腦、雙核心手機與3D手機。此外還有兩大潮流，那就是中國風與韓流。

此外，我們可以看到一個明顯趨勢，那就是Android陣營日益茁壯，將直接挑戰蘋果的市場不敗地位。雙核心手機部分，雙核心儼然已成為智慧手機的標準配備。主打雙核心手機多一顆處理器，可更提升手機運算速度的高速作業能力，讓上網速度更快，還能做到多工作業，讓繪圖品質大幅提升等，打造出如電腦般的作業環境。

這些話題持續發燒的新行動通訊技術產品，必將成為繼3G之後的行動寬頻發展趨勢。

電子商務領域

網路擁有大量傳輸、即時與不受空間限制的特色，改變了企業間（Business to Business，B2B）的商業往來模式。近年來，電子商務的發展速度越來越快，第三方支付平台也逐漸成為發展最為快速的網際網路應用領域。在電子商務領域，以中國為例，中國電子商務規模目前已名列全球第二，並展開爆炸式的成長。到了2015年，中國網路消費者的數量將激增到3.3億人，占城市人口的44％，將會成為世界最大的電子商務市場。

而中國最大的電子商務公司「阿里巴巴」集團也曾來台招商，表達希望台灣廠商進軍大陸市場的熱忱。該集團副總裁金建杭認為，台灣商品具有獨特、創新和優良品質的特點，且許多大陸觀光客到台灣旅遊時都會指名購買「MIT」（Made In Taiwan）商品，但這並無法滿足大陸十三億人的廣大市場。

若台灣廠商能將中國大陸買家有濃厚興趣的產品，例如文創商品、化妝品、包裝食品、或台灣糕點等進軍網路商城，那麼將能創造消費者與業者雙贏的局面。

物流行業

電子商務、網路購物及宅經濟的快速崛起，也註定了前述的熱門行業物流的巨大發展。至今，物流業已成為一種支柱型產業（Pillar industries），涉及了運輸、配送、倉儲、包裝、流通加工、物流資訊、物流設備製造、物流設施建設、物流管理等多種產業。在未來，物流行業會在電子商務發展的帶動之下，發揮更大的發展潛力。

綠色飲食商機

我們都感受得到，21世紀的飲食風潮就是綠色有機的健康飲食生活。隨著生活水準的提高，食安問題的高度關注，社會對於食物的需求已經從早期的「吃好、吃粗飽型」轉向「吃對、吃營養、吃健康型」。

時下對於養生、預防保健、或是身心靈的保養等觀念，隨著電視雜誌媒體名人的提倡而越發受到注意，因此綠色有機食品正好迎合了市場發展與消費者的消費需求，使得市場佔有率也將越來越高。

寵物市場新商機

近十年，全球各地的寵物飼養數持續成長，帶動了寵物產業的熱潮。據國際研究機構Euromonitor的調查，美國仍然是規模最大的市場，寵物食品及用品市場的規模達到260億美元；其次為西歐各國；亞洲則以日本為較大的寵物市場，規模超過50億美元，但近幾年來其寵物食品及用品市場的成長趨緩，但在其他的寵物服務方面則有較大幅度成長。

中國大陸、印度、泰國、越南等其他亞洲國家，都屬於新興的寵物市場，近年來在寵物食品及用品的年成長率都超過10%，其中中國大陸的寵物相關產業的年均成長率更高達了15%。

由以上調查數據發現，寵物飼主越來越捨得花錢疼愛自己的寵物，這使得近年來與寵物相關的消費支出逐年攀升。

　　探討這一波寵物經濟及寵物消費行為崛起的原因，就在於人們對寵物的情感已經更為轉變。隨著生活型態及家庭人口結構的改變，現代人在經濟所得富足的情況下，已不需要養寵物來狩獵、看家，甚至藉由養名貴寵物來表示自己的身分地位。

　　換言之，寵物已經不再是飼主的經濟地位的象徵，而是像家人、朋友那般的重要伴侶。在人際關係疏離、工作壓力沈重的現代社會，寵物能夠陪伴飼主排解寂寞、舒緩身心壓力，並能藉此得到情感慰藉。

　　隨著寵物躍升為家庭一份子，自然而然，我們對待寵物的方式也就不可同日而語。除了更加注意寵物的飲食、健康及舒適性之外，也願意讓寵物共享與人類相同的體驗，因此，與寵物相關的服務範疇，除了包含寵物的生老病死各個生命階段之外，也將發展到寵物的食衣住行育樂等各個生活層面，由此衍生而出的新服務，都將引爆寵物商機市場。

租借行業

　　生活中，除房子的價值較有可能持續上漲之外，其它的東西通常會因通膨而不斷貶值。或許你就有認識這種對物品一向喜新厭舊的人，像是喜歡不斷地換車、換手機、換電腦、換名牌包；或者是有急需用上、卻不願或買不起昂貴東西的人。這些需求，讓腦筋動得快的商人開始了「租借」行業，也興起了一種新風潮──「買不如租」。

　　當然，從汽車、筆記型電腦、家電、手機，到名牌包、盆栽、書畫、傢俱、健身器材，可租借的物品五花八門，或許你想得到的都有。這對消費者來說，租借這項服務已經不只是為自己節省了荷包，還能滿足租借者的嚐鮮心理、與應付急需的時刻，還能減少資源的無謂浪費，可說是一舉四得。因此，未來租借行業也將更有發展前景。

　　當然，將未來作為長期來看，能夠賺錢的行業當然一定不只上述所說的，還有很多有潛力的行業等著看到先機的人搶先「下手」，例如保健食品、保健器材、化妝保養品、手機通訊、電腦軟體、醫療藥品、老人看護等多種行業，都還有相當大的發展空間。

　　具體來說，如果你正煩惱著未來該選擇哪種行業投入才好，當然還是必須先根據自己的實際情況來調整行動才是。

評估創業的可行性

創業計畫可行性評估，是創業決策的輔助工具，提醒創業者，究竟該不該創業？要怎麼做才能讓創業風險最小、效益最大？在尚未創業之前，可先實施評估創業的可能性，根據評估決定下一步進行。評估流程可從幾個方向思考：

1.**構想評估**——以創意的進行驗證，小規模投入市場，並評估其可行性，待驗證可行性通過後，進一步計畫大規模發展執行。

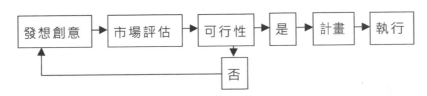

2.**執行評估**——創業計畫執行中，投入更多資源之前，突然發生資金、人事、技術、專利權等等層面上的衝突，創業者可先研擬衝突解決的方案，以備不時之需。

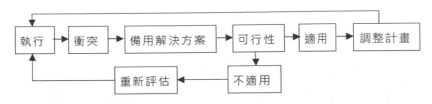

3.**計畫評估**——創業計畫，當資金需求較大時，會向創業投資公司或個人投資者尋求資金挹注，過於簡單的書面資料或口頭報告，無法獲得

投資者的認可,必須將所投資的事業以更具體詳實的方式充分表達出來,此時「可行性評估」就是不可或缺的資料之一,藉由此評估報告,先行評估資金分配的可行性,依據可行性再擬定開展策略,並決定創業金額分配運用,此計畫評估報告,是創業者計畫判斷資訊之一,計畫周詳可避免貿然投入太多資金,面臨破產風險,致使營運發展方停滯。當創業者需要銀行、創投或民間投資者資金挹注時,除了營運計畫之外,必然還要提出可行性評估報告,報告除了提供的擔保品之外,通常還會提出創業資金投入之後如何還款。如果這份報告有公信力及專業能力,投資資金挹注的可能性將大增。

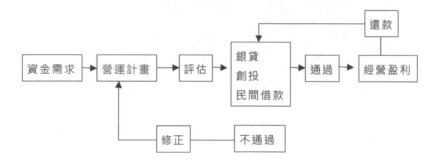

個人評估

創業夢總是美的,充滿樂觀夢想,有助事業成功,不過,創業者對個人優劣勢無法完整評估,難免無法掌握創業實際情況而風險大增,唯有在投入資金之前,先評估一下創業計畫是否可行,成功機率較大。評估自我主要有七個方向:

1. **願景評估**——創業者是否能用簡單的描述,清晰寫出創業構想?比如說創業構想寫著:「我想開一家老人餐廳,專門服務老人,給老人一個舒適的用餐環境」用短短的一句話將構想描述出來。根據成功創業者的經驗,只有把創業構想變成自己的語言,就能知道自己能不能完成創業計畫。

2.專業評估——願景評估描繪出創業構想之後，創業者可以問自己，自己適合從事老人餐飲業，從事老人餐飲業的人，對老人餐飲業的每一個細節都需要非常的了解，比如說創業者必須花費很多時間和精力去調查餐飲價格、銷售、管理費用、行業標準、競爭優勢等等創業細節，然後決定是否要投入老人餐飲業。

3.執行評估——創業者經過願景與專業評估之後，可再進行執行評估，看看有沒有人開餐飲店成功，一般來說，經營不錯的餐飲店開店的經驗可做為參考，藉由吸收各種餐飲店的長處，結合成老人餐飲店的執行方法，開店成功的機率會較高。成功的創業者常說，還沒有被執行成功過的創意，往往只是幻想，只有被執行成功的創意，才有參考價值。

4.商機評估——願景、專業、執行都沒問題，接下來創業者要問自己，老人餐飲店這個想法經得起時間考驗嗎？創業初期，創業者老人餐飲店計畫真正得以實施時，創業者會感到很興奮。但過了半年甚至一年之後，將是什麼情況？它還那麼令人興奮嗎？或已經有了完全不同的另外一個想法來代替它。如果老年人口的增加是未來的趨勢，老人餐飲店真的經得起考驗嗎？如果餐飲店經不起考驗，還有哪些商機可以服務老人。

5.持久性評估——創業者評估自己創業的持久性，先問一問自己服務老人的心願，過了五年、十年之後，還會改變嗎？創業者的構想是為自己還是為別人？你是否打算在今後五年或更長時間內，全身心地投入到這個計畫的落實？如果創業者下定決心以服務老人為職志，從事這項行業，相信可以慢慢在這一行裡開花結果。

6.人脈評估——出外靠朋友，這句話依然適用於現代創業者，朋友包含許多的專業合作夥伴，創業者創業之前，可先評估自己是否有一個好的專業人脈網路？餐飲店創業之初，實際上就是一個原料供應商、店

面裝潢承包商、創業輔導專家、專業廚師所組成的人脈組織。為了找到合適的人選，創業者應該有一個屬於自己的人脈關係網。否則，創業者有可能因用人不當產生重大損失。

7.**回饋評估**——創業者創業之初，只想著賺大錢，很容易迷失在金錢數字中，而放棄原有的夢想，統一創立7-11便利商店時，連續虧損七年之後，才有今天的成功，這證明了創業者必須明白什麼是潛在的回報？每個人投資創業，大都以賺錢為終極目標，但在致富過程中，不僅僅只是金錢數目的運用而已。創業者還必須考慮員工的成就感、回饋消費者、社會等。如果沒有意識到這些無法用金錢衡量的回報，創業必然不能持久。

創業準備事項

　人人都可以創業，但是不一定人人成功。許多成功創業者，成功之前，是先了解自己，創業者首先必須做的便是決定要從事哪一種行業，哪一類項目？是想經營餐飲、服裝還是房地產？在你下決定之前，最好先從個人評估七個方向，了解自己的潛力在哪裡。一旦做好選擇，接下來創業者需要做到以下幾件事。

1.**智識學習**——盡量讓自己多接觸各種信息與資源管道，諸如創業者的自傳、創業叢書、商機雜誌等；或是專業的商業組織，形成完整的創業點子。通常各行業都有專業協會及團體等組織機構，從這些團體、組織可評估出創業的機會與潛力。

2.**資源運用**——創業者在某些區域創業之初，可先拜「碼頭」了解一下，當地的商業組織，比如說公會、同鄉會、中小企業管理局的計畫書顧問群等當地的商業組織，創業者可以拜訪這些組織並把創業訊息告知當地的組織團體等來增加曝光率。透過彼此的交流，與同業交換創業心得，學習成功創業者的成功經驗，形成屬於自己的人脈網。

3.**識別度建立**──創業之初，為了吸引消費者的注意，識別度建立相當重要，像是麥當勞、肯德基、星巴克這類大型餐飲業，不管公司名稱、標誌、顏色都有很搶眼的對比，最佳的品牌或公司名稱是要能夠充分反應創業者產品識別度，顯現出服務與眾不同的特色及。品牌與產品識別度，是消費者的聯想力。具品牌識別度與產品識別度的公司有助於建立形象。比如說，我們絕不會把星巴克跟麥當勞的品牌標誌搞混了，如果創業者開餐飲店，店的標誌與星巴克的標誌很雷同，那消費者只會認為你是另一家星巴克分店，萬一又被消費者發現，創業者是模仿星巴克的假貨，包準沒人會想去這家店喝咖啡。所以選擇的品牌或公司名稱時應考量到辨識度，讓消費者一看就印象深刻。最後，別忘了建立識別度要看清楚商標法，不要選一個被登記或已在公司商標法的保護中名稱，以免開了店之後，才發現要改名，常常改名的公司，辨識度會變得很低，不容易打入消費市場。

4.**組織架構**──自行創業或者合夥創業，公司的組織架構不同，合夥創業要考慮到股東利潤分配一些法律問題，自行創業則面臨登記營業、籌資的一些法律問題，這中間形成的組織架構孰優孰劣，並不一定。所以，創業者必須先了解各種公司組織型態的利弊，選擇適合自己的創業計畫方式。不管用哪一種方式創業，最需要注意的焦點是權利、義務，誰該有權利分利潤，誰又該負責債務。

05 創造事業，創造價值

從金錢角度來看，創業引起的附加價值，即為創業者的事業價值，當創業者增加十元的成本，就能增加十元以上的價值時，這就是一件創造事業價值的投資。例如超商原本是零售業，卻能藉由店面為據點，代收消費者購買的各種費用，從中收取手續費，創造更多的附加價值。從超商的提高附加價值的行銷模式中，創業就是解決大家的問題，得到創業者想要的東西，透過解決問題的過程，創造另一番事業，比如說超商為了解決消費者繳費的困擾，開創了代收事業，進而得到超商想要成為民眾「便利通路」的目的。

創業者除了在解決消費者問題中創造價值之外，也可以在創造新需求中創造事業的價值，比如說線上軟體LINE創造了大量的可愛貼圖，透過消費者下載，LINE每年可獲得三億美元的營收。貼圖的發明和普及讓我們的生活變得更有趣，業者創造了一些貼圖，讓通訊變得更好玩，貼圖並沒有像超商那樣化解消費者什麼生活困擾，但貼圖卻成了LINE的事業價值之一。從超商與LINE創造事業價值的觀點來看，人們會把錢花在——

1.解決問題——把錢花在超商，解決繳費問題。

2.創造需求——把錢花在玩LINE貼圖，追求玩樂。

創業者在創造需求的同時，就一定會解決問題，這兩個互為因果，不能分開來看，以LINE來說，它看起來像是創造貼圖需求，實際上也是解決人們覺得通訊很無趣的問題，創造需求涵蓋解決問題，所以創業者最好可以解

決問題為出發點思考創造價值，但是也不要忘了創造需求也可以解決問題創造出自己的事業價值，沒有必要狹小地從解決問題或創造需求這兩個點來看自己的事業價值，反而可以從兩者之間的相互關係去找出自己的事業價值。

從創造需求來看，LINE的貼圖壓根兒沒想去解決什麼問題，貼圖引領潮流，創造帶領人們進入更美妙的通訊生活，然後趁勢賺了大錢。相對的，從解決問題的角度來看，超商解決了繳費問題，也創造了代收需求，人類的需求欲望和夢想是無邊無際的，創造需求與解決問題，同時並存於現代消費市場上，創業者在創造事業價值必然透過，**發現生活需求→製造市場需求→行銷需求**的一個過程，創造出前所未有的一種事業價值，就像LINE的貼圖一樣，LINE發現了人們需要通訊有趣的生活需求，製造了貼圖市場需求，最後行銷貼圖創造出消費者需求。

創業者創造價值不僅打造產品而已，客戶要的不只是產品。而是要幫他們解決問題的價值。所以產品價值是創業者跟消費收錢的基準點，沒有產品價值就談不上價格，如果LINE的貼圖沒有可愛價值、通訊價值，想當然，就沒有人願意花錢下載。大多數的時候，產品價值為創業者的事業價值核心，沒有產品價值的生意不可能持久。網路業許多遊戲免費給消費者玩，只是想創造好玩的價值，透過價值收取一點點的價格，積少成多就產生更大的營收。

價值如何被創造？

創業者開始創業時或許不清楚，但是必須要在創業過程中慢慢弄懂事業價值如何被創造，LINE剛推出時最直接的價值創造當然是幫客戶節省「通訊成本」──這個東西本來一個月要300～1500左右的成本，但是LINE節省了客戶的成本，搭配貼圖區塊創造另一種營收價值。另一個創造事業價值的方式，是幫顧客節省「時間」，便利商店代收、披薩外送、洗衣店、代客排隊……等等節省時間的價值，對忙碌的現代人而言是需求很高的，只要從這

個方面去思考自己的事業價值，商機點自然會慢慢浮現。

接下來就是幫客戶省下「麻煩」，繳費麻煩誕生了便利商店代收業務；沖洗底片很麻煩於是誕生了數位相機；帶很多書出門閱讀很麻煩於是誕生了平版電腦、電子書等閱讀工具，創業者的事業價值就是讓消費者在意的事情簡化，省去很麻煩，從省去麻煩的過程中，創造需求，不管創業者從事哪一行，只要能從食、衣、住、行、育、樂等各方面深入人性深層需求，提供他們更好的產品，省去生活上的麻煩，就是為自己的事業創造價值。

決定消費者問題並創造事業價值之後，接著就能夠思考產品走向。產品走向就是確認客戶問題和價值訴求的存在。所以一個好的產品只需要專注在解決消費者問題，其他不必要的衍生性功能都可以晚點再做，比如說「Google」原先只是搜尋系統，解決消費者搜尋資訊的問題，接著發展出通話平台網路滿足通訊市場需求，一開始創業者必須先確認消費者的問題與價值所在，再根據這個基點，慢慢把產品做得更完整。

施振榮曾說：「創業就是要為社會創造價值，方法手段就是要創新。」換句話說，創造價值手段創新，可創造新需求，如前面提到的LINE貼圖一樣，貼圖各式創新圖案造就更大的價值。除此之外，創業所能創造的事業價值，不僅止於自己開店或者合夥創立公司，就業也可以創業，只要在一個事業體中，不斷地協助該企業創造價值、提高企業的附加價值，並有創新方法，就等於是創業。以施振榮創業為例，當年施振榮剛就業時，進入電子公司做深入研究發展，才有機會開發國內第一台電算機，然後創立榮泰公司、宏碁集團，不斷創造新產品，創新創造自己的品牌。

創造體驗價值

網路上有很多免費試用的優惠，包括試用品、遊戲軟體⋯⋯等，各家電子商店也開始創造一個體驗環境，讓消費者親身試用手機、平板電腦等行動裝置，現在創業者已開始進入一個以親身體驗創造事業價值的年代，賣車

也一樣，消費者買車要的不只是這部車的功能、品質以及維修服務而已，還要買一種感覺，一種體驗感。賣咖啡也是一樣。在超商買咖啡跟在星巴克買咖啡，體驗感覺不同，價格也就不同，儘管他們是相同的咖啡豆，但消費者喝咖啡的感覺不同，星巴克從問候到咖啡杯記名、牛奶加熱、裝填咖啡粉，一系列的過程就是要讓消費者看到服務人員的動作，體會咖啡的香味，以及充滿人情味的親切問候，這些感官上的體驗造就了星巴克的價值。同樣的，創業者想在消費者心中形成一種「高級」的評價。就必須塑造一種另類的體驗感，很多創業者自滿於自己擁有獨家的口味，認為做餐飲只要好吃就可以吸引消費者，可惜的是，消費者不只要美味、好吃，還要吃得很快樂的「體驗感」，如果好吃的東西，是一張臭臉服務生端上來的，再加上用餐環境很糟糕，想必消費者不會想再度上門光顧，因為他們體驗到的用餐氣氛不是很好，當然就不會支持這樣的店家。

除了積極營造消費者好的體驗感之外，更要讓顧客覺得物超所值，錢花得很值得。舉個例子，星巴克一杯咖啡145元有人買，買的人喝的不只是咖啡也是喝店內的氣氛，但是超商不能喝到這種氣氛，所以只能走平價咖啡路線，星巴克比超商具有更高附加價值的心理感受，這也就是創造體驗價值與沒有體驗價值的差別。而創造體驗價值有以下三個原則要把握：

❶ 吸引力

試吃、試用、試玩活動，是透過感官經驗吸引消費者注意，從注意到產生體驗，再從體驗到產生消費行為，許多網路遊戲，都是先設計吸引消費者體驗的行銷活動，透過試玩產生練功的體驗，如果消費者想更進一步增強功力，就必須消費買寶物，透過這樣的體驗行銷設計，創造事業的核心價值。

❷ 溫馨感

如果消費者在餐廳用餐，突然收到一個生日禮物，這感覺是不是挺好的，這就是所謂的「溫馨體驗」。到星巴克買咖啡時，店員會問客人貴姓，然後禮

貌地稱某某先生小姐,這種溫馨問候,無形中也拉近店員與客戶了之間的距離,這比起加油站只會問九二或九五要好多了。還有像是一些連鎖餐飲集團會主動幫來用餐的客人慶生、唱生日快樂歌、送紀念合照,無非就是為了讓顧客有一個難忘的溫馨回憶,餐飲好吃反而不是顧客想買的價值,溫馨價值反而是顧客要的。

❸ 獨特性

近年很多工廠開放消費者親身體驗製作過程,主要用意就是塑造消費者難以忘懷的親身體驗,廠商透過有形的商品以及無形的服務,形成獨特的親生體驗,讓消費者可以一下當客戶、一下當員工,在角色互換的有趣經驗中留令人難忘的經驗。商品當成道具,讓消費者變成演員,完全參與投入商業演出,這時候獨特的體驗就會出現,透過這樣獨特的體驗,使得客戶認同創業者的事業價值,進而成為產品的愛用者。

創業就是解決大家的問題,得到你想要的東西

其實創業就是「解決大家的問題,得到你想要的東西」透過這樣的過程,創造事業,創造價值,進而得到你想要的東西。谷歌Google這家企業,當初創業時就是想運用網路連結的科技解決企業與個人的問題,無論是「人與人之間建立互動關係」,或是讓「人與資訊之間的連結」,都是Google創造各種服務的本意,也因此讓谷歌公司創業成功並大發利市。

同樣地,當初美國蘋果電腦公司想跨足零售業開設直營店賣電腦時,執行長賈伯斯也非常清楚蘋果電腦的產品價值為何。賈伯斯認為,蘋果直營店不是定位在「賣電腦」而是在「豐富人們的生活」,因此蘋果電腦拋開傳統零售業只重視店面設計、位置選定、人員配置的想法;取而代之的是提供無微不至的服務。

這包括了提供了「一對一的講習服務」以及「提供顧客無限時間試用各項產品」,在今天,只要大家走進蘋果電腦的直營店,你就可以看到店裡

的老老少少正在學著如何以Page撰寫文件，以Keynote製作簡報，或是使用GarageBand學習樂器，因為蘋果電腦知道，當人們越喜歡使用蘋果電腦的產品，就會有越來越多的人購買蘋果電腦的產品，進而成為蘋果電腦的忠實愛用者。

果然，蘋果電腦的第一家位於維吉尼亞州麥克林的直營店，2001年開幕，不到五年的時間，年營業額就達到10億美元的規模，時至今日蘋果電腦已在全球各地開設320家直營店，單季的營業額就超過10億美元。

蘋果電腦直營店成功獲利的經驗，再次地告訴大家想要創業成功，必須很清楚地了解自己產品的核心價值是甚麼？就蘋果電腦電腦公司來說，他們最終的產品核心價值就是「豐富人們的生活」，所以不僅在產品的設計理念是如此，在零售、直營店的經營也是如此，所以才能在競爭激烈的市場上維持領先的地位。

相信很多想要使用蘋果電腦產品的消費者都會有這樣的疑問，就是我現在使用的是PC電腦，如果使用蘋果電腦是否會有不適應或用不習慣的問題，對此，蘋果電腦會透過直營店一對一的服務講習服務，透過專人的說明以及顧客親自操作的方式，讓這樣的問題輕易地被解決。蘋果電腦直營店的成功創業模式的經驗，又再次證明，創業其實就是「解決大家的問題，得到你想要的東西」。

06 關於創業方面的專業知識，你準備好了嗎？

創業者需要具備的專業知識，主要分為「技能知識」與「經營知識」。技能知識屬專業技術的運用，比如說開麵包店，需要擁有烘培麵包的技能知識，還需要懂得原料成本調配控管等技能。經營知識，則包括溝通能力、專業創新能力、財務管理能力、人力資源管理能力、行銷管理能力以及風險管理能力。

很多創業者在創業過程當中，為了創業付出了非常多的心力去吸收專業知識，大部分創業者將創業所需要的知識過分簡化，認為只要有技能知識就能創業成功，但是事實上，技能知識只佔專業知識的一小部分，大部分能創業成功者是擁有專業知識，比如說專業廚師在餐飲業當員工數年後就進階自己想開店，結果因人員管理不善又不懂得變化餐飲菜色，即使個人廚藝高強，終究以關店收場。

也有些人是在服飾店當了店員一段期間，轉而開設一家服飾店，很多的創業者是因為想轉業或轉行而創業，像是電子產業有一段時間被裁員，有危機意識的電子產業工作者，大都想轉業而設立店面，在臺灣，上班族薪水成長幅度不大，國家的經濟成長不如過往，使得很多失業者或待業者都懷有創業夢，創業者想創業的原因很多，但重要的是經營知識與技能知識要能相互結合，這才是創業過程中最重要的。

在台灣的創業市場中經常看到的是想開一家麵包店的創業者會滿懷希望地學習麵包烘培，結果學完之後才發現，會做麵包不一定會有生意，生意

靠的是口碑，利潤靠的是成本控制，這些經營方面的知識，如果都不懂，貿然創業，只是白白浪費時間金錢。再者像餐飲業或咖啡簡餐的行業也一樣，生意不是來自於店老闆會煮菜或者會泡咖啡而已，店老闆還需要懂得消費者口味，更能精進手藝，創新更好吃、更好喝的口味，生意才可能做得長長久久。

餐飲廚師手藝、製造業專利技術，這些創業技能，是基本專業知識，創業者在創業過程中所需要的是將專業知識，轉化成消費知識，比如說牛排館師傅比比皆是，為什麼王品牛排賣得比別人貴，還有很多人願意去吃，不是王品的專業師傅比一般牛排館的師傅更會煎牛排，重點是王品懂得從消費者的喜好調整菜單、口味、用餐氣氛、服務態度⋯⋯等等因素，使得牛排可以賣得好、賣得貴。創業知識的養成是以專業技能知識為基底，漸漸養成經營知識。

舉例來說，創業者從事服飾行業，如果想開一家服飾店，了解及掌握服飾品味與批貨管道，屬於創業的專業技能知識，這些基本知識雖然非常重要，但在整個創業過程中只佔25%的創業成功因子，另外的75%的成功因子是店面經營。因為想開一家服飾店從尋找開店地點，就要花時間找，商圈分析的知識少不了要派上用場，想找到租金便宜又有生意的店面，並不容易。就算找到店面，還得考慮經營的是以頂讓的形式經營，還是租賃的形式經營，租賃形式經營在跟房東簽合約的時候會影響到發票的開立與否、裝修期如何去協談、租賃的期限等等這個都是創業者必須具備的經營知識。除此之外，開服飾店的經營知識還包括季節轉換、訂定價、進貨數及成交率的計算，另外人員及貨品上，人員薪資、商品管理、庫存處理⋯⋯等等都需要從中了解經營上的一些訣竅，有些聰明的創業者，在開店之前，都會先去一些大型服飾店見習當店員，學習吸收大量的經營知識之後再自行開店。從服飾店的例子來看，創業者必須要相當熟練經營知識而非只是懂得批貨管道這類專業知識而已。

　　創業者專業技能通常在經營知識摸索中，逐步提高，並發展出一套屬於自己的經營風格。專業技技能，可透過閱讀拓寬；而經營知識的累積，必須在創業過程中詳細記錄分析，最後進行總結歸納成為自己的經驗特色，只有這樣，專業技能才能商業化。創業者在吸收經營知識累積管理能力時，可以朝以下這幾個方向去努力：

❶ 目標導向

開始創業，先訂定小目標，從完成小目標累積經營知識，邁向更高遠的目標。有些創業者一開始就訂定一年賺好幾億的目標，但是一家店連賺個幾萬元都有問題，更別說好幾億。一旦確定了目標，即可慢慢累積人事管理經驗，在激烈的市場競爭中取得優勢

❷ 品質導向

經營知識的累積，常常是在提高品質的過程中獲得進步，比如說餐飲店在服務過程中，會請顧客填寫問卷表，請顧客寫出改進建議，這是從品質提升中，學會效益管理，無效益的管理是失敗的管理，無效益的創業是失敗的創業。透過品質提升，充分又效率地改進人事、物資、資金、場地……等等，做到不閒置人員、資金、設備場地、原料，使營運更順遂。提高經營品質過程中，在市場方面創業者必須具備市場預測與調查、消費心理、定價、產品行銷等經營知識，貨品方面需具備批發、零售知識、貨物品質數量統計知識、貨物運輸知識、貨物保存知識、驗貨知識。

❸ 人事和諧

有些創業者有很強的專業知識，財務管理知識也相當豐富，可以經營出很好的成績，但是到最後卻因爆發股東糾紛而關店收場，這其中失敗的原因在於人事之間的權利義務沒有規範清楚，造成該給的錢沒給，該收的錢沒收回來，使得內部人事因利潤分配不均而積怨過深，導致有怨恨者挾怨報復。

❹ 財務知識

過去有很多業界小有名氣的設計師、藝人開店，挾其知名度開店風風光光，最後都因財務管理不善或者因財務糾紛而草草收場。可見創業光懷抱美夢而不懂理財，最後只是白忙一場，創業所具備的理財經營知識包括資金籌措知識、資金核算及記帳知識、財務會計基本知識，這三種知識不足，就無法學會開源節流。在創業過程中除了抓好主要收入之外，還要把握好資金預算觀念，資金的進出和周轉，每筆資金的來源和支出都要記帳，務必做到有帳可查；掌控好預算，不浪費資金。創業者每投入一筆資金，都要進行回收驗證，保證確實運用每一筆資金使資金增值，發揮效益。

07 想做什麼生意都可以做嗎？

不管創業者要做哪一門生意，一定要有想法，不是想做什麼生意就可以做的。創業者多半資源有限，不可能什麼生意都做，只能找到一個較易切入的機會點，創業初期儘量避免與大公司對決，更要避免浪費大量資源開發全新市場，因為開發產品拓展全新市場（藍海市場）需要新技術，雖然藍海市場的利潤想像空間很大，但需花費大量資源及精力教育市場，如果創業者銀彈多倒是可以嘗試，但若是資源有限，就不適合這樣做。

資源較小、業務力強的創業者，適合用新觀念包裝舊產品，促使舊產品產生新的需求，適合業務力強的公司。比如將歐美成功的產品，在地化包裝成當地市場接受的產品，會是很好的創業機會。像是歐美速食店來到臺灣推出「雞米花」，這個產品跟臺灣的鹹酥雞類似，主要是將炸雞這個舊產品，在地化包裝成新產品，挖掘出新需求。

當然舊市場也可以開發出新產品，比如說自行車市場消費者大都習慣有鏈條的自行車，但是韓國有人開發出無鍊條的自行車，試圖開發出市場需求度高的特殊產品或服務。在已知的市場需求中強攻一塊小市場，養大一家小公司。

而舊市場開發出特殊產品或服務，還要注意盡量不要去挑戰既有消費者習慣的付費模式。比如說現在網路雲端服務都是免費的，如果創業者開發出新商品要收錢，就需要大量教育消費者，一定要讓消費者在短期內了解產品優點，消費者才有可能買單，像是筆記型手機與遊戲型手機，必有不同的消

費者喜愛，創業者必須針對一項產品優點做出特色，才有可能在市場中佔有一席之地，當然，光產品有特色還是不夠，產品成本壓低也是創業成功的關鍵之一。

如果創業者沒有能力包裝舊產品產生新需求，也無法在既有的市場需求中做出有差異化的新產品，那只能用壓低成本的方法，在既有的市場需求推出物超所值的產品，戰勝競爭者。比如說，賣雞排，同樣一片50元的大雞排，創業者可以做出比市面上大一倍又好吃的雞排，祕訣在掌握低成本物料來源，像是自己家裡就是開養雞場，成本新鮮又便宜，當然做出來的雞排就比別人更有競爭力。

很多創業者瞧不起小生意，但非常多的富人恰恰是做小生意起家的，世界最大的百貨零售商是沃爾瑪，最大的速食店是麥當勞，這些店每天的營業額數以億計，每一筆交易都是小生意，一小瓶可樂很不起眼，但一瓶瓶地賣累積起來竟成了可口可樂的億萬財富。生意無大小，只要是適合創業者個人優勢的生意都可以做，

您適合做哪一種生意？

創業者剛開始做小生意，必須先讓自己掌握機會生存下來，生意才可能做得下去，一開始就好高騖遠，想一夕致富，通常生意都做不下去。想創業的人如果不知道自己適不適合做哪一種生意，這裡有幾個方向可以提供評估參考。

① 計算生意

計算是做生意最基本的能力。計算生意的能力跟課堂上的數學關聯並不大。計算生意是否對自己有利，包含對於物品各種成本計算否能完全掌控，如果創業者看到一筆商機還要拿出計算機按來按去，生意機會可能早已失去大半。生意計算是低買高賣，一個不會低買的人，也不會高賣，是無法創業成功的。有些魚店老闆買魚貨，一買就好幾百萬，但是賣出去卻是千萬，關鍵

在於店老闆早就對魚貨市場的成本買賣價了然於胸,當然魚店老闆自然能在餐飲市場成功打下基礎。

② 成份生意

適合做成份生意的人,懂得如何搭配成份,創造新產品做買賣,必如說化工博士很懂得各種營養成份調配,透過成份調配能力開發出新的面膜商機,做成份生意的人,具備非凡的組合能力,他能夠透過成份組合賺錢,像是許多藥品代理的老闆,可以看出任何藥品的成份是怎麼做的,包括藥品每克成本是多少,包裝成本多少,這樣具有辨別成份成本的人,適合作組合搭配的生意。

③ 業務生意

這一類型的創業方式,跟在公司上班一樣,所賣商品雖然不是自己批發或製作,但是客戶的來源卻是創業者自己可以掌握的。此類型的創業者一般都是以加盟或代理的方式創業。要投入此模式創業,最重要的就是要注重服務品質,因為創業者很難掌控商品的品質,相對地,服務品質就重要許多。只有提升其他的附加價值服務,才能吸引新客戶,才能讓客戶對你產生信賴感,建立忠誠度。除此之外,此類的創業者需要大量的客戶來源,因此做這方面生意的人必須不怕生、善於溝通,還要多參加一些團體活動來擴大人脈。這種形式的優點是接觸的人多種多樣,而且市場的行銷管道面積廣泛,最適合現在的生意形式。缺點是這種形式經常居無定所,很容易就覺得累,感到身心疲憊。

④ 網路生意

網路開店主要有網路拍賣、網路店鋪兩種,像從事網路生意的人,除了對電腦、網路運用有基本的認識之外,販賣的商品要有特色,吃的東西要口味獨特,衣服要有獨特風格。選擇從事網路生意,所賣商品雖然不是自己製作的,大多以推銷為主,除非是祖傳小吃事業靠好吃口碑行銷,創業者要投入

創業生意，最重要的就是要注重服務品質，不怕生、善於溝通。

❺ 合體生意

通常適合兄弟姊妹、夫妻相互合作的合體生意，這類血親或姻親關係的合體創業，在調配時間上比朋友合夥容易，繁雜的事情一般也不會斤斤計較。合體生意必須小心資金不可放在同一個籃子裡。因為有合體生意是整個家庭由多筆薪資收入轉為單筆生意收入，如果資金調度失靈，不但增加家庭的生活壓力，嚴重的話更有可能造成家庭不和。做合體生意之前，先準備一筆高額的周轉金，以降低風險。合體生意的運作可以依個人的性格與興趣規劃職責，比說如丈夫負責研發生產，妻子就負責行銷財務管理，通力合作並各司其職，效果事半功倍之效果。可考慮從事兼顧家庭的行業，如文教業、早餐店、洗衣店、便利商店等。

❻ 人脈生意

中年創業者人脈資源多少累積一點，可考慮從事企管顧問業、仲介業……等等需人脈行業，中年創業者應善用已擁有的資源，選擇不要太耗費體力的行業，由於中年人身體負荷有限，選擇太過勞累的行業，只會讓健康提早亮紅燈，資金的調度對中年創業者而言是相當重要，所以建議選擇投資額不要太高的行業，並且要善用政府的創業貸款方案來降低風險。

❼ 創新生意

想做創新生意的人，需培養專業，例如，學設計從事設計工作，成為得獎設計師，這樣做創新生意比較有號召力。創新生意的人掌握趨勢流行的敏銳度較高，懂得大膽創新。不過，創業者在創業之初不要好高騖遠，多吸收別人創業的經驗，才有創業成功的機會，想要做創新生意的創業者，可以先進入該產業，磨練經驗、學習企業管理實務與方法之後再創業，比較有利於增強個人創意與市場消費的密合度。

⑧ 家居生意

做這類生意在家就可以，工作性質屬於腦力勞動工作，要有深厚的專業基礎，比如說從事文字翻譯工作，工作者必須要對語言有很高的掌控能力，又像是手工加工如絲印加工，裁縫加工、鋁合金不鏽鋼製作等，創業者必須有一手好技術才能創業，這種創業模式就是靠技術生存與發展。由於這類型創業，無需出門就可以賺到錢，而且地點在自己家中，沒有人監督，沒有同事，因此必須對自己高度自律，不能因懶惰而耽誤工作。這種形式的優點是，是現在賺錢最普遍的一種形式。缺點是由於不出門，業務管道比較單一，而且對身體不好，大多做此性質工作的人往往都有職業病。

⑨ 攤販生意

攤販生意是創業者入門做生意，資金門檻最低的一種生意形式，有些創業者以攤車為主，常出現在人群聚集的地方，如夜市、風景區、車站等等地方販售早點、飲料以及熟肉雜食。另一種攤販生意將商品固定擺在特定地方，出售商品包羅萬象，衣服、髮飾、眼鏡……等等都有。要加入攤販的行列，必須先了解貨源與擺攤地點這兩個要素，創業成功的機率才會高。

 你能提供什麼不一樣的服務或產品？

創業者開店之前必須調查分析市場生態，根據自身條件和競爭對手區隔，有些創業者一進入市場，即跟老品牌大打價格戰，常常很難敵過老品牌的價格競爭，新創業者如果競爭力比不過周遭競爭對手，就應從產品和服務當中，做出明顯市場區隔。因為如果你的產品與服務與同業間區分不出來，無法創造差異性，最後只好拼價格，靠著薄利多銷，銷價競爭來維持生意熱潮。但是，通常消費者對便宜貨的印象往往不深，而且喜歡買便宜貨的人，都愛比價，哪裡便宜就往哪裡跑，如果沒有在成本上有更大的利潤空間，就很難生存下去，創業者檢視自己的所開的店是否具有差異化，可以從四個方向來思考：

1.**消費利益**——創業前先思考你能給消費者什麼利益好處？同樣是餐飲店，吃到飽的火鍋店跟迴轉壽司店所提供的商品或服務，帶給顧客的利益是不同的。一個提供任意吃到飽的好處給消費者，一個是提供新鮮好吃的利益給消費者。

2.**感受度**——接下來你要思考，能提供哪些不一樣商品或服務，讓顧客有特別的消費感受？比如說迴轉壽司，給客戶一種輪轉選擇食物，吃得精緻的消費感受，而吃到飽卻是提供任意選擇食物，吃得暢快的消費感受。

3.**內容變化**——此外，你還要思考，創業過程中所提供的商品或服務，是不是經常創新改變商品或服務內容？迴轉壽司可以推出多款壽司給

消費者選擇，吃到飽餐廳也可以提供龍蝦、鮑魚等高檔食材吃到飽。

4.成本管道——從原物料方面思考，在創業過程中，供應商提供給你的原物料或商品，是不是和提供競爭對手沒什麼兩樣？如果迴轉壽司從供應商哪裡得到的魚貨海鮮沒有比別家更新鮮、更便宜，就無法戰勝其他競爭者。

由於現代網路行動裝置很普遍，消費資訊管道暢通，市場上物品豐富，產品眼花瞭亂，在諸多的產品之中，創業者要脫穎而出成為勝利者，首先要知道自己能提供什麼不一樣的服務或產品？提供特殊產品服務之前先從市場、產品、服務三大差異化，來思考整個行銷策略。

1.市場差異化——市場經營動力，以人類需求為導向的，創業者在衣食住行，不斷提高消費者需要，為市場差異化行銷策略主軸。最近某一家超商首先在其店內開賣霜淇淋，頓時熱賣、排隊人潮不斷，開闢了另一片藍海市場，這種非主流的超商買賣形式，提供令消費者耳目一新的服務與產品，使超商業績更上一層樓。市場的獨特差異化，來自於某些概念的差異化效果，比如說可口可樂、百事可樂已在廣大的清涼飲料市場佔有一席之地，為了定位非可樂市場，七喜汽水以透明的清涼飲料打開另一個市場，茶飲料則打開另一個清涼飲料，此一概念的改變，具有重新定位清涼飲料市場的效果，迎來更大一批愛好清涼飲品的消費者。

2.產品差異化——創業者進入同質性高的市場，產品必須與競爭對手區隔開來，提供不一樣的產品給消費者，才有可能挖掘新一波需求。比如說大家都在做素食餐廳，大多數素食餐廳提供飯、麵、合菜或是火鍋單一服務而已，很少有加入咖啡、果汁、茶點……等服務。如果創業者在提供素食餐飲與別家菜色不同又能提供獨特風味的咖啡、果汁、茶點，即可形成引起另一股消費需求。又比如說，便利商店不斷開發自有品牌或獨賣商品，像是買獨家玩偶營造出販賣幸福氣氛和同

業的區隔，種種成功的差異化策略，使其業績更上一層樓。產品產生差異化可從外型、效能、款式、設計、使用年限等做改變，例如桌上型電腦，變形成筆記型電腦，再變形成平板電腦，再變形成智慧型手機，其實功能上有很多相同點，但是外型一改變，商機也跟著改變。

3.**服務差異化**——美國西南航空公司，設有專門道歉人員負責安撫客訴，這樣獨特服務使得他們能在金融海嘯期間，仍能維持高滿意度，持續屹立不搖。服務的重要性是所有創業者都不應忽視的，一個成功的市場定位戰略必須考慮到顧客對產品的核心定位是否已有認識，決定產品核心的應當是哪些服務需求會被顧客認為是十分重要的，創業者可以從多個角度服務，彰顯自身產品的差異化。比如說西南航空的產品是機票，但是包含在機票裡面的服務，必須與其他航空公司區隔開來，消費者才會買機票（產品）。又像是PC Home網路購物推出退貨免運費等貼心服務，並和銀行合作，推出分期零利率購物優惠，建立死忠顧客。這類服務屬性強的產業越要多花心思在服務差異化上面，如果創業者想在零售百貨業、通路商、美容業、休閒觀光等產業開始自己的事業，就要在服務細節上多思考差異化策略，以增強自己的競爭優勢。

創業者想引發消費者購買行動的動力，可從市場、產品、服務三大差異化等方向著手，製造獨特性和銷售力。定位正確的產品就能達到引發消費者購買行動的動力，透過差異化行銷策略，提供在行業範圍內獨具特色的產品或服務，這種特色可以給產品帶來附加價值。如果一個創業者的產品或服務能帶給消費者物超所值的感覺，這將令創業者取得競爭優勢。

09 慎選創業行業，找到你的優勢領域

想創業的人，很多都不知道該如何找出自己的優勢領域。 人長大之後，會發現自己老是被外在意見所左右。這些意見來自於老闆、客戶、家人、朋友，這些人都會告訴你該做什麼，不該做什麼。在職場上，各種薪資、職位的金錢誘惑，讓想創業的人疑惑，既然可以安安穩穩地賺到錢，那到底為了什麼想去創業？外在的意見聲音往往很容易就蓋過想創業的聲音，只有創業者有很強的決心聚焦在自己擅長的領域中，才有機會自行創業。

創業者往往面臨不知該選擇哪種行業，而困擾不已。若稍一不慎選錯行業可能會導致失敗而後悔終生，一般來講，除了挖掘自己的創業熱情之外，選擇創業行業需注意以下幾點：

1. **專長結合興趣**——光喜歡煮麵，沒有廚藝認證的專長，這代表興趣跟不上專業，專業不夠，開店創業往往會遇到各種問題，將產生措手不及之狀況，對創業者而言是非常危險，容易導致失敗。所以選擇創業行業，先將興趣變成專業，再以專業選擇行業。

2. **資金來源穩定**——即使有了幫助人的熱情，沒有捐款收入來源，再好的慈善事業也會倒，幫助人的熱情不代表可以經營慈善機構，創業做生意也一樣，假如選擇的創業行業，無法獲利養活自己，創業就沒有意義。創業初期應慎選自有資金能負擔之行業，避免小孩子玩大車，而招致失敗。

3. **風險低回收快**——選擇風險低回收率較快之行業，可以減少創業初期

資金短缺的窘境，避免資金周轉不靈。最好選擇選擇消費性民生產業，因為民生產業，是消費者每天不可少的行業，顧客群廣大，客源穩定。切勿選擇夕陽行業，使創業之路更加困難，除非你能將夕陽行業舊產品重新包裝，有把握受消費者青睞，否則還是以選擇民生產業為首選。

想創業的人如果想挖掘自己的創業方向，首先得先傾聽自己內在的聲音，觀察自己做什麼事，會覺得不太舒服，把它記錄下來，比如說你不喜歡照顧小孩，一看到小孩吵鬧就頭疼，那就代表有關兒童才藝班、幼兒園、托兒班……等等的相關創業項目並不適合你。再來是觀察自己的直覺，比如說當你去一家麵館吃麵，大部分的人都在意這家麵館的麵好不好吃，而你第一直覺只注意老闆煮麵的動作，甚至想回家照著老闆的煮麵動作煮一碗好吃的麵，即使煮麵的時候把自己弄得髒兮兮你也不在乎，還會持續一直做？並沉迷在煮麵上，當你沉迷其中，時間會過得很快。在你做完煮麵這件事之後，並不會覺得很空虛，反而覺得很滿足，這就可能是你創業的始點，這個始點叫「熱情」。退回到更遠的地方，你之所以喜歡煮麵，可能是因為媽媽以前煮了一碗好吃的麵，你在外面吃不到，所以你想自己煮煮看，直到你煮出那個味道之後，分享給親戚朋友同事，大家都說好吃，並鼓勵你創業，這時創業的原動力就出來。

不論你是高學歷或是擁有一技之長，想創業必先找到自己的優勢領域以便慎選適合的創業行業從各種創業領域來看，我們可從幾個方向找尋自己適合自己的路：

1.**創意方向**——如果你有設計專長，不喜歡朝九晚五的工作，屬於要自由、不受拘束的創意工作者，可考慮當SOHO族在家工作兼顧家庭，行業可選擇服裝造型設計、廣告、音樂創作、攝影等、企劃公關、多媒體設計製作、翻譯編輯。這類以創意想像、執行為主要工作內容的職業。

2.專業方向──如果你喜歡與人溝通，說話也很有說服力，就適合以提供專業意見，並以口才、溝通能力取勝的行業，由於工作內容與場所都富有高度彈性，因此跑單幫遊走各家企業或成立工作室的可行性也極高，包括企業經營管理顧問、旅遊資訊服務、心理諮詢、專業講師、美體美容諮詢顧問等。

3.科技方向──在網絡及電腦科技如此發達的情況下，擁有相關專長創業機會相當多，包括軟體設計、網頁設計、網站規劃、網路行銷、科技文件翻譯、科技公關等。

4.教養方向──包括兒童教養與老人看護，不過通常需要相關證照。包括才藝班、幼兒園、托兒班、居家照護、老人安養服務、家事服務等。

5.生活方向──主要以店面經營方式為主，又可分為獨立開店與加盟兩種。較適合的行業包括西點麵包店、咖啡店、中西餐飲速食店、服飾店、金飾珠寶店、鞋店、居家用品店、體育用品店、書籍文具租售店、視聽娛樂產品租售店、美容護膚店、花店、寵物店、便利商店等。

在自己最熟悉的行業裡挖金

當你確定要創業之後，接下來就是要決定在自己熟悉的行業挖金，換句話說，就是要思考在哪個熟悉的領域開始自己的事業。例如，像是「因為對設計程式有興趣，所以想做跟電子產業相關的事業」、「以前就想從事老人看護相關的工作，所以就來做跟老人看護相關的事業吧」、「我擅長寫文章，有報社、出版社錄用我的文章，所以就來做書籍出版相關的事業」。

在你開始創業之前，要盡可能找出喜歡做的事情，並磨練成專業能力，在抓住潮流即可得到自己的創業商機。比如說，你喜歡學習英語，光喜歡還不夠，還要通過全民英檢、托福等機構的專業考驗，才能形成專業能力，有了英語的專業能力，你可以抓住翻譯英語書的風潮，從事文字翻譯工作，在家工作創業。因此，喜歡做的事情，若不能成為專業能力，在創業過程中就很難持之以恆的。

不過話又說回來，有專業能力但是做得不是自己的興趣或喜歡的事情，也很難持之以恆，很多電子新貴放棄高薪跑去賣雞排、賣農產品，多半是因為他們喜歡做他們有興趣的事情，才會往那個創業方向走，「熱情」、「能力」、「趨勢」是創業三要素，缺一不可，有些創業者常因為商業熱潮或者是看到別人創業賺錢，所以自己跟著熱潮走，看到別人賣雞排賺錢，不代表你賣雞排也會賺錢，若是沒有興趣跟能力去把雞排做得很好吃的人，即使店開在精華地段，消費者也不會捧場，但是有興趣跟能力去把雞排做得很好

吃的人，即使店開在小巷弄裡，天天還是有人排隊，所以做與興趣有關的事業，創業通常會順利許多。

如果興趣跟不上能力，就不能創業嗎？這不一定，看你怎麼去轉化自己的興趣變成創業能力。比如說，一位通過高考在公家機關工作二十多年的上班族，一直很想教書，可是自己沒有能力成為博士進入大學教書，難道他就不能教書嗎？當然不是，它可以去補習班教書，可以教如何能考上公職，同樣的在商務領域方面做了二十年的上班族，如果已經是某家公司的高階主管，一樣可以開經營顧問班的課程。

愛遊山玩水的人，也可以將興趣轉變成導遊證照；愛爬山的人，甚至能當國家風景區的解說員。所謂興趣轉化成專業，經常是多種能力的混搭、融合與昇華，進而跳躍出一種創業能力，這種能力稱之為獨門武功，通常在職場，老手會趁年輕多方涉獵、探索與學習，磨練創業功力達成創業目標。

從熱情方向挖金

從喜歡做的事情找到熱情，再從熱情轉化能力，即有可能在創業過程中挖到自己的第一桶金。比如說有些身材好的女性，因為喜歡穿漂亮的內衣，進而轉化愛美熱情經營女性內衣部落格而受到廠商青睞，得到代言內衣網路廣告而大賺一筆。如果你不像這些女性有什麼特殊興趣，不妨思考一下，自己不惜花大錢也很想要做的事情是什麼？一直做也不喊累的事情是什麼？連說了好幾個小時也不累的事情是什麼？喜歡穿漂亮內衣的女性問自己：「最常花大錢做的事是什麼？」結果發現就是「買內衣」於是她便穿著內衣自拍，並在網路上分享穿內衣的心得，獲得好評之外也為自己賺第一桶金。

不過，自己的熱情很難注意到，我們不妨從小時候看自己，看看自己是否曾經被親朋好友老師褒獎過什麼事情？以前在社團活動中喜歡做什麼事情，擔任什麼樣的角色？兼差的時候挑哪一個工作？在學校的拿手科目是什麼？透過這樣的自我檢視，就能發現自己比別人更有熱情的事情。兒童跟求

學時期，是一個人熱情的發源地，在這個時期不用考慮生存問題，很多事情都是從自己的熱情做起，所以回想過去，我們可以找回自己的創業熱情。有熱情從事的工作，往往也是自己優勢能力之所在。人會樂於做自己能做得好的事情，當然，愛做的事情也得是在工作領域上，以性格為例，個性外向的人，通常愛和人聊天，內向的人則通常沉默寡言，但卻會冷靜觀察他人的言行舉止，內外向人各有自己的優勢，找出自己的優勢，等於找出自己強項的能力。

從能力方向挖金

如果不知道自己的熱情在哪裡，我們可以用能力觀察自己的優勢，找出創業方向，比如說很細心的人，整理文書資料、製作會計報表不易出錯，資料報表完成速度快，從這裡可以看出創業能力。而有些人很會閱讀考試，學歷很高，是一種突出的專業能力。學歷優點，往往也是第一次求職者所認為的求職利器，通過求職先累積人脈，再結合人脈形成專業能力。

想創業的人必須靠聯想轉化興趣，成為賺錢能力，才有創業的機會。例如，「興趣是欣賞煙火」的人，將這個作為創業方向。將「欣賞煙火的知識作為生意」，一般人大概不會認為這樣也會有生意做？不過這可不一定，這個興趣還有人真的靠它來創業。

有位煙火攝影家受邀出國拍攝煙火，他首先以「煙火攝影家」自居，接著逐次開發與煙火有關的生意。例如，在才藝班開設如何攝影煙火的講座，在網路上販售煙火照片，接受活動單位委託，為活動的煙火攝影，以「煙火攝影」為題開發並提供行動電話的內容，開發並販售欣賞煙火專用的眼鏡以及煙火旅遊團等，光是這項煙火攝影生意的收入，便大幅超過上班收入，達成了以煙火攝影家獨立開業的心願。像這樣有興趣（觀賞煙火）、有能力（攝影專業）的人，可以思考成為專家達人，從這個達人起點擴展出各式各樣的商機，挖掘自己的第一桶金。

從趨勢方向挖金

　　創業者有興趣也很有能力做的事情，還要搭上潮流，才能挖掘到商機。某些創業人活用他對美容與和愛貓共同生活的經驗，開始了寵物美容的工作，將寵物美容介紹給有興趣的顧客。在單身人口增加的現代，很多創業者開始結合自己的廚藝做單身者的生意，推出單身套餐，目前「一個人的經濟」這個創業主題，可說是相當符合潮流，像這樣順著潮流結合自己的興趣能力創業，遠比跟著小吃熱潮賣雞排來得好，成功率也比較高。符合潮流的東西，也是符合自己會做有興趣的事情，這樣創業才有意義。

11 創業所需技術要純熟專業

人 力機構研究調查發現，創業所需技術必須要純熟專業，才有可能在瞬息萬變的市場中找到自己的創業商機，根據統計國內企業有五成左右的企業，將部分人力需求外包，約有高達七成五的企業將部分工作外包；不論是人力外包或工作外包，主要外包工作需要技術很純熟的專業，包括市場調查及展覽會、研討會、資訊開發設計、客戶服務、顧問法務稅務、設備維修等工作。其中資訊開發設計或法務、稅務等顧問工作皆是高度專業性但非經常性的專案工作，若在組織編制中固定聘用這些專業人才，其高成本的負擔不符合經濟效益，因而成為企業考慮工作外包的重點。大多數企業對外包抱持正面的看法，認為外包能降低人事成本，減少組織員額編制，增加人力的彈性運用，減少非核心事務而專注發展核心能力及優勢等，而在外包單位的選擇上強調專業能力，創業者想成為公司合作對象，可透過各種外包平台，跟廠商接洽，創出自己事業的第二春。

獨一無二的牛奶糖創業力

許多創業者磨出獨一無二的創業力之前，通常透過網路小試身手，進而精進專業、摸索成功模式。一名上班族OL謝瑞鈞，放棄高薪而創業，她其實本身擁有國際專案管理師執照，曾月入十多萬元。但謝瑞鈞上班壓力很大，紓解壓力的休閒活動就是做糖果，她愛吃牛奶糖，所以開始試著自己做牛奶糖。為了精進自己做牛奶糖的專業能力，她開始到處搜尋牛奶糖的做

法，謝瑞鈞發現鮮奶不一樣做出來的牛奶糖味道也不一樣，謝瑞鈞運用不同的材料、更改配方，搭配不同的溫度，讓牛奶糖起不同的變化、甜度。就這樣謝瑞鈞推出了布列塔尼鹹牛奶糖、杏仁果牛奶糖、蘭姆琥珀核桃。一推出就受到歡迎，產品照片放在網路上去，一週內就有1800人來索取。後來又接到台北新光三越來電，邀她設臨時櫃。一連串的鼓勵，讓她挖掘出自己的創業商機。創業初期，為了節省成本，謝瑞鈞生產的牛奶糖以網購宅配為主，目前與三家業者合作。

在謝瑞鈞創業過程中，為了磨練出獨一無二的創業力，2011年底她到穀研所上食品烘焙技術課程，學習創業知識。當時謝瑞鈞的法式牛奶糖還沒有人做，產品獨特，吸引很多廠商關注。創業之初她的牛奶糖事業很旺，某通路商要她推宅配，為了配合宅配今天訂單來、明天就要貨的出貨要求，使得謝瑞鈞初期創業材料準備過多，很多都過期而不得不丟掉，真的令謝瑞鈞很挫折。後來謝瑞鈞學到把握牛奶糖專業，不以低價競爭亂衝營業額，才是生存的王道。她認為創業是無法預期的機會，但是保有專業實力就會有機會。像是LV集團的化妝品牌，曾找謝瑞鈞提案，雖因報價太高沒接到，卻證明謝瑞鈞專業實力；還有婚禮市場、會議點心……等廠商都想跟她合作。

獨一無二的客製化商品創業力

另一個以獨一無二的創業力開啟事業春天的例子，是金志聿、金志丞兄弟倆所創立的客製化商品事業「paint人集團」他們兄弟倆以五萬元創業，目前分店已超過二十家，以獨特的客製化小物開啟創業商機。這對兄弟以上百款專屬個人的客製化商品，滿足消費者送禮、自用兩相宜的願望。比如說，消費者想送家人或情人一份特別又貼心的小禮物，金志聿兄弟可以幫消費者設計出一份獨特的禮物，這類客製化商品有上百種，包括馬克杯、抱枕、公仔、T恤……等獨一無二的客製化商品，金志聿、金志丞兄弟，原本為了償還學貸而創業，兄弟倆有一次到淡水街頭看到素描藝人畫自畫像，突發產生

創作靈感，將自畫像印在各種物件上當禮物送人，不但誠意滿滿，更是獨樹一幟的創意。

由於兄弟倆都是資管碩士，便利用電腦科技專長，結合是當時流行「大頭貼」將消費者的照片印在物品上，創業初期以五萬元資本額在網路上成立「paint人集團」。由於需要有專人將照片定型，他們聘請素描達人擔任特約顧問，為了不斷開發商品、拓展通路，且持續蒐集市場資訊、升級相關知識更是必備基本創業能力，如今paint人集團已有上百種個性化商品，小從鑰匙圈大到人形立牌都有。

從金志聿兄弟與謝瑞鈞的創業故事來看，他們在創業所需技術上精益求精，金志聿兄弟在列印技術與人像繪圖技術不斷提升，謝瑞鈞則在牛奶糖口味製造技術不斷研發，透過技術的再精進，吸引消費者肯定，再從消費者的肯定中，逐步擴大自己的事業體。在創業過程中必須注意到，創業靈感需要紮實的技術基礎，才能延續創業的能量，而技術基礎的提升，來自於滿足消費者需求，透過消費者反應產品的缺點，唯有不斷改進技術、服務品質，經營才能長久。

創業的型態與優缺點

從創業熱潮掀起的開始,各種型態的創業方式不斷地被創業族們所採用。通常情況下,想創業的人有以下三種型態可選擇:組織型、自雇型、兼差型。不同情況的創業者可以依據自身的條件以及客觀條件進行選擇。

目前臺灣商業登記的創業體,分為獨資、合夥、有限公司以及股份有限公司四種,獨資、合夥的創業型態多偏向一般商行、商店、小吃店、企業社、工作室這類小型商家,獨資或合夥申請名稱有限制,各縣市內不可重複同名的商家,資本額沒有限制,資本簽證方面,資金在25萬(不含)以下不需任何證明,25萬以上要會計師簽證,股東人數獨資只要1人即可,合夥要2人以上,責任歸屬是無限清償責任,股東變更登記方面,負責人變更須登記。有限公司與股份有限公司,這兩類型的創業型態,名稱通常是××有限公司或者是××股份有限公司,公司名稱限制全國不可重複,資本額不限,但是需要資本簽證,有限公司股東1人以上,股份有限公司2人以上,法人股東1人以上,責任歸屬以出資額為限,不像獨資與合夥要負無限責任。有限公司股東變更須登記,股份有限公司董監變更須登記。

商業登記	創業型態	風險責任
獨資	小型商店、個人工作室	1人無限責任
合夥	小型商店、個人工作室	2人以上無限責任
有限公司	小型企業、微型企業	以出資額為限
股份有限公司	中小企業、中型工作室	以出資額為限

　　獨資是比較適合個人工作室及小型商店的營利組織型態；最常適用於花店、餐飲店、藝品店等小型商店或音樂工作室、攝影工作室、舞蹈工作室等個人工作室。若創業者想經營的是小型商店及個人工作室的型態，但又不想自己一人獨挑大樑，可找幾位志同道合的人合夥，形成合夥創業組織。至於屬於法人組織的有限公司型態，因有其資本額及組織設立的人數限制，所以創業型態會比較適合小型及微型企業來運作，最常適用於中小企業與中型工作室。創業者的合作夥伴如果有7人以上，且資本額已超過100萬的話，可採用股份有限公司的組織型態。這種組織與有限公司一樣，都需受公司法較嚴格的管理，創業型態適合中型及大型企業，是一般企業界常用的組織型態。

獨資優缺點

　　獨資是由創業者個人獨自出資，依商業登記法規定，向各地之縣（市）政府辦理商業登記。資本額25萬元以下，資金需求較低，優點是單一決策者，決策執行力高，可運用自有的技能與經驗，全盤掌控各種營業活動，活動力輕巧，可隨時調整營業腳步，跟隨市場脈動。獨資的缺點是規模太小，資金動能不足，遇到市場經濟變化較大時恐無法適應。由於決策過程過於獨裁，無其他股東可供商議，常流於一人獨斷瞬間虧損的狀況。當然，一人獨斷運氣好的話，營業狀況大好，在擴大經營規模過程中，常無資金挹注，造成周轉不靈經營倒閉，或者因無資金擴產而失去商機。由於獨資不具有法人資格，若必須跟銀行借錢時，銀行視經營者之信用能力評估是否貸款給創業者，所以創業者必須承擔營運所用之一切資金。獨資之經營者依法必須負無限責任，故經營壓力將隨事業壯大而加大，同時無法改組為公司組織，其發展將受到限制。

合夥優缺點

　　登記合夥創業，創業出資型態以2人以上共同出資，登記資本額25萬元

以下，免提出資金證明 。合夥創業的優點是多一些人集思廣益，避免一人獨裁之倒閉風險，可提供的營運資金也較獨資多。工作上可分工合作，依據個人專長分配工作，避免獨斷專行造成經營危機。缺點是風險很大，合夥人皆對合夥企業負無限責任，當合夥人間財力不相當時，出資較大的人，所承受的風險較高。由於合夥企業通常規模狹小，很多是親朋好友共同出資形成，不像股份有限公司那樣，資金多元，所以在募集營運資金的能力上較弱，合夥人之間也容易產生衝突。當市場經濟較變動時，會因合夥人意見不同而無法適時調整經營腳步，常錯失募集資金的機會，造成合夥人經營壓力變大。由於合夥不具法人資格，銀行不以公司資產條件放貸，而是以合夥人之信用條件放貸，若部分合夥人信用不佳，反而拖累創業發展。

有限公司優缺點

登記有限公司之創業者，依法登記條件，股東至少1人，各就其出資額為限，對公司負有限責任。公司最低資本額並不受限制。創業者以有限公司型態登記創業優點是風險承擔有限，股東僅對出資額負有限責任，每一股東擁有表決權，若公司事業規模日益擴大，可變更組織為股份有限公司，籌資較多元。有限公司為法人，在法律上可以獨立行使一切法律權利及義務，通常由家族人數補齊即可成立運作，也是目前微小型企業及工作室除獨資型態外，適用最多之組織型態。相對來說有限公司股東多、意見亦多，開會如果沒有效率，獲利不增反減，當公司不想經營時，尚需依法辦理清算，股東可能需要一段時間才能收到應有的權利。辦理主管機關各項登記時，手續較為繁瑣，手續費也較高。

股份有限公司優缺點

創業者登記以股份有限公司型態創業，其基本條件需2人以上股東，全部資本分為股份，股東就其所認股份，對公司負其責任，選出董事至少3

人、董事長1人，並選出監察人至少1人。目前公司登記資本額規定，除許可法令特別規定外，公司申請設立時，最低資本額並不受限制，股款證明應先經會計師查核簽證，並附會計師查核報告書辦理登記。股份有限公司型態經營的優點是股東僅按出資額負有限責任，若公司持續成長擴大經營規模，可上市或上櫃，籌資力量大，股東採股份制，若股東理念不同，可移轉股份，糾紛較少，設有董事會，公司決策集組織有彈性。這類型態的經營由於股東至少2人，董事至少3人，監察人至少1人以上，較不適用於小商行或獨自經營之工作室。組織大，相對成本較高，對一般小企業來說，初期經營壓力較大。且經營受監督，公司必須符合公司法各項規定，在某些方面來說，決策反而不如小公司有機動性。

13 自營開店當老闆

相信在經濟極度不景氣的今天，上班族受薪階級每天不但要受盡老闆的氣，除了讓自己身心靈不得安寧之外，每月所得更是與自己付出的一切不成比例，如果不能像日劇「半澤直樹」劇情一樣，讓小職員得到償還，讓主管加倍奉還外，許多受薪階級可能的選擇，就是一走了之，但即使是離職，很多上班族仍然不知下一個老闆是否會更好，於是就有很多人可能會想說，乾脆自營創業開店，自己當老闆好了。

67年次的林育安，二專畢業後在台北市的一家創意蛋糕店工作，一年來每天從早上八、九點，工作到凌晨一點，日薪僅有900元，而且月休才四～五天。以這樣的薪水在台北市，她根本就無法好好生活。磨練一年之後，林育安在民國94年決定自行創業，除了申請青年貸款60萬之外，哥哥也慷慨地資助了40萬元，終於在湊到了100萬元之後，林育安開始做起了「造型蛋糕」。

初生之犢不畏虎，林育安不走傳統的蛋糕路線，店名取的非常聳動，竟然叫做「開糖手」，不過這並不影響其生意，據了解，林育安生意最興隆的時候，一個月竟要做上200～300個蛋糕，還曾創下一天做50個蛋糕的紀錄。不過生意雖然好，但校長兼撞鐘，從接單、做蛋糕，到出貨都一手包辦、日夜操勞的結果，身體能壞的都壞掉了，現在她改變工作量往質的方向發展，每個月約只做100個蛋糕，而且堅持只做網路生意。

同樣也曾經每天被現實經濟壓力追著跑的七年級生柯梓凱，當初退伍之

後隨即結婚，為了讓妻小有穩定的生活，每天做三份工作，從凌晨送報、白天到火鍋店上班，晚上則在家夾報，這樣辛苦的工作，終於讓他在半年後存到二十萬元的創業基金，於是柯梓凱開始了他的老闆生涯；首先，在台中市豐原的廟東夜市擺飲料攤，不到半年時間，就在豐原市南陽路開了一家茶飲店，但因為店面選擇在某知名茶飲連鎖店旁，再加上自創品牌知名度不足的關係，生意一直無法開展。

在第一家店生意不盡如人意後，柯梓凱把存摺內僅存的不到二萬元，以及賣掉代步的小客車，勉強湊足了三十萬元，勇敢地再開第二家店面，不過這次他捨棄了茶飲料，而是走出產品差異化的路線，將研磨咖啡融入冰品，為此還特別把產品名稱取為「喬治派克」，不料這樣的主力產品真的就一炮而紅，讓柯梓凱擁有了自己的品牌。

從民國97年開創第一家店，到民國99年「喬治派克」正式開放加盟，目前台灣已有82家直營店及連鎖店，中國上海有2家分店，馬來西亞6家，就連印尼也有3家。

不管是七年級的柯梓凱，還是六年級的林育安，他們都告訴大家即使在最艱困的環境仍能以不多的資本自營創業開店成功，不過他們並不是只有苦幹實幹而已，**懂得如何做出產品差異化以及自創品牌才是創業成功的關鍵所在。**

在現今微利時代，靠正職所掙得的薪水有限，自營開店當老闆，是許多上班族共同夢想，在台灣有六成以上的上班族想開咖啡館，不過喝咖啡跟自營開咖啡店當老闆，自營開店第一要做的就是誠實面對自己，有些創業者常會說謊騙自己有高超的設計才能，開設計公司一定賺，結果資金投入之後，才發現開設計公司，不是只有設計東西就好，還要懂得設計出消費者喜愛的東西，光是孤芳自賞自己的設計產品，是不會有消費者買單的，創業者不懂謹慎評估自己的經營能力、營運計畫是否合乎市場，或者不知道自己的財務承受風險能力有多大，投入創業等於是飛蛾撲火，早晚失敗收場。

庫存控管

　　仔細評估自己的個性與經營能力後，接下來就開始思考永續經營的方向，千萬不要讓自己陷入順便做做看的心態來開店，若以兼差的心態開店，缺乏經營理念，投入再多的資金，也會賠光。一旦投入自營開店，時間與資金的來源必須穩定流入流出，資金光流出不流入，自營開店維持不久，資金光流入不流出，也不好，因為提供給消費者的產品品質與服務品質靠的是資金與人事的運用，隨著開店的日子一天天過去，資金與支出之間必須達到一定的平衡，自營開店才能順利運轉，資金供應不穩定會造成店面只有開銷沒有收入，開店不開源只等著客戶上門是不夠的，還要能用好的開店品質吸引客戶上門，比方說店面櫃檯設計較簡單，省了空間與建材費，但日後欲增加新產品，就沒有空間容納新增的產品，屆時改裝時，又得花上一筆費用。不但破壞了開店的品質，也使得開店的財務吃緊。

　　大多數的自營開店需保證商品品質，商品的品質是開店的生命。自營開店是原物料直接進貨，在進貨過程中直接檢驗商品品質，必須嚴禁劣質商品，在銷售方面，可以考慮如何給消費者更大的利益，以宣傳商店品牌。其次，庫存自主權大，靈活掌握物品的進出，並能保證商品流出流入穩定。收入自然穩定，比如說賣服飾的商店，必須掌握物品盤點機會，根據月消費狀況，掌握每一個物品品項的流入，庫存是決定利潤的關鍵，靈活掌握庫存，才能加快資金周轉。

　　自營開店首重產品品質、服務品質控管，控管程序可根據不同季節、市場、消費群體，隨時調整銷售結構和狀態，銷售才有利潤。尤其是流行服飾，往往一開始舖貨時就要先行評估區域的消費特性，隨時注意各地消費族群的年齡、性別及顏色喜好等因素，掌握脈動，調整店面銷量及庫存，為了能有效掌控專櫃的庫存量，須隨時依據專櫃的特性、服飾的性別、顏色、季節……等產品特性，即時掌握庫存，以便能有效進行庫存調動，降低庫存呆滯發生。

資金控管

　　自營開店前不能因為對未來充滿想像與憧憬，一開始即大量投入資金做開業前準備，有些沒有資金控管的自營開店者，常因為理想而忘記現實的資金需求，例如說開餐飲業，有人想提供異國風情的用餐空間，有人想開一間日式風格的料理店，不管開哪一種餐飲店，還沒賺錢之前就花大錢裝潢店面，甚至購買一瓶五千元的進口精油，分裝小瓶子放置於每個餐桌上，想像客人用餐時聞著香氣用餐，這看起來好像重視用餐品質，卻忽視了資金控管。開店資金的控管，基本上是有三塊錢，最多只做一塊錢的生意，當然最好能做無本生意，但是那必須是信用夠好的大老闆才有可能無本借錢做生意，一般新創業者的資金控管，要有一定周轉的餘地，如果只是以想像與憧憬，浪費金錢提高服務品質與產品品質，如此用心固然很好，卻也導致營業成本始終居高不下，一旦消費者對於餐飲店的佈置裝潢失去新鮮感，再好的用餐氣氛也無法吸引消費者再回頭消費，自營開店的創業者，在開店之前得先了解店面經營方向、市場定位、消費者族群……等因素之後，再看資金成本是否有超出預算，如果還未評估資金成本是否超出自己的底線，就先執著想要開某種風格的店，就容易陷入一種先入為主的狹隘觀念，把自己的店侷限在小的消費族群，導致預算失控，把錢花在伺候這些小的消費族群上。

　　一般來說自營開餐飲店，資金籌措不是開店失敗最大的原因，主要原因是在資金運用不當。開業資金的運用，不是先問要花多少錢才能裝潢好店面，而是先問未來資金可能的流失，比如說設備可不可以用久一點，裝潢是否能在未來五年內不用再重新裝潢，想買店面或租店面的時候，先算算未來五年所有花費的資金，看哪一個划算。

　　通常創業者常會先設定有多少資金，就先開多少規模的店吧！其實這是一種創業陷阱，資金付出的計算，不只是裝潢、器材設備……等費用算出來而已，還要算出店面的押金，人事費用、水電瓦斯費……等未來可能發生的費用預算，如果這些未來的費用超出你三～五年的周轉金，這是一個非常危

險的創業。因為試營運或開幕期間，客源不穩定，收入並未如預期，若創業者一開始就把所有資金都花在裝潢、器材設備……等費用上，未來產生任何額外開銷，都將可能無以為繼，因此，除了規劃現有機器設備在未來不浪費資金外，未來還必須考慮時間、市場環境、原物料使用、人力運用……等不確定因素，才足以因應長時間的經營作戰計畫。

　　大家都知道開店資金必須用在刀口上，所以資金規劃投入之前，先找出自己最大開店特色，每個創業者總是希望吸引最大消費族群來店光顧，但這太貪心了，因為沒有一樣產品是能完全符合所有大眾的需求，用多樣化模式讓一家店什麼都賣，只會浪費資金在各種產品的進貨上，不管開哪一類型的店，只要這家店了無新意，沒有特色。資金投入等於是白費心血，開店期若只有廣宣行銷、產品多樣化吸引人，這可能還不夠，因為現在的手機購物相當發達，消費資訊發達，消費者對產品有很強的比價心態，如果你開的店沒有特色、產品缺乏獨特性，到處都買得到，通常在消費者開始比價比贈品的同時，創業者的資金投入將會陷入惡性競爭循環之中。

選擇加盟事業，降低創業風險

接下來我們將介紹另一種創業的模式——「加盟／連鎖」，透過這樣的經營模式，不但創業者資本投入可以較小，相對經營風險也較低，而透過總店的「know-how」傳授之下，還能省去經營摸索的時間，提早達到成功的機會。

創業者加盟便利商店、餐飲等連鎖商店，雖然可利用別人的品牌優勢，快速進入市場獲利，但品牌並不是創業萬靈丹，重要的是創業者的在地經營是否能扎根，加盟總部值不值得信賴。加盟創業與自行創業不同的地方，在於加盟創業已有品牌，免打知名度，加盟總部會技術支援，管理知識傳授，讓創業者快速當老闆省去學習時間。而且企業文化統一，方便加盟創業者品牌與知名度建立，只是所獲利潤要分給加盟總部，加盟創業不像自行創業那樣，可以不需看加盟總部臉色，建立自我品牌，所獲利潤都是自己的，免跟加盟總部分攤，賺賠自己負責，比較吃虧的是自行創業自創品牌只能自己學習，自我成長，創業管理經驗需要一段時間從各種管理知識書籍、網路搜尋摸索，風險相對較大。

首先，我們先來看看何謂「加盟／連鎖」，依照國際連鎖加盟協會的定義是：「連鎖總公司與加盟店二者之間的持續契約關係，根據契約，總公司必須提供一項獨特的商業特權，並加上人員訓練、組織結構、經營管理，以及產品供銷的協助，而加盟店也必須付出相對的報償」。

照這樣的解釋，連鎖加盟可以說是一種經濟而簡便的經商之道，但相

對地在總公司的指導之下,加盟店也需要付出一定的金額給總公司。歸納一下,要能稱為連鎖加盟體系,必須要達到以下的條件:

店數至少要兩家以上,總部與各店間的所有權是互相獨立的,所以財務是獨立的。

- **企業的形象是一致:包括招牌、裝潢、名片、表格……等都要一致。**
- **商品及服務一致:包括商品結構、陳列方式、標價、服務品質……等都要一致。**
- **經營理念一致:包括企業文化、工作價值觀……等都要一致。**
- **管理制度一致:包括人事薪資、財務制度……等都要一致。**

說到這裡,可能有許多想要經由連鎖加盟方式創業的朋友要打退堂鼓了,因為除了財務獨立之外,其他的經營要件都被總部拿走了,到底還可以獲得多少呢?但仔細想想,如果有一個企管團隊能做出商圈的調查、競爭市場的調查、店址的選擇,協助你做出正確的判斷,這對想創業的你而言,簡直已經是成功了一半。

舉例來說,7-11便利商店開發過程中,7-11的總部會透過商圈的調查,計算出在便利商圈範圍內的住戶數、購買力水準以及客流量來估算未來店鋪的營業額,此外,總部也會透過位置便利性、人車動向與流量來判斷是否適合開店,甚至還有競爭市場的調查……等等。

況且以7-11便利商店來說,總部在輔導開業後,還會提供加盟店商品陳列櫥窗、POS收銀機、商店電腦等,加盟店只需繳納租賃費用即可,甚至總部還要負擔加盟店80%的電費與能源費,更不要說是媒體上的廣告宣傳和店舖內的宣傳海報……等等。

還有「店面的裝潢」這可能也是所有中小創業者最頭疼的問題,但加盟連鎖店之後可能將方便許多,以台灣的「壹咖啡」連鎖加盟店的做法來看,壹咖啡與招牌行、木工、水電工、油漆工建立了長期的合作關係,只要一一地將裝潢所需的材料、電線、水管、設備等予以標準化,實際上一至兩天即

可完成裝潢；想一想，如果沒有這些的「know-how」，想要創業的朋友可能花在選材、選工、比價的時間就花掉一大半的時間了，效率肯定大打折扣。

加盟優勢運用

對於創業而言，加盟的投資風險明顯降低很多。創業者可運用加盟商之知名商標，吸引第一次來客率。並從加盟連鎖體系學習開店經驗，增加日後經營成功之可能性。創業者在運用加盟總部整體行銷及後勤專業支援運作，在經營上比自行創業省力很多。運用現成加盟連鎖系統、商標、經營技術，比獨自創業節省了不少時間、資金的負擔。沒生意經驗的創業者就能在短時間入行。

在商品研發設計上，創業者可運用商譽好的加盟總部所研發出的獨創性、高附加價值商品，來領先競爭對手。除此之外，創業者可以運用加盟總部的電腦會計系統處理帳務，省去財務管理的時間，專心致力於行銷工作。加盟連鎖店對消費者而言有親切感，熟悉度高，能立即消除消費者的認知障礙。原物料方面創業者也可便宜買進，加盟商大規模生產所製造的低成本原料。

在人事訓練、設備使用上，創業者可運用SOP程序運作經營，並且可依賴加盟店總公司為後盾，支援行銷策略、點址選擇、市場調查。根據總公司的支援，創業者可對周圍環境隨時做變化，及早採取對應措施，以迎合消費傾向的改變。以加盟型態創業成功的人，就是總公司的成功，也等於是幫總公司拓展市場，是總公司樂見其成的。因此總公司對業績好的加盟店，還有獎勵制定與福利。當然不是每一項優勢，加盟創業者都可以用得到，不過具備了這些優勢，創業者便可少走點冤枉路。

優勢運用注意事項

據調查，加盟創業找發展五年以上，連鎖店數達一定規模的連鎖品牌，比較有保障。有些新興加盟體系發展時間短，市場經驗不足，對顧客的消費習慣不是很能掌握，會有剛開始開店生意興隆的假象，當創業者選擇弱勢連鎖品牌時，雖然你可以少繳加盟金，但相對之下，所能享有的總部資源和幫助也較少。有競爭優勢的連鎖品牌加盟金高，但較有能力保證加盟者獲利。正因為如此，越有信譽的連鎖企業，挑選加盟者其把關也比較嚴格。關於加盟創業還有以下幾項事情要注意一下：

行銷方向——加盟創業者需注意加盟總店大部分以集體推廣行銷，這種行銷優勢不一定適用於每個區域，所以在與總部溝通上，加盟創業者必須反應當地的消費狀況，以訂定更適合的區域行銷策略。

回客率——有些加盟創業者認為加盟店高知名度，對於顧客第一次來客率有相當大的影響，但這不一定，第一次來客率對於顧客持續消費率（回客率）影響有限，回客率乃決定於加盟創業者的服務品質，加盟創業者運用加盟總部的優勢時，本身還得思考對當地更好的服務模式，這樣回客率才有可能持續上升。

溝通不良——加盟創業者與加盟總部常在行銷活動上有不同的意見，常見的狀況是加盟創業者不願意參加加盟總部訓練，不願配合集體促銷活動，要不然就是總部無法配合分部做地域性促銷，這種溝通上的缺口，需要兩造雙方多溝通，才能不使溝通缺口擴大。

地點評估——加盟創業者必須對自己經營店面區域的人口、消費習慣要稍微了解一下，不能完全聽信加盟總部的評估，因為加盟總部有時因整體策略考量，選擇在商圈屬性不符的地方開店。由於地域差異，在某地的暢銷商品，換另一個地方不一定有人會買。

費用評估——開店不是開幕而已，而是看長遠，費用支出也一樣，還有加盟開業的後續費用成本支出，一般來說開業後各項營運支出，會比一般自

行經營負擔高，創業者必須把權利金、開辦費用等等其他名目費用，一併計算，並保留周轉金，以維持加盟運作順暢。

　　經營評估——創業者加盟創業，在經營上要評估自己能否永續經營，雖然加盟總部有短期訓練店面經營管理能力，但店面經營要融入當地，還要培養店內的經營人才，這些事情都要實際融入店內經營，長時間培養基礎才能壯大利潤。

　　獨特性——如果你是一個很有想法的創業者，加盟創業也許並不適合你，因為加盟總部要求一定的品質、監督、限制，可能會阻礙你想要獨特經營的理念。有獨特性思考的人，常常不滿加盟總部所提供的行銷、經營管理輔導、商圈保障範圍、月營收。所以加盟連鎖創業並不如人們想像中那麼容易，只有先了解自己的個性，加盟創業才會有意義。

🤝 加盟簽約注意事項

　　現在加盟連鎖企業很多，加上有些加盟店利潤可觀，加盟創業者簽加盟約比較浮躁，只聽宣傳就草率簽約，等到有糾紛，才發現加盟連鎖總部是空殼子，根本沒有開店經驗。創業者簽加盟約時，除了親自走一趟總部並到其加盟店觀察，搜集資料之外，加盟簽約之前，應深入了解合約內容，別以為加盟合約不可修改，所謂合約應雙方合意，創業者可逐款逐條弄清楚，也有權修改內容。在簽約時請注意以下幾點：

　　揭露事項——加盟業總部提供之書面說明資料所揭露之事業名稱及開始經營加盟業務之日期；負責人及主要業務經理人之姓名及從事相關事業經營之資歷。簽立加盟契約前及加盟契約存續期間所收取之加盟權利金及其他費用，其項目、金額、計算方式、收取方法及返還條件。

　　標章註冊證——要求加盟總部出示服務標章註冊證，加盟總部必須先擁有該品牌，才能授權給加盟者使用，所以，總部必須先取得中央標準局，所頒發的服務標章註冊證，總部才能將品牌授權給加盟店使用。

供貨問題——注意總部原物料供應價格是否過適，如果過高加盟總部又要求加盟創業者向總部進貨，不得私下向外進貨。這會讓經營產生困難，較為合理的合約是，雙方可以在簽約前約定，供貨價格明訂不得高於市場行情一定比例，這樣對加盟者才有保障。

商圈範圍——某個商圈有兩家分店在競爭，不利加盟者經營，加盟創業者簽約前一定要清楚商圈保障範圍有多大，通常加盟總部為確保加盟店的營業利益，都會設商圈保障，但有的保障範圍太小，反而不利於自己開店。

15 在家創業，把客廳當辦公室

「回家吃自己」這句話通常是當一個上班族被老闆開除時自我解嘲的話，基本上是句負面的話，甚至是一句氣話，但隨著職場生活越來越惡劣，「回家吃自己」反而成為職場上班族所夢寐以求的工作與生活型態，套句大家都熟悉的名詞，其實就是「SOHO」族的意思，所謂的「SOHO」其實是英文「Small office Home Office」，簡單地來說，就是把家當工作的辦公室，這就是接下來我們要談的另一種創業模式──「在家創業」。

隨著筆記型電腦、手機以及無線網路的發達，許多人選擇在其它地方辦公，如圖書館、咖啡廳、火車站……等等有無線上網的空間辦公。雖然在家工作有更大的彈性，但是也限制了事業發展和社交圈。所以，在家工作者要多往外尋找機會，才不至於過於封閉自己。在家工作對於那些注重家庭生活的創業者來說，的確很不錯，在家創業的好處是工作環境可自己掌控，不用浪費時間來往辦公室的通勤時間與交通費，只要完成了工作，創業者可以立即和家人聚在一起、兼顧家庭生活。

在家創業的行業，大都偏向於專業照養、專業設計之類的工作，像是家政、圖紙設計、課輔、才藝班、語言翻譯、平面美術設計、專業影像後製、程式設計師、美工、網頁設計師，買賣仲介者……這些在家創業者依賴人力網站推銷自己，然後慢慢地累積人脈，最後成立工作室，建立公司。相對於賣腦力的居家創業者來說，在家創業的另一個成功方法是手藝，手藝指的是有特色的手工創作！比如用手工製作的包包、衣服、首飾放到購物網站

拍賣。其他，包括自由作家、企劃、顧問、講師、藝術創作，五花八門的居家創業工作，可滿足個人創業需求，在家上班並非沒有風險，尤其在不景氣下，外包案量越來越少，價錢越砍越低，在家創業者如何生存獲利是門大學問。在家創業工作有許多問題必須面對，除了擁有專業實力之外，與時俱進的創意與豐沛人脈資源不可少。

以中小資本的創業家來說，自行創業開店往往要負擔店租、水電費等費用，很可能在你還沒賺到錢之前，就要先付出一大筆錢，並要一、兩年後才可能轉虧為盈，如果採行連鎖加盟的方式，在制度與品牌的自由度上又往往受到總部的限制，因此，有的人就乾脆當起SOHO族創業，在家工作，時間彈性、成本投入較低，又可以兼顧家庭生活，所以這也是現今非常流行的創業模式。不過要選擇這樣的創業模式的朋友們，則要先注意以下幾項先決的條件。

1. **要先練就兩把刷子**——培養自我的專業能力，不管是寫作能力、翻譯能力、美甲美容、烹飪、花藝……等，都務必要讓自己能獨立作業，然後能夠藉此換取酬勞，這樣才有資格成為SOHO族在家創業。

2. **自我管理能力要很充足**——過去在公司裡，有主管以及同事在旁，大多時候你可能一刻都不敢懈怠，但現在一個人在家工作，沒人會盯著你完成工作，再加上有電視、網路、床的誘惑，如果工作意志不堅定的人很可能平白浪費許多寶貴的時間，讓工作進度一再地延後，所以在家創業者，一定要自律、訓練自己能如期完成工作。

3. **準備足夠的資金**——跟自行創業者一樣，在事業一開始的時候，很可能都沒有收入，或是僅有極少的收入，基本上決定要在家創業前，就要準備六～十二個月的生活費用，這樣才不至於功虧一簣。

4. **累積足夠的人脈**——俗話說：「人潮就是錢潮」，同樣的，人脈就是錢脈，這人脈包括你的客戶、過去工作所認識的朋友，甚至是工作場合上的老闆，而自己參加社團與研習課程所認識的志同道合的朋友，

其實也都是你在家創業成功很重要的關鍵人。

如果以上條件你都具備了，恭喜你已經可以回家吃自己在家創業了！

以下舉個家創業成功的例子和讀者們分享。

七年級生的杜音樊憑著對美甲的熱愛自修，利用網路開拓客源在家創業工作，如今她已經是月入近十萬元的女老闆了。

在決定踏入美甲這個行業前，杜音樊從小就喜歡在指甲上塗鴉，後來憑著對於美甲的熱愛不斷地自修，並花錢拜師學藝，在考取美甲師證照後，杜音樊開始創業，捨棄店面的經營方式，杜音樊選擇回到家裡開設工作室，結果不但因此節省了不少開銷，更由於營業時間很有彈性，反而吸引一些貴婦前來消費。

在行銷宣傳上，杜音樊不採傳統口耳相傳、發DM建立客源的方式，反而是運用網路開拓客源，提供客製化的服務，反而順利打開市場，現在她的顧客有學生、上班族及貴婦，不但擁有穩定的客戶人脈，隨之而來的更是源源不絕的錢脈。對於這樣的結果，杜音樊很堅定地說：「路是人走出來的，只要堅持夢想，就會實現。」這句話真的給了許多想在家創業的朋友們打了一劑強心針。

選擇這種創業方式，專業能力或技術要夠強才行，像平面美術設計者，其設計能力一定要能勝過其他競爭者才能接到案子，此種類型的創業者在自己家工作，不會有人監督，也沒有同事可以討論，因此本身要有足夠的自制力，避免被受外在誘惑而耽誤工作。居家型的創業者，最大的經營風險就是接不到案子，所以要不斷主動開拓客戶才有收入，不然隨時都會有斷炊的情形出現，因此必須要有積極樂觀的態度，並準備一～三年的生活準備金，做長期抗戰。

作為在家辦公的創業者，很難劃分工作和休息的時間。有時候反而比上班八小時的人更加工作過度。在辦公室，沒有家居生活出現的突發問題，辦公室一出現突發問題，老闆同事可以一起解決，但是在家裡就不是這樣，孩

子突然發燒感冒，或是朋友突然來訪等突發事件，都會打斷在家創業者的工作進度，若是在辦公室工作，公司不可能讓你馬上去處理這些突發事件，工作專注度比較高，當然有些在家工作者為了避免受到家務事干擾，有的會在外租一個小工作室辦公。

想要居家工作的創業者，必須懂得安排自己的工作行程，比如說文字工作者，在某一段時間內必須完成一部作品交給公司，就必須把這「一段」時間，分成很多小段時間完成一部作品交給公司。其他設計類、照養類的工作者也一樣，必須把時間分配好，對在家工作的創業者而言，時間就是金錢，充分把每一天安排好，在家的工作的效率才會高。另外是空間的安排，在家工作者最好能分割出一個獨立空間做為工作間，工作間不要與客廳、寢室、浴室混成一個空間，才能避免被電視、家人的聲音所干擾。有小孩的工作者更要注意，如果小孩放學回家後，需要陪伴而工作被打斷，最好能跟另一半協調一下照顧小孩的時間，這樣才不至於影響到工作進度。

居家經濟，住店合一

另一種居家創業，不盡然是設計、翻譯這類專業工作者，而是選擇無店鋪創業以住家與店面合一的創業模式，發展「居家經濟」。採住店合一策略的創業者，避開昂貴店面租金的都市商圈，自家經營生意。這類選擇住宅區商圈做店面的創業者，大部分認為因住宅區商圈容易聚集目標客戶而且居住人潮不少，能節省店面租金，以住店合一經營事業者，工作者一來可兼顧家庭與事業，二來可節省通勤的時間成本，在營業時間也較具彈性，發展居家經濟的創業者不認為「人潮等於錢潮」，他們比較在意目標客戶族群，居家創業者的行銷觀念已吸引小族群的消費者為主，開發社區與住宅區的潛在客戶，對一般創業者來說，原物料成本外加上店鋪租金就占了25%～30%開銷，發展居家經濟的創業者住店合一的經營策略，可節省一筆不小的開銷，反而會有有更大的獲利空間。

　　根據調查顯示，以居家經濟創業的人，投入最多的前五名分別為，複合餐飲、中西餐飲、冰品飲料、服裝飾品、其它美食，而飲食類就佔了五分之四，可見餐飲業與服飾業是居家創業者可以考慮的幾個行業。尤其是餐飲業的需求大而多元，資金門檻也很低，是居家創業者值得考慮的方向，不過要注意，居家商圈同質性太高，競爭者飽和。想要脫穎而出，就必須創造獨特的產品與服務，鎖定目標客群精準行銷，方能創業致勝。

　　另外一種居家經濟開發的客戶群，是宅男、宅女這類在網路購物的族群。居家創業者可利用創意與網路開發新產品與服務宅配供應給宅男、宅女。創業形式許多如網路行銷、網路購物、線上遊戲軟體開發、網拍、部落客行銷。這類網路創業，固然上班時間比較彈性自由，不用打卡簽到，但創業者還是要做好自律及時間管理，網路行銷上需要做到獨到的網頁創意設計、產品內容解說、網路評價維護這些事項，以及確保產品的專業品質，才能從網路上找商機，賺取利潤。

Chapter 2

創意點子思考術，
創意如何到創業

好點子從哪裡來？

根據世界一項針對全球兩百位創業家做的研究發現，創業的好點子來自育改良型、趨勢、撞擊、研究，不同類型的創業點子，有不同的創業流程：

❶ 改良型創意

大多是創業者針對現有市場上已存在的產品或服務，進行重新設計或改良，比如說三星會針對蘋果已有的手機功能改良，王品餐飲集團會針對市面上成功的餐飲服務模式改良成王品集團文化的服務模式。一般來說，從市場上成功的產品行銷經營模式中，重新改良比創造一個全新的商業模式，會更容易贏得消費者青睞，在執行風險上相對小很多。許多成功的創業型態，一部分來自於過去的經驗，例如諾基亞計畫推出一款Android手機，手機是改良Android系統過去的應用經驗，推出另一款式的產品服務。諾基亞對安卓原生系統的修改，類似亞馬遜對Kindle Fire所採用的Android操作系統的改動。諾基亞手機的行銷方向，主打低價市場，因此改良版的Android系統支持更多傳統智慧手機應用。又比如說像85度C結合咖啡與烘焙的複合式平價經營模式，開創了新市場。

創業者採焦點深耕策略，聚焦於滿足原有市場顧客群的需求，發掘現有產品、服務新的需求缺口，配合生活型態需求改良現有服務模式，達到擴大既有市場。

② 趨勢型創意

主要以新趨勢潮流衍生出的創業點子，當個人電腦、手機產業出現之時，引發大量上下游相關軟硬體產品與服務的創業機會，例如LINE跟隨手機系統應用普及潮流推出各種貼圖服務，又像是日本Lawson便利超商根據熟齡族群增多的趨勢，推出新型店舖「Lawson Plus」，提供新的產品與服務，以滿足這類族群的需求為主。還有針對外食族需求推出的各項服務，像是連鎖家具業IKEA都推出39元低價的美式早餐等等這些新服務思維，都以滿足已有的客群所開展的新服務。這類服務著重於顧客互動，以新的互動模式開放客戶的新需求，比如說台中有個紙箱王主題餐廳，著重於現代人用餐，喜歡新體驗的趨勢，結合紙的創意作品，創造了獨樹一格的餐飲品牌。而對大型餐飲業者而言，除跨領域整合外，亦可透過建立次品牌，區隔不同的顧客調性與訴求。在面對餐飲平價趨勢下，創業者有時可以反向思考的根據現代的生活趨勢創造新的需求，例如餐飲業者結合台北藝術大學設置餐廳，結合當地人文，創造懷舊異國情調餐廳，而誘發新型態需求。

③ 撞擊型創意

主要是創業者在突然被某些事情撞擊，產生一連串的創業點子，這類型的創業者平時生活對環境觀察力相當敏銳，這些人隨時能對周邊環境的變化做出商業判斷，轉化成商機，比如說美國牛仔褲品牌Levi's創業者以舊金山淘金熱這個景像，撞擊出以堅固耐用的帆布製作褲子的商機，開始以帆布料製作牛仔褲的事業。

另外一個創業例子，發生中國大陸山東青島，一個大三男孩以賣消費卡創業，這個男孩和同學三個人各出資一萬元人民幣，在2007年1月成立公司專賣消費卡，這張消費卡可以在山東青島不同的商店享受到會員待遇，他的公司營業額2007～2008年之間就已經近100萬元人民幣，淨賺30萬人民幣。

這個年輕男孩的創業點子，是無意間撞擊成形的，當他還是大三學生時，有次逛街，看見每個商家幾乎都有會員卡，消費者可以憑卡享受打折優惠，看

到不少人有用卡消費的習慣，他突然靈光一閃想到如果所有的店家只有一張消費卡代替所有商家會員卡，就能享受上千家商家的折扣服務，這樣不就能招攬到更多的客戶，這個看起來沒有什麼專業技術的創意，讓這個大三學生靠著這個點子賺到他的第一桶金。

❸ 研究型創意

這類型創業，以專業技術研究為主，像是電子軟硬體系統研究，透過有系統的研究，發現創業機會。像是臺灣一家電源供應器廠，針對WiFi無線系統，研究開發出WiFi無線旅行路由器及充電器，擁有這項專利的新產品，整合轉換插頭、充電器、USB及WiFi分享的多功能，便於多國旅行者使用，推出後頗受市場青睞，經過一年推廣期，已有包括美國、荷蘭、日本等國的客戶陸續下定單，在市場上大賣。這家公司接著將WiFi無線系統硬體設備的核心技術向外延伸推出「電力線網路橋接器」、「機櫃電源分配裝置」以及「節能電子保護插接器」等產品，在發展快速的汽車電裝市場，也推出「智慧型汽車電池充電器」、「車用直流轉交流電升壓充電器」等系列產品。從這個以研究創意為主的公司，先以單一WiFi無線系統硬體設備為主，拓展不同的產品系列，在市場中佔有一席之地。

好點子禁得起考驗嗎？

光有好點子還不夠，這些點子是不是禁得起考驗才是重點，當一個創業點子在構思階段，常被認為具有潛力，就會被進一步開發。在點子萌芽階段，需要進一步測試。

例如說前文提到的大三學生賣消費卡的案例，一開始大三學生為了測試這個點子，他找了一家KTV商店，測試點子在商家的接受度，結果這家KTV經理接受了這個新鮮點子，答應成為消費卡聯盟的一員。此後，他不斷尋找新的合作商家，公司成立僅半年，就有了一百多家結盟夥伴。顯見這個點子，是被人們所接受的。

　　再來檢視消費者接受點子的程度，檢視的方法是面談，聽取創業點子是否受到消費者的認同，以消費卡這個案例，賣消費卡的人找商店面談，可以看出消費卡販賣的情況與接受度，也可以透過消費者面談，挖掘新的消費卡使用模式，透過消費者與商家的陳述，對現有消費卡的主要特質進行對比，透過對消費者的反應，可以發現市場為何接受消費卡，又是為了哪一種原因排斥不使用自家公司的消費卡，藉著商家與消費者的比對分析，把這些特性設計到消費卡的使用過程中。

　　對於消費卡概念與主要競爭對手的消費卡概念，應該分別評估它們的特質、價格和促銷方式，透過確定消費卡的主要消費區域，研發消費卡新功能、新服務去開發更加市場化的產品，如果不能有更市場化的消費卡，能讓商家與消費者接受，乾脆放棄消費卡這個產品概念，轉而研發更高消費附加價值的電子錢包，像是淘寶網的餘額寶，這類新消費觀念，即使將消費卡這個眾多商家優惠的聯盟觀念，轉而形成電子錢包的概念，讓消費者再購買物品之餘，也能有存錢生值的優惠。

　　創業新點子的形成必然透過幾個問題來確定——

● **問題一：創業新點子，相對於競爭對手，品質信賴度是否能讓市場接受？**

● **問題二：創業新點子有比市場上現有新產品、服務好嗎？**

● **問題三：創業新點子對創業者而言，是一個好機會嗎？**

● **問題四：創業新點子的促銷和通路有任何發展點嗎？**

　　這四個問題，必須透過定義、測量、分析、改進、控制這五個步驟解析出創意點子的可用度，這五個步驟，在下一單元將做詳盡解說。

創意前找問題，活用六標準差

前文提到創業點子形成之後，必須透過一層層關卡檢驗，才得以實現創業夢想。通常創業者找自己創意所發生的問題，會透過「六標準差」（DMAIC）檢驗創意是否經得起市場考驗。

六標準差，6 sigma是一套商業管理戰略，最初於1986年由摩托羅拉創立。原來六標準差策略是用來消除流程瑕疵，提高產品品質，後來演變成一種商業管理策略。現在創業者運用六標準差DMAIC——Define、Measure、Analyze、Improve、Control五個步驟檢驗：

D定義（Define）——確認需求型態

六標準差的「定義」方法，是先確定消費者最關切的需求問題，了解客戶需求以及自己的創業目標。從大學生賣消費卡案例中，大學生清楚「定義」山東青島有消費卡目標客群，接下來定義能提供目標客群什麼產品或服務？大學生定義集合千家消費商店優惠，提供客戶消費卡服務，接下來定義創業工作如何進行？大學生決定與合作夥伴拜訪商家，說服商家參加消費卡聯盟。

另一個六標準差的定義案例，是博客來網路書店與讀冊生活的創辦人——張天立，他在創業初期，只期望銷售能達到實體書的5%，但漸漸發現，通路為王，是決定關鍵，實體店和虛擬店結合的過程中，讓他發現網路書店未來主流。於是他定義自己的事業體經營方向為網路書店，以網路消費

者滿意度和價值來界定事業範圍，並根據這個範圍規畫和衡量績效，當事業體有了清楚的定義範圍之後，創業者會根據這個範圍，訂出業務目標，並根據此範圍目標客戶需求提出改進的專案。

六標準差的「定義」內涵，即是定義創業點子是可衡量，可達成的，不是天馬行空定義。比如說消費卡的案例，創業者定義的消費卡發卡數是可衡量，也可達成商家聯盟使用消費卡的目標。

M衡量（Measure）——需求與實際之間的落差

六標準差的「衡量」（Measure）方法，是先收集相關資料衡量需求與實際之間的落差，以消費卡創業這個例子來說，既然定義為地域性消費卡，接下來創業者以消費卡的選擇品質特性、定義績效標準、測量系統分析這三方面，了解消費卡的需求與實際之間的落差。

1.**選擇品質特性**——主要是確定消費卡對主要客戶影響較大的因素是什麼，消費卡的關鍵品質因素在於「多商店」優惠，到底多少實質的商店優惠，消費者才願意買這張卡，當達到一定的商店數，消費者自然就會對消費卡這個點子買單。

2.**定義績效標準**——主要是為了確定消費卡的關鍵品質因素，客戶所能接受的限度；消費卡創業者必須了解，到底消費者能認受多低的消費店數，才願意買這張卡，如果這張消費卡，只有10家店可以消費，消費者會買單嗎？折扣優惠只有95折消費者會買單嗎？如果不是，消費者接受的折扣限度在哪裡，當這些績效標準能衡量出來的時候，消費者自然會買單，比如說消費者能接受300家店平均折扣在75折的消費卡，這時創業者就了解要努力的績效目標在哪裡，另外是，發卡數達到多少店家才願意加盟。

3.**測量系統分析**——主要是為了確定關鍵品質因素和對測量系統的準確性進行評估。比如說消費卡的測量方式是店家數與卡數，測量系統是

計算消費者與店家之間交易量計算系統，通過交易量計算，可測量出創業者消費卡實際發卡數與店面交易量之間的差距。從釐清消費卡發卡數計量業務績效的重要衡量開始，接著才蒐集資料和分析主要變項，然後問題能更有效地界定、分析和解決。消費卡交易量計量標準，可衡量消費卡創業點子的成功與否。

創業者建立了有效和可靠的衡量標準之後，可監測消費卡的進展情況，創業者可針對交易量這個清晰可衡量的指標，衡量下一步行動計畫。比方說，消費卡在某一個區域的店面有大量餐飲消費量，那麼，就可以針對這個區域開發消費者，以套裝旅遊行程結合消費卡辦活動，吸引更多人使用，而且更多消費者使用，就更有籌碼跟店家談折扣。當然某些區域根本很少人消費，創業者就不一定要浪費時間在這個區域開發店數，浪費成本，從交易量的數據來衡量，是不是就能有一套完整的預防性行動計畫，預防不必要的人力、物力浪費。

A分析（Analyze）──檢視效果

六標準差的「分析」（Analyze）方式，是分析數據差異原因，檢驗原因和效果之間的關係，確定是什麼關係，發現錯誤。以消費卡案例來說，分析是利用統計學工具對整個交易系統的交易量進行分析，並確定現有交易量與既定目標發卡數之間的差距和解決方法。分析消費卡交易量與發卡數之間差距存在的原因，主要是為了消除差距而做出合理的經營措施。分析目的是主動管理，主動在事前採取行動而不是事後反應。比如說某一個區域的發卡數100張有交易量一千萬，相對於1000張發卡數只有100萬交易的區域，創業者可根據這兩個區域差距的原因分析，並做出合理的經營措施，擬定改進方向或未來的發展策略。

👥 I改善（Improve）──改善效果不彰

六標準差的「改善」（Improve）方式，根據分析數據，運用不同方法是，從最有改善價值之處著手，來優化當前流程。例如從實驗設計、防誤防錯或錯誤校對，利用標準工作建立一個新的、未來的理想流程，建立規範運作流程能力。以消費卡案例來說當有人遺失或被盜用，創業者必須根據防盜用，進行實驗設計。例如加入指紋防偽功能或是建立即時停用系統，使消費者用得安心。六標準差的「改善」步驟，是創業點子進行過程中的管理核心。透過大量的分析，找到根除和預防缺陷的方案，並利用統計方法衡量改善的效果。對於客觀性的因素導致的缺陷，可以根據原因，來改進績效逐漸接近目標。

改善效果不彰的方式，可透過無界線的協力合作打破藩籬，使創業更加成功，以消費卡的案例，大學生藉由掃除店家障礙，加強店家連盟團隊合作，跨越組織內的界線，店家與供應商協力合作，能帶來更龐大的客群，挖掘更大的商機，許多的互聯網，像是阿里巴巴、淘寶網這類網路事業，透過店家不斷使用互連，累積大量的交易量數據，藉由這個「大數據」分析互聯網效果不彰之處，評估並選擇創意新改進的解決方案。

👥 C管制（Control）──管控流程持續績效

六標準差的「管制」（Control）方式是以最小的成本來維持改善成果。管制最主要是確保任何偏離目標的誤差都可以改正。以消費卡案例來說，執行控制方法，可透過交易量持續改善現有發卡流程，管控交易量的目是確保改善（Improve）一旦完成，能繼續保持下去，而不會返回到先前的狀態。主要對關鍵因素（交易量）進行長期控制並採取措施以維持改進結果。管控過程主要是監控改善（Improve）活動，保證其不偏離目標。管控過程雖然追求創業點子執行流程完美進行，但也同時能接受偶發的挫折，從挫折中定義（Define）失敗範圍，衡量（Measure）列出失敗點、分析（Analyze）這

些點失敗的原因，根據這個分析出來的原因提出改善（Improve）方案，改善方案定好之後，透過「管制」（Control）方式，繼續保持改善之後的成績，直到突發事件發生，才再重新以定義、衡量、分析、改善、管制，不斷為追求完美而全力以赴。管控階段的成功取決在定義、衡量、分析、改善這四個階段是否完整執行。

創業點子的執行過程中，從創建到確定流程與規範進行評估，採取措施來消除差距，最後判斷創業點子的績效與目標是否一致，若存在偏差，則重新開始DMAIC循環，通過這樣不斷的循環，最終實現創業目標。在DMAIC執行過程中，始終以讓顧客滿意為導向，顧客包括外部顧客，也包括團隊成員，透過團隊成員盡心盡力為團隊工作，不斷提高外部顧客的滿意度。以消費卡這個案例來說，外部顧客是用卡者，團隊成員是公司合夥人與店家，藉由DMAIC循環不斷的改進，創業點子整個的執行過程中，就能在低成本、快速高效中完成創業任務。

創意思考

創業者創意思考方向，大致分為兩個方向，一是組合性創意思考，二是劃時代新發明。百分之八十的創業者的思考是屬於組合創意思考，這類思考是將舊有的東西重新組合變成新的東西，新發現的思考不多，像是牛頓的「三大運動定率」、愛因斯坦的「相對論」、愛迪生的電燈⋯⋯這類劃時代新發明較少，創業者所用的組合性創意思考，大部分是改變市場現有產品，推出同規格但不同樣貌的新產品。比如說同樣規格大小的手機，有的稱為「旗艦」機種，配備各種豪華的功能，有的只是陽春型舊機種，這類組合性創意的產品，隨消費者的需求喜好，改造舊一代產品成為新一代產品。前面提到手機可隨著時代推移，進化成好幾代，其實所謂的新一代產品只是將舊產品的外觀、材質、功能、色彩、大小⋯⋯等組合包裝成一個新創意，增加消費附加價值，引進開發不同於以往價位的產品。

創業者創業過程中不論開發新產品或改造舊產品，皆要考慮到時代的人性需求，針對需求，再達到技術進化，因此在形成創意思考之前，務必要先從消費者的反應來分析出需求，針對需求與人腦力激盪，發展新創意。另一種創意是引領需求，像是蘋果電腦前總裁賈伯斯一樣，開發各種行動裝置，引領新一波潮流。

挖掘創意

不是每個創業者都能像愛迪生、愛因斯坦這些天才一樣，創造出劃時代

的創意,這世上或許有些人創業做生意的天份真的比較強,但要成功還是必須靠努力。但努力也不是漫無章法的,創業者必須要向成功者學習。學習創意思考,以下幾種挖掘創意的方法,可供創業者參考:

❶ 比喻法

創意可說是一種比喻,創業者發展創意思考,最常用的是比喻思維,引發一連串新點子,比喻思維主要是利用相似的事物來形容說明,你所要解釋或表達的創業方向,比如說看到「人力銀行」就想到「馬上找到好人才」,利用比喻的方式,來強調創業者,必須擁有迅速即時的人力媒合平台技術,發展更便利的人才配對方式,讓業主與求職者能即時互通,這就運用比喻法所形成的創意思考。其他如食、衣、住、行都一樣,都可運用比喻法找出創業的行銷策略,例如看到知名運動品牌「NIKE」就想到「Just Do It」,藉由立即行動這個比喻,運動品牌定為運動者愛好者立即運動的好夥伴,來達到他們廣告宣傳的目的,讓品牌更具趣味與魅力。

❷ 反動法

這是將正向框架拿掉,以另一種反動力方向思考,比如說:「美女穿高跟鞋走路不睡著」反動力思考變成「美女穿高跟鞋不走路睡覺」,從這個思考,可以發展出晚上睡覺保護足部的護腳膜。接著就可以思考如何創業生產護腳膜,在市場中銷售。當創業者習慣以一般的角度來思考經營策略,在不知不覺中往往會讓思考陷入一個框框範圍裡走不出來,而限制住了創新思考的彈性,因此 如果能夠「反動」進行跳脫性思考,將過去的思維慣性突然轉入反方向,往往能夠激盪出意想不到的火花與趣味,比如說:「女人穿胸罩」反動力思考變成「男人穿胸罩」以此延伸出護胸盔甲再變成鋼鐵人,形成超人影音事業,又像是「路邊攤」變成不像路邊攤的「速食店」以此延伸出連鎖速食滷肉飯事業。

❸ 替換法

A與B兩種產品，A產品功能用B產品，這就是替換法創意，這類創意挖掘是將舊功能運用到新的領域，或者是將新功能用到舊產品，進行這類創意挖掘的過程中，最怕陷入過去的經驗之中，比如說我們已經很熟悉手機是用來講電話的，當手機用來抓癢，大部分的人都會覺得怪怪的，但是替換法創意就不容許A產品功能只能用在A產品，反而希望讓腦袋盡情去想像，將A產品功能試用在B、C、D……產品，將過去我們已經熟悉的某種觀念或技術運用在其他的用途或事物上，這時候創業者可延伸出新的創業契機。比方說我們常用的便利貼背後的黏膠，是一個化學家做失敗的黏膠，由於這種膠黏性不夠，不能牢牢黏住東西，使用者很容易就能把黏住的東西分離，本來這個被化學家棄用的黏膠，被轉用成書籤黏在書上，化學家把A黏膠不用在A產品上，反而把它用在B產品（書籤）上，造就了「便利貼」事業。……其他如同「威而剛」、「可口可樂」等等 也都是在類似的情形下被創造出來了。

❹ 連結法

這種創意挖掘法，跟替換法不同的是，替換是將舊有東西更換掉，功能不變，只是將其置換到另一種用途方向，連結法的創意挖掘，著重在連結部分，透過兩個不相干的東西結合在一起，產生新的化學作用，如果連結不能產生新的功用，則連結的意義不大。現在最夯的穿戴式裝置，就是將穿戴概念連結通訊概念形成電子通訊手錶、眼鏡等概念。無人汽車這個概念，是將機器人概念與汽車的行動概念做結合，這一類的創意挖掘過程中，重點在連結的過程中是不是一加一大於一。

❺ 回收法

這類挖掘創意的方法，比較看重經驗與方法，也就是將過去好的經驗方法再回收重新運用，比如說洗衣機輪轉脫水的這個方法，可運用在拖地，過去拖地，拖把弄濕後要靠手擰乾，創業者從過去的經驗去找類似的解決方案。所

以就想到在拖把上裝一個手動裝置擰乾拖把，當我們面對拖把擰乾這個問題時，往往專注在找一個以前曾經有用的解決方法。我們會去回想「以前拖地的人，有什麼經驗方法是可以解決這個問題的？」接著我們從中間選擇一個看起來最有潛力的方法，然後完全排除其他的可能。於是業者排除用手擰乾拖把的方法，改採踩踏輪轉脫水這個方法，發明了新式拖把，因而大賣。回收法的思考方式是會想出有幾種方法可解決這問題，以前有哪個方法可以解決這個問題，比如拖把脫水方法，以前除了用手擰乾的方法之外，還有離心力拖水方法，這些脫水方法過去都能有效解決脫水的問題，只是該如何用最簡單的離心力脫水方法解決這個拖把擰乾的問題，於是延伸出發明出腳踏輪轉脫水拖把。

不管創業者是用哪一種方法挖掘創意，重點在於創意是不是符合任性需求，在這個資訊發達的年代，有些創意是很糟糕的，比如說鞋底已經有防滑功能了，結果又加了防滑鞋帶，這等於是多此一舉，這類無用創意很多，大部分看起來很好玩的創意，其實在市場上根本不受歡迎，因為這些創意都沒有從人性需求的角度出發，當然最後都只是曇花一現的展覽品。

創意與創新

「創意」在腦袋，人人腦子裡都有新的點子或新構想，這些抽象思維都屬於創意的一部分。但腦子裡的點子，不能用現行技術與資源，將其商品化以滿足客戶的潛在需求，實現獲利目標，就稱之為「創新」。

台灣每年創意發明多如牛毛，真正商品化獲取利潤的創意，屈指可數。就算創意商品化成功取得利潤，並不代表創業成功，隨時可能會因為對手技術超前，而無法讓事業體繼續順利生存下去。曾經叱吒風雲的手機霸主Nokia即是一個血淋淋的例子。Nokia曾蟬連全球手機霸主十四年，因智慧手機布局時機太遲，而節節敗退，Nokia巔峰時其出口值占芬蘭總出口的25%，全球人手一支Nokia手機的榮景，猶如今天的蘋果、三星。Nokia因商業策略誤判，只好拱手讓出全球手機霸主地位。這是因為Nokia犯了兩個致命錯誤，分別是錯估手機轉向觸控操作的趨勢，以及一開始堅持使用自家開發的軟體系統Symbia，導致市占率大幅萎縮。終於Nokia在2013年9月3日宣布，以54.4億歐元，出售給微軟。

從Nokia例子可以看出，如果因為創業有成之後，不能再找到的新創意繼續創新下去，開創另一個局面，事業體將無法永續生存。從創意→創新→創業，這一循環來看，Nokia成功創業之後，固守在傳統手機領域，沒有發展出新的創意，跟上時代趨勢，導致事業體永續循環斷鍊，黯然退出市場。

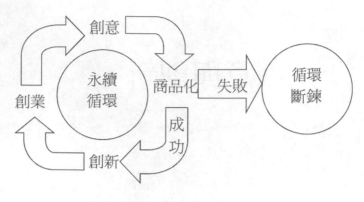

事業體永續循環圖

　　創意不一定以創業為目的地，從事業體永續循環圖來看，創業以創意為出發點。一個事業體若是創意能量消失，無法將創意商品化，事業體創造新事業的循環必然斷鍊，創意商品化階段進入創新階段，風險想當然大，幾乎失敗率至少超過九成以上。所以創新要成功必須懂得**挖掘商機**，商機能被挖掘出來，始於發現市場消費者脈動，蘋果與三星比Nokia更早發現手機與網路通訊相連的機會，於是早一步切入智慧型手機市場，市場商機永遠是先發現的、先切入的人最有利，就像哥倫布「發現」美洲新大陸一樣，哥倫布並不是憑空想像機會，而是實際航海發現機會，市場商機也是如此，成功的創業者，永遠會在市場努力找尋新大陸，開拓新市場。而挖掘商機可從以下三個方向來思考：

1.消費者想用的資源在哪裡？

　　創新不一定要涉及專利技術，而是先挖掘消費者想利用的資源在哪裡，以手機產業、網路通訊、手機電腦化，這都是消費者想要利用的資源，誰能用最快、最便宜的方式，讓消費者取得網路通訊、手機電腦化這兩項資源，誰就先搶佔市場。創新是創造消費者想用的資源，但這種資源多數屬「簡便資源」。當手機業者發現消費者有通訊網路化的需求機會，手機業者就會利

用廣告刺激消費者，運用分期付款「0元手機」的行銷策略，使顧客產生購買行為，再以品牌形象（蘋果、三星……）綁住顧客的忠誠度。在這裡「0元手機」「品牌形象」都是消費者想用的資源。

2.消費者的資源滿足點在哪裡？

網路通訊、手機電腦化、0元手機、品牌形象……等等這些元素都只是消費者想用的資源，想用不代表可滿足消費者需求，創業者在創意商品化的創新過程裡，必須找出消費者的資源滿足點在哪裡？從這些點發現新的機會，比如說手機消費者的資源滿足點，根據這個社會需求，把創業者以模仿、調整、推廣、改造等等手段改變網路通訊、手機電腦化這些資源的使用型態，以滿足消費者需求。

3.消費者使用資源改變的趨勢在哪裡？

有人認創新是不斷創造新的事物，投入市場嘗試新的改變，但這種為了創新而創新，對整個事業體的延續，並沒有太大的助益，因為創新如果沒有發現資源改變的趨勢在哪裡？即使創造出萬種專利，也無益於事業體成長。Nokia的專利比起蘋果與三星不遑多讓，但是最後Nokia走向被收購的命運，而蘋果與三星還是再繼續壯大，差別在於蘋果與三星的專利發明以消費者使用資源改變的趨勢為基準點，創新發展手持行動裝置事業，而Nokia只在意自己打下的江山，忽略消費者使用手機通訊資源的趨勢已經改變的事實，當傳統手機進化到智慧型手機已經形成的改變趨勢中，智慧型手機在市場已被證明是有價值的產品。在這已經形成的改變趨勢中，蘋果與三星順勢促成改變，而Nokia卻是逆勢操作，而失去市場。

不管如何，創新、創意、創業所形成的事業體永續循環，都脫離不了「商品化」這個過程，創業者在創業過程中必須將創意商品化、商品創意化，並在市場中找出商品的核心價值。

創意「商品化」，
商品「創意化」

創業者有創意不一定有「生意」，只有將創意商品化，創意才得以從市場的肯定中獲取利潤，創意商品化是指創意成果轉化為商品的過程，創業者利用創意成果收取相對報酬的交易活動。

創意商品化的過程首重「概念」，概念反映了觀念上的創新，舉例來說有一家在誠品設櫃的知名設計公司「水越設計」，以獨特的故事概念推出工具書，改良式線裝書背、漆黑光亮到可當鏡子的封面設計、年曆、筆記本、美食記事本。這些產品大都以一個新概念出發變成創意成果，再將創意成果商品化，以設計公司的BenBen手記本來說，用BenBen這個個性偏執、思想黑暗的人物為主題的概念發展限量商品，一推出即銷售一空，廣受消費者歡迎。

當初這家設計公司以埃及為主題概念，製作出包含紙張裁切、影像計算、字體形式等設計工具在內的筆記書，沒想到一推出即受消費者青睞，變成設計公司招牌產品。設計公司再將創意成果商品化的過程中，將商品定位在專為設計師製作的工具書，風格獨特、價位高且限量，銷售通路也僅在美術館與特定書店，擺明不賣一般消費者，卻抓住品味獨具的創意人。隨著知名度大開，這家設計公司近年來推出的限量商品，都在短短一個月內售完，而且不再生產同一批貨，負責人表示設計公司不做重複的事，設計公司在創意「商品化」的過程中，定位在「價值長存」這個概念，推動獨特的創意設計。從「水越設計」創意商品化的過程中必須符合以下幾個價值方向：

❶ 有用價值

商品是用來滿足消費者的需要，它必須要對消費者有用，這就是有用價值。以前面提到「水越設計」來說，其商品是用來滿足設計圈的需要，它必須要對從事設計行業的消費者有用，這就是商品的有用價值。有用價值是創意商品的自然屬性。創意產品如果不能讓某一特定族群的需要，商品則不具有用價值，在市場上沒有特定族群購買的創意，就不能成為創意商品。創意成果要成為商品，就必須具備有用價值。設計公司耗費了大量腦力創造出來的成果，一旦轉化為生產力，就可以創造高於創意本身的價值，產生經濟效益，因此創意具有有用價值，消費者才願出錢購買創意。沒有用的創意，是不會有人購買的。

❷ 成果價值

成果即代表作，「水越設計」為例，設計公司以埃及為主題概念製作出的筆記書，即代表被設計圈消費者認同的成果價值，有了這個價值，消費者才會認同這家公司，買這家的產品，沒有成果價值作為跟消費找互通的標準，商品生產者就成了自以為是的生產者，只有自己覺得很棒的產品無法被消費圈認同。無法被消費者認同的創意設計就無法商品化，創意無法商品化，就無法用來交換價值，僅僅只是個「空想」而已。只有當創意具有成果價值，使成果有交換價值，消費者才願意掏出錢來，買這個創意成果價值，創業者也才能用這個創意成果，繼續商品化向市場進軍。

❸ 獨特價值

創意成果能否轉化為商品，關鍵取決於它能否用於獨特的交換價值。以「水越設計」來說，限量與獨特的設計，讓設計工作者覺得這樣產品值得收藏，進而願意掏錢交換設計公司出產的產品，創意商品化不是為了自己使用，而是為了獨特的交換價值。沒有獨特的交換價值就不能成為商品。創意商品具有某種獨特交換價值，這價值是進入交易的前提。價值來自於誰想擁用創意商品，誰就付出交換的費用，不具獨特交換價值，就沒有交易的必要。

上述三點是創業者在創意商品化的過程，必須先思考的三個條件，沒有這些條件，無論什麼創意都無法順利商品化。找到產品的核心價值，將既有的產品做創新的結合，塑造品牌才會紅，打造熱門產品，找出到利基市場創造價值，方能在劇烈的競爭中，永續生存。

創意商品化方法

1. **獎勵點子生產**——這是一種運用比賽獎勵方式產生點子，進而將點子化成商品、服務的過程，一些政府法人機構，為了鼓勵微型創業，鼓勵有創意的人提案，以物質獎勵的方式鼓勵創意點子生產成商品，很多民間大公司也曾用獎勵制度以獎金買創意的方式，累積創意能量，創業者如果沒有資金，可以參加各類創意比賽，試著運用大公司或法人機構的力量，扶植自己創業。

2. **投資點子生產**——有資金沒創意的創業者，可以用投資的方式，投資新創公司，以共同目標利益為導向，獲得商業利益，有些有技術沒有資金的人，則可找金主投資自己的點子。

3. **專利點子生產**——是策劃一個會賺錢的專利步驟，讓創意順利商品化，創業者搜索發明專利，分析出專利市場需求調查，找出買家，確定目標客戶之後，計算量產成本，找出專利產品的上游原料設備並製造供應，以及下游銷售通路，創業者可找上游廠商協同開發創意商品，並跟上游合作夥伴談好未來利潤如何拆帳。找好上下游廠商合作之後，接著找個好的專利申請的事務申請專利作為保護。接著做出樣品與公信度高的實驗報告找廠商談專利授權。或者自己經營，不過創業者必須懂得產業經營，自己經營專利產品才會有利，如果在經營專利產品商業化並不是很在行，建議還是將專利授權出去比較好，如果採專利授權模式，謹守收固定的權利金就好了，最好不要技術入股。技術入股會加重生產廠商成本，不利於專利商品銷售。

商品「創意化」

　　商品創意化的過程，是從既有商品型態為基準，以創意設計，重新改造既有商品型態，再造另一種獨特的交換價值。以「台灣水色工作坊」這家專賣手工包的事業體來說，公司原有的商品型態「客家花布」，原客家花布產品太多人做，做的產品都大同小異，了無新意，創業者該如何將既有的客家花布，重新改造商品，讓商品創意化形成獨特的交換價值，讓消費者青睞。

　　台灣水色工作坊的新一代年輕繼承人，想到「名牌包」這個創意概念，於是將名牌包元素融入客家花布，形成獨特的客家花布品牌，吸引消費者登門購買，反應熱烈，台灣水色工作坊的年輕繼承人學成後返回家鄉，接手台灣水色工作坊，和社區待業媽媽合作裁縫布包，專賣手工包，因總統夫人周美青走訪買了一個靛藍色側背包，從此打開知名度並在誠品新竹店設櫃，不少包款還紅到中國大陸。

　　台灣水色工作坊老一代負責人只懂得用四十年的骨董級縫紉機，縫製客家花布產品，缺乏設計概念，學過設計的新一代年輕繼承人接手工作坊的設計工作，用自己的風格，開發側背包、後背包、手提包等新產品。這些時髦的包包，透過年輕繼承人細心畫好設計圖、定好尺寸，打版剪裁後，讓原本看起來色彩單調樣式呆板的客家花布產品，賦予新的生命，創造獨特的交換價值。台灣水色工作坊新生代的設計，搭配老一輩二十年精湛的縫紉手藝，讓台灣水色工作坊的包款不僅造型討喜、耐用，兼具收藏價值，客家花布經由兩個世代的合作，激盪出令人驚艷的商品創意。

　　從台灣水色工作坊這個案例來看，商品創意化的過程中，結合設計工藝與裁縫工藝兩種元素，是從既有商品型態為基準，以創意設計，重新改造既有商品型態，再造另一種獨特的交換價值。在這過程中是因為設計工藝與裁縫製造工藝結合產生很好的效果，所以創意商品化才得以成功。創業者不論經營哪一個行業，在創意商品化的過程中，都避免不了「設計」、「製造」這兩個元素的結合，創業者只要能結合這兩個元素的獨特交換價值，商品創意化即大功告成，接下來就是找出產品的核心價值了。

06 找到產品的
核心價值

還記得2013年賣座電影《實習大叔》中，兩位中年失業的大叔文斯・范恩與歐文・威爾森是如何在眾多年輕天才挑戰者中脫穎而出，而獲得全球知名企業Google的工作嗎？

答案很簡單就是找到Google企業的產品的核心價值，負責谷歌實習生計畫的負責人──羅傑・查提最後在評選結果出爐時說：「你們的團隊會與人連結，並讓這些人與資訊連結，這就是谷歌的宗旨；不只如此，你們勇於追夢，雖然你們有明顯又驚人的能力極限，但你們卻從不放棄這夢想。」

應徵一份工作需要知道企業的宗旨，同樣的創造事業想賣出產品也需要充分了解產品的核心價值，谷歌公司企業產品的核心價值就是「連結」，文斯・范恩與歐文・威爾森這個團隊就是運用網路的科技讓薩爾pizza店的老闆知道；原來洛斯家托斯鎮上的民眾搜尋薩爾pizza店的人，幾乎就跟帕羅奧托鎮上的人一樣多，而且每個網友都在搜尋薩爾pizza店，谷歌公司只是希望幫網友找到薩爾pizza店而已，並且讓這個消費社群能夠更大一些。

當然，薩爾pizza店本身遇到「大型連鎖店的競爭」的問題也是讓谷歌公司能夠賣出產品服務的關鍵所在，老闆的兒子坦承薩爾pizza店確實是處於慘澹經營的窘境，於是他想要到別的地方再展店讓企業更有發展；然而老闆卻強烈質疑連鎖經營會失去品質，他說：「我每天上農夫市集，親自買番茄、蘿蔔與奧勒岡葉，我認識這些人，我是社區的一份子，這對我而言已經足夠了。」

范恩很清楚地跟老闆說：「我們不希望你拋棄社區，而是想辦法如何讓你的社區變大一些？」不但如此，范恩還講中了薩爾pizza店醬料的秘密，同時其他組員馬上google search 出網路上網友對於這間店的評價以及希望，讓老闆了解如何透過網路進行「有無限可能性的新興連鎖店」，而最後薩爾pizza店的老闆終於點頭答又買了 google AD 廣告。

由上一節「創意商品化」與「商品創意化」這兩個過程來看，其目的只有一個就是找到產品的核心價值，成功的創業者，其建立產品核心價值，不用施展任何魔法，只是要樂於將商品和消費者建立關係，順便向消費者介紹產品所能提供的價值，即可建立產品的核心價值。

以台灣水色工作坊這個案例來說，總統夫人周美青走訪之後，買了一只靛藍色側背包，形成名人買包的關係，這一關係的建立，形成台灣水色工作坊獨特的客家名牌包的核心價值，這和香奈兒以及其他名牌包一樣，包包與名人關係連結之後，核心價值漸漸形成。

美國一位知名行銷公司執行長西·艾倫森（Kathy Aaronson），認為產品的內在核心價值，是為顧客打造產品的正面價值，這位執行長在美國是著名的銷售專家，她自小在鄉下長大，八歲的時候獨自在農莊前面擺攤子賣水果，誰也沒想到長大後，她竟然成為美國知名的銷售專家。艾倫森小時候喜歡和那些開車經過她家農場的人打招呼。她想擺個水果攤子，吸引開車的人停下來跟她說說話。當初艾倫森沒有要求自己非得把水果賣出去，她只想透過水果這樣產品交到新朋友，在建立人際關係的過程中，與她建立關係的人，發覺她賣水果的價值。

剛開始艾倫森找了一張桌子，陳列自家現採的新鮮水果，這些水果外型雖不討喜，但跟超市賣的一樣健康營養，品質不輸給超市水果。艾倫森的想法很簡單，她想說服大家以雜貨店一半的價錢買她的水果，這是起初水果的產品核心價值是「便宜又營養」。剛開始，艾倫森在攤位上站了幾小時，許多車子只是匆匆一瞥，沒有人停下來。當時她的級任導師教她製作醒目的招

牌，分別放置在不同路口。每個招牌上頭畫蔬果圖案，其中一個招牌寫著：「新鮮蔬果，在前方四分之一哩處」；另一個招牌放在路口轉角，寫著：「快樂就在轉角處」，艾倫森運用路標吸引駕駛人的好奇心，設立路障讓大家放慢車速，讓對方注意，對產品產生興趣，並願意慢下腳步買她的水果。

艾倫森認為想讓顧客了解產品的核心價值，必須先了解顧客，傾聽顧客需求，學會與顧客溝通的方式，並順著顧客的需求導入產品的正面價值，艾倫森小時候的擺攤經歷，雖然懂得用招牌吸引人潮，但面對不同類型的顧客，單一的招牌宣傳方式並不足以應付不同的顧客需求。與顧客長期互動後，艾倫森發現顧客可以分為幾種基本形態。

- **講效率顧客：買了水果就趕緊走人，充分利用時間。**
- **情感型顧客：噓寒問暖建立感情之後才會買水果。**
- **貪便宜顧客：看準價格很便宜，才會買水果。**
- **預算型顧客：考量自己的花費，如果物超所值符合預算，才會買。**

從這幾種類型的客戶，可以知道要成功將產品價值推銷給客戶，必須根據不同類型的顧客，為他們設計不同的方案，善用每次銷售，培養顧客的忠誠度。比如說從台灣水色工作坊這個案例來看，根據不同客戶需求，設計不同款式、價格的包包，即是設計不同的方案，讓客戶了解到包包的核心價值（客家花布包的工藝品質）。同樣的，艾倫森也設計不同的方案引導顧客。艾倫森在攤子上設立促銷專區與特賣專區，促銷專區為貪便宜顧客設立；特賣專區為熟客預留特別產品，並贈送從祖母那裡抄來的食譜；對農產品有興趣的客人，艾倫森則對顧客解說產品故事。

艾倫森長大出社會後，才從賣水果的過程中了解產品的核心價值在於「產品提供了什麼價值給消費者」。顧客不會因為產品本身品質好而自動上門買產品，創業者在尋找產品的核心價值的過程中，必須先思考以下三個問題：

哪些消費者會來買我的產品？——服務價值 （顧客導向的服務與知識服務）

創業者要獲得競爭優勢，單靠產品的差異化或銷售技巧還不夠，想要在競爭激烈的市場中脫穎而出，就必須把服務顧客當成商品價值開發的一環，盡力去滿足客戶的各種需求，並且善用特有的知識服務的能力，協助客戶找到問題的所在，並且解決異常狀況，使客戶能夠放心，消費者自然能買單，當艾倫森思考「哪些消費者會來買我的產品？」這個問題時，她可以分類出不同類型的消費者買她的產品，為顧客設置促銷專區與特賣專區，不同的專區有特有的知識服務（祖母的食譜）。

消費者會想買什麼樣的產品？——商品價值 （產品差異性）

當艾倫森思考「消費者會想買什麼樣的產品？」的時候，她發覺標準化宣傳產品方式已無法滿足不同客戶的需求，為了提升競爭力，艾倫森勢必要提供不同產品宣傳讓客戶了解產品的核心價值，滿足客戶需求的產品，如此才取得競爭優勢。

消費者會買多少？——堅持完美的品質

當艾倫森思考「消費者會買多少？」這個問題時，首先要考慮交貨的品質是不是能符合客戶的需求，品質是產品核心價值的開始。品質也是維持客戶忠誠度的方法，唯有堅持每項細節，才能擁有完美的品質，並提高產品的被利用價值，如果艾倫森交貨的品質是不好的，這樣即使有大客戶上門買她的水果，也無法建立良好的客戶關係，更別提讓客戶發現產品的核心價值。

將既有的產品做創新的結合

創業者即使找到產品的核心價值，並不代表消費者會繼續支持產品的價值，成為忠誠的消費者，如果創業者不能將既有的產品做創新的結合，消費者忠誠度會漸漸煙消雲散。

創業者想將既有的產品與創新的結合，首先將產品改名，賦予產品另一個新的涵義，突顯產品特色，讓消費者聽到新的涵義名稱之後，對產品有另一層新的想像，創業者可以透過產品新的名稱包裝，訴求產品核心價值，接著創業者再以新的名稱做為宣傳主軸，加深消費者的產品印象，重新挑起消費者的購買欲望。

以速食業者肯德基來說透過將**既有產品→賦予新涵義→突顯產品特色→導入商品核心價值→挑起購買欲望**，重新包裝原味炸雞，使銷售量原本一落千丈的原味炸雞，起死回生，躍升為新主角。

1. **既有產品**——以速食業者肯德基來說，由肯德基爺爺以壓力鍋一手研發的經典原味炸雞，根據肯德基內部九十一個國家、超過一萬多家的據點調查統計，有高達七成的員工在肯德基用餐時，都鍾愛原味炸雞，而肯德基遍及全世界，除了台灣以外，也都以原味炸雞賣得最好。自西元1990年肯德基開始推廣的咔啦脆雞，把消費者的口味帶向香、辣、脆的口感，使得原味炸雞銷量則每況愈下，最低銷量曾經只佔肯德基銷售比例的十分之一。

2. **賦予新涵義**——肯德基為了讓消費者體驗原味雞肉的特色，決定重新

包裝原味炸雞。首先將原味炸雞改名為「薄皮嫩雞」賦予既有產品新的涵義。

3.突顯產品特色──消費者聽到「薄皮嫩雞」，可以馬上喚起原味炸雞，肉嫩皮薄的特色，以區隔與另一產品卡啦脆雞「香、辣、脆」口感不同的滋味。

4.導入商品核心價值──以「薄皮嫩雞」為宣傳主軸進行店內宣傳，包括橫旗、布條等各式文宣品，加深消費者的產品印象。電視廣告內容情節敘述小女孩到肯德基櫃台點新產品「薄皮嫩雞」，服務人員立刻立正大喊「您真內行！」。最重要的是在店內的服務上，肯德基要求店員重現廣告中的情節，由店員向點選「薄皮嫩雞」的顧客敬禮並說聲：「您真內行！」這種與顧客互動的方式，能加深消費者對產品印象，並將原味炸雞的核心價值，以新的印象導入消費者心理。

5.挑起購買欲望──在價格策略上，肯德基採取降價、試吃券等手法，爭取消費者點餐率，挑起購買欲望，在創新包裝和強力促銷下，以「薄皮嫩雞」為名的原味炸雞，銷售起死回生，一路長紅，產品的銷售量持續攀升，躍升為新主角。

例如連鎖加盟市場新竄起的鮮芋仙，短短一年多，全台店數就已超過五十家，許多分店更進駐傳統商圈，與老字號的甜品冰品店一較高下。再如連鎖冰品店「鮮芋仙」，短短一年多，全台店數就已超過五十家，許多分店更進駐傳統商圈，與老字號的甜品冰品店一較高下，鮮芋仙將既有的產品芋頭重新包裝，替傳統甜品找到新面貌，爭取到年輕客群。

1.既有產品──芋頭。

2.賦予新涵義──取名「鮮芋仙」賦予新鮮衛生的涵義。

3.突顯產品特色── 點餐時採現代化POS系統，搭配電子呼叫取餐，讓消費者不用等在作業台前取餐。鮮芋仙將既有的作業模式重新組合，

創造屬於自己的品牌意象，突顯產品特色。

4.導入商品核心價值——強調老師傅手工製作，但比起傳統作業流程更
衛生。

5.挑起購買欲望——利用機器將芋圓切割成7.5mm大小，可用吸管吸吸
食。將芋頭粉圓化，讓芋圓有更多不同的品嚐方式，挑起愛嚐鮮的年
輕客群的購買欲望。

山葉機車原來是功學社製造的，玩具工廠變出機車

在台灣，說到樂器的製造業大家都知道功學社是業界的龍頭，而且不僅
樂器事業是如此，就連台灣山葉機車也是功學社所製造的，同樣是機車業的
領頭羊；但功學社早期曾經做過文具用品事業，開過玩具以及洗衣盆工廠的
事蹟可能知道的人不多，除非是在二次大戰戰後出生的台灣人。當我們要談
到如何將既有的產品或產能做創新結合時，山葉機車早期在台灣功學社的發
展應該可以做一說明。

光是聽到音樂樂器的製造工廠、文具工廠要轉型成製造機車的工廠，很
多人一定會覺得非常地突兀；沒錯，當時台灣功學社一發佈要製造生產日本
的山葉機車的確受盡眾人的諷刺，不過功學社的創辦人謝進忠先生仍然執意
如此做，原因是在民國五十年代國內機車市場需求已經大幅地提升，再加上
日本山葉貿易公司也希望台灣的功學社能銷售山葉機車，而政府為了保護國
內的機車工業，也提出了機車自製率需達30%的規定，於是在這樣的時空背
景下，功學社毅然決然地發展機車工業。

出乎大家意料的是，功學社當時並不是重新設置機車製造廠，而是利用
功學社早期製造玩具或洗衣盆工廠的沖壓設備，以及零件廠試著一步步地解
決機車組裝問題。跨出這一大步之後，就連原本生產雙燕牌口琴、風琴及管
樂器的功學社蘆洲廠，也部分被挪為生產車架以及組裝機車的工廠。

在謝進忠的努力之下，功學社不但開創了機車事業的先鋒，更陸續推出

了一系列的機車品牌，包括「美的」、「越野」、「青春樂」及「兜風」等車款，並且立即贏得消費者的青睞。不僅如此，在民國79年台灣山葉機車更是大量地銷往義大利並且創下佳績，甚至還回銷日本市場，為台灣機車史寫下一段豐功偉業。

由台灣山葉機車起家的故事，我們可以很清楚地看到，功學社很懂得將既有的產能做一些調整與利用，以達成企業擴充產品項目的目標。因為這一來可以減少許多製造成本，更可以將原有的產能與空間做最好的配置運用；相信大家了解了功學社這樣的創新組合做法之後，就不會意外了，當年功學社明明是文具、玩具公司、樂器公司，為什麼能搖身一變成為台灣機車製造業的龍頭企業了。

台灣山葉機車再跨足自行車製造

功學社成功地將原有的產能做創新的組合成功之後，真的是食髓知味，隨即又在民國六〇年代跨足自行車的製造行列，這次的機緣同樣是與台灣的自行車需要量日益增加與爭取美加國際市場有關。但比起樂器公司搖身成為機車公司，這次的擴充應該比較被人們所接受；以功學社七年製造山葉機車的技術與經驗，用來生產自行車當然是沒問題的。

在功學社自行車品質獲得國內外一致肯定後，功學社再接再厲在既有的產品上做創新研發，陸續開發了高技術的軟尾巴車種、高品質的折疊車、室內健身飛輪車……等，一舉成為第一個打入美國的台灣自行車品牌。

看到功學社的成功案例，大家可能會說只有大公司才有辦法做到產能與產品的創新組合，並且達到企業擴充產品項目的目標。但對於中小企業主或是剛創業起步的創業家來說，這簡直是天方夜譚，話可別說得太早，如果你了解了接下來所要介紹的「蝦冰蟹醬」成功案例後，你大概會認為竟然她都能辦到，那我也可以。

蝦冰蟹醬創新傳統冰品

「蝦兵蟹將」與「蝦冰蟹醬」乍聽之下國語拼音完全相同，但看看這字裡行間「兵與冰」、「將與醬」原來是諧音字真是充滿文字趣味，「蝦兵蟹將」原本指的是中國神話中海龍王手下的兵將，通常用來比喻未經訓練，雜湊而成的小嘍囉；但在基隆八斗子，由薛麗妮老闆所開設的「蝦冰蟹醬」冰品店則絕非雜湊而成的小嘍囉，而全都是薛麗妮用心研發、獨具清新與創意的冰品。

原本薛麗妮只是在八斗子開設「巧味屋」餐廳，奈何即便兼做中餐與晚餐，一個月平均只有十萬元的營業額，在扣除人事、水電費、房租與食材成本，實際上每個月只剩下三萬元的盈餘，這樣的營業額根本無法及早攤還當初開店所周轉借支的三十萬元。

薛麗妮發現其實可以利用下午茶的時間來做冰品，因為學生最喜歡冰品了，而餐廳附近又有兩所國中、一所高職以及一所大專院校；於是薛麗妮就把原本只是經營簡餐店模式的「巧味屋」餐廳，再擴大冰品項目，如此一來，薛麗妮就能充分運用時間上的彈性，以及空間和地域市場需求的特點。

說到冰品，大家腦海想到的不是芒果冰就是紅豆冰、芋頭冰……等，你一定壓根沒想到會將墨魚、海苔、鮮蝦等食材做成冰品，薛麗妮認為，農產品與冰品的結合已發展到淋漓盡致的地步，反觀漁產品卻不曾被應用過，於是薛麗妮就想說，如何在這樣傳統的冰品組合的基礎下，創新出所謂的海鮮冰品。

說是容易但做起來可不是那麼地容易！光想到海鮮要如何去腥入味就是一大挑戰；因此，薛麗妮先從海苔著手，由於媽媽在八斗子海濱從事海苔的採集已經多年，藉由媽媽的協助將採集回來的海苔，洗淨、烘乾、磨成粉，再加入糖水中凍成雪花冰塊，挫成冰後，果然口感與色澤極佳，讓海鮮冰品的創意跨出了一大步。

有了海苔雪花冰的成功經驗後，薛麗妮再接再厲、繼續努力，這次她要

嘗試將蝦子做成冰，於是她就去市場上找孰悉的朋友要些剝蝦仁後的蝦殼，將蝦殼烘乾磨成粉試試看，就這樣照著海苔雪花冰的作法，薛麗妮做成了蝦雪花冰了。出乎大家意料之外，蝦雪花冰不但沒有腥味，吃起來還有一種蝦味先的味道。

「蝦冰蟹醬」成功的經驗不但在台灣引起話題，在2005年「台韓婦女APEC性別經濟議題研討會」上，薛麗妮更是應邀分享「蝦冰蟹醬」的經營經驗，同樣也在國際上成為一個有趣且值得分享的故事。

不管是從「樂器王國」搖身一變成為「機車王國」的功學社，或是經營簡餐餐廳的「巧味屋」，轉型為經營海鮮冰品的「蝦冰蟹醬」，他們看似戲劇化180度的大轉變，還是鮮芋仙的芋頭、肯德基的原味炸雞，透過創新改造，重新讓消費者對既有產品改觀，塑造品牌的原理也是如此，必須徹底改變對既有產品的認知，這樣產品才會變成熱門產品。其實只要仔細從產能的運用、產品的演進以及工時的彈性調配等面向去研究企業的發展，大家就不會覺得那麼地意外了。因此鼓勵有心想要創業的朋友，其實如果能從自己的所擁有的技術、產品與工作時間去做創意組合，也許你也可以創造出很多獨具特色，而且具有市場性的產業。

Chapter **3**

創造利基市場，
確定目標客群

利基市場在哪裡？

近年由於電子商務崛起及網路拍賣的流行，使得網路商店和個人工作室大行其道。其實，在個人意識抬頭的現代，一般上班族的創業門檻已經大幅降低，而創業制勝的關鍵除了「賣什麼？」，「怎麼賣？」、「賣給誰？」也是創業不可忽略的重點。

台灣文化多元開放，資訊流通快速，一般民眾對於新興流行事物的接受度很高，再加上融資便利與創意人才濟濟，因此有越來越多的上班族表示受夠了頤指氣使的公司，準備開始「自己當老闆」，這些使得台灣近年來逐漸有了「創業王國」的美名。

台北世貿展覽館舉辦的國際連鎖加盟大展，近幾年的參展人數已直逼年度三大展覽之一的電腦展，可見台灣民眾對於「創業」的興趣已經越來越濃厚。

像是每天使用卻平凡無奇的鑰匙圈，有人就能鎖定顧客群、提供客製化改裝服務，這樣的鑰匙圈就能成為民眾送禮的選項之一；在店服務的指甲彩繪，卻有人突發奇想將廂型車改裝為「行動美甲車」，提供「隨Call隨到」的服務，就能成為忙碌又愛美的OL們的最愛。

未來如果想創業，可以從以下四個方向著手，找到你的利基市場。

大陸觀光客商機

據統計，台灣開放兩岸三通之後，光以最初的每天三千人計算的話，

一年就能為台灣創造出二千億元的商機。

而隨著打破團進團出限制的「陸客自由行」開放之後，大陸觀光客遊台灣將從走馬看花逐漸轉變為深度探訪，如此則預計將會帶動起更多商務、住宿及採購等觀光相關的收入。

因此，有意創業的上班族若能從特色紀念品、民宿、當地風味餐等方向切入，將有機會搶下大陸觀光客這塊大餅。

客製化＆個性化商品

除了外籍旅客，台灣本土的年輕族群也是一個不容忽視的高消費力客群。台灣年輕人對於時尚有著普遍的流行標準，如購買衣服、鞋子、包包等服裝飾品的首要考量就是「差異」，而非「價位」。

因為在求新求變的消費心理之下，只要能引起注目、只要成為第一個擁有的人、只要不跟人撞衣撞鞋撞包，就能說服他們掏錢買下。

因此，那些量身打造、手工訂製的個性化商品成為年輕人的「吸睛」利器，只要能抓住其「新品」、「好玩」、「獨一無二」的訴求，就能成為年輕族群愛不釋手的特色商品。

上班族的團購市場

隨著網拍的發展成熟，網路購物的品質與便利性也逐漸受到民眾信賴，因此「團購」漸漸成為上班族閒來無事的最愛活動之一。

從最早的午餐便當、下午茶的外送飲料，到現在的網路熱門食物（如乾麵、奶凍捲、乳酪蛋糕等），或是團購國外商品（如託在國外友人代買某牌服飾），團購活動已然從食衣住行育樂之中大舉攻掠了上班族的心。

因為忙碌、因為方便、更因為「省運費」、「從眾心理（大家都說好）」的誘因，使得團購市場的商機十分驚人，往往公司行號的一筆團購訂單，就可以抵過一個實體小吃攤一整天的營業額。

只要創業者能留心宣傳DM的製作、網路媒體的傳播行銷力，加上試用或試吃品的贈送，抓住消費者的「嚐鮮」心理，那麼你的商品就能夠被納入上班族的「揪團」熱門商品之一。

到府服務&行動服務

近年來，「宅經濟」背後隱藏的巨大商機逐漸被挖掘出來，行動服務也成為「不出門消費者」的消費主流。所謂的「行動服務」其實就是「到府服務」的另一種變形。

創業者看準了民眾的怕麻煩與沒時間，因此主動將發財車或廂型車改裝，於是你會聽到除了「行動咖啡車」、「行動麵包車」之外，還有像「行動理髮廳」、「行動美甲沙龍」、或是「行動洗狗車」等有特色的行動行業也如雨後春筍般地紛紛出現。

由於行動改裝車不需要支付店面租金，所需設備跟裝潢等本金也比較少，因此特別適合資金有限的個人創業者，而節省下來的開銷正好可以反映在商品價格上，於是，相對低廉的價格正好成為精打細算的消費者的最愛。

台灣的消費者本位主義日漸高漲，在未來，誰能夠以「特別」、「方便」打動消費者，誰就能夠在新一波的經濟時代裡引領風騷，從小眾市場竄起、一躍成為大眾主流！

找到利基，力致創業

在第二章我們介紹臉書的創辦人祖克柏因為看到大學生渴望擁有社交網絡的需求市場，再加上自己擁有程式設計的天賦，不斷地努力研發終於研發出臉書這樣革命性的社群網站，這樣做不但讓祖克柏找到了利基市場，更確定了他最初的服務銷售目標，從美國哈佛大學慢慢地擴及到全美各地的大學，時至今日，臉書的目標客群已經拓展到社會各階層。在這裡，我們要說的是，祖克柏要是沒有看見時代的脈動，以及找到第一階段目標客群，也許

今天臉書可能就無法在全世界受到如此熱烈的歡迎了。

中保寶貝城，職業體驗服務

在台灣，創業者與創新的產品如雨後春筍的出現，但真正能成功而且賺錢的實在也不多，不過中保寶貝城做到了！原因是他們看見了學校家庭以外的生活學習經驗，中保寶貝城很用心地將辦家家酒活動規劃成商業模式，用實際的職業體驗，讓小朋友了解各項職業與職業體驗的活動，這樣的設計對家長或是小朋友來說，真的很有價值，因為在過去農業或工業時代，只要能吃得飽、生活富足就已經足夠了，但在今天的競爭世界中，唯有透過了解自己的性向，選擇正確符合自己興趣的職業，才能事半功倍，達到成功。

因此，中保寶貝城每天開場前半小時，都排滿急著要衝進去上班的小朋友。但中保公司要求每一種職業在小朋友正式上班前，都要經過教育訓練和操作，才能上線服務客戶。

中保寶貝城的職業體驗城，每天有七十種工作、將近八百場職業體驗；例如：加油站體驗站，就會安排有真實的汽車，開進加油站加油，小朋友可在此區域中輪流擔任加油、擦車和結帳等不同的工作；另外，還有航空公司的職業體驗；小朋友則是藉由模仿空姐、空少分送毛毯、雜誌給旅客的動作，而且還可以模仿機師在開飛機，以及機艙外的地勤人員在執行任務的樣子。如果有小朋友同時喜歡修車和當醫生的話，工作人員也會藉機會和家長溝通，有關於工作價值觀和職業體驗的觀念。

中保寶貝城用可以重複學習和企業贊助的方式，每年共吸引六十萬人次光顧，除了門票收入之外，連同餐飲、商品，以及和企業合作，使得中保寶貝城創造出一個新興的行業和更多的服務機會。

不管臉書或是中保寶貝城，在他們找到利基市場之後，都很幸運地找到目標的客群然後行銷成功；但許多創業者可沒有一開始就這麼幸運，即便產品品質好也未必一開始就找到目標消費群。為此，後文將陸續做探討與說明。

如何在利基市場
創造價值？

人們在登山時，常常要藉助一些微小的縫隙作為支撐點，然後一步步地向上攀登。而這『懸崖上的石縫』，英文字面上的解釋就是「Niche」，也就是本單元所要討論的「利基市場」！

在商業領域中，「利基市場」通常被用來形容大市場中的縫隙市場。這種「利基市場」有個特點，那就是市場中的企業會選定一個很小的產品或服務領域，集中力量努力進入並成為該領域的市場領導者，並且從當地市場到全國再擴大到全球，同時會建立各種進入障礙，以保持持久的競爭優勢。對於創業者來說，選擇利基市場開創事業是一個很好的切入點，不過首先你得找到所謂的利基市場在哪裡。

利基市場通常是指一群特定消費族群所組成的市場，比如說，汽車前面都有一個標誌，汽車公司並沒有特定的工廠，專門做這個汽車標誌的工廠，針對汽車標誌成立公司，只專門做這一個不起眼的東西，服務各車廠，不做其他產品。汽車標誌這個市場雖然看起來很小，可是如果能夠爭取到全球百分之七十車廠的市場，全都使用你生產的汽車標誌，那可就賺翻了。

在舉一個例子，當您在喝可口可樂的時候，肯定不會聯想到「永本茲勞爾」這家企業！但事實上，在每瓶可口可樂中都有永本茲勞爾這家公司生產的檸檬酸，永本茲勞爾是獨霸全球的檸檬酸產業的領導品牌。永本茲勞爾在清涼飲料消費市場中，就是從檸檬酸找到利基市場，創造出價值。

另外，有一家公司叫「傑里茨」是專門生產劇院布幕與舞台布景，它是

全球唯一生產大型舞台布幕的製造商，全球市佔率高達一〇〇%。無論您到紐約大都會歌劇院、米蘭斯卡拉歌劇院，或是巴黎巴士底歌劇院，舞台布幕必定是由傑里茨生產的。還有一家瑞士公司，名為「尼瓦洛克斯」您可能對它一無所知，但您手錶中的游絲發條很可能就來自尼瓦洛克斯，他們的產品在全球的市佔率高達九〇%。

還有一家名為日本寫真印刷株式會社，這家公司來自日本古都京都，是小型觸控螢幕的全球領導者，擁有八〇%的市佔率。一般消費者可能沒有察覺也不知道，但德路這家公司生產的膠黏劑，已成為我們生活中不可或缺的東西了。舉凡汽車安全氣囊感應器、金融卡和護照內的晶片，都使用德路生產的膠黏劑，全球每兩支手機就有一支手機，是使用德路生產的膠黏劑。在IC卡等新科技的領域，德路更是全球市場的領導者，目前有八〇%的晶片卡都採用德路的膠黏劑。

🤝 消費者為什麼非買您的商品不可？

前面提到的公司在利基市場找到定位，這些公司其產品嚴格說起來並不怎麼起眼，但是為什麼他們的產品，讓客戶非買不可？原因只有一個「獨特的技術與服務」，這些以利基市場為基礎發展的公司，不是在一件大事情上做得特別出色，而是每天在一些不起眼的小地方做出改進，不斷精進自己的技術競爭力，成為世界第一。這類企業在獨特的市場區塊中，產品往往不起眼，但是他們的成長力道卻很強勁，屬於世界級的企業，全球沒有對手能贏過他們。

以利基市場生存的公司來說，在利基市場創造價值，市佔率最高不代表領先市場。真正能領先市場的原因是他們獨特的技術活躍在新興市場，這是以利基市場創業的公司，成長快速的原因。新興市場發展有個共通點，那就是這個市場的技術服務，在近年來持續創新，利基型的創業者掌握了技術創新的主導權，並活躍於快速成長的新興市場中，使這些創業者的成長一飛沖

天，相當快速。比如說在風力發電獨霸全球的愛納康公司，他們在風力發電與風能利用的領域，掌握了全球性的成長商機。在過去十年內，愛納康的年營收從兩億美元，飆升至2011年的六十億美元。

這間成立才不到三十年的年輕企業，如今擁有一萬三千多名員工，發展非常驚人。目前由愛納康生產的風力機已出口到全球三十一國，他們在十六國設有分公司。近年來，由於全球環保意識的抬頭，各界對潔淨能源的需求大增，愛納康的成長可望持續下去。以利基市場創業的公司，不只是新興市場成長而已，即使是在較成熟的市場中，這些創業者的成長表現也相當不錯。比如說，安德里茨這家隱形冠軍企業，主要生產造紙專用的機器設備，屬於成熟市場產品。安德里茨在1980年代末期重新定位策略，走上了透過購併來謀求企業發展的道路，目前安德里茨已完成多起企業購併案，並持續成長中。

台灣富堡推出利基產品——安安成人紙尿褲

要找到利基市場其實不會很難，有時甚至是很明顯，問題在於各位創業家有沒有勇氣放手一搏。原本以經營嬰兒尿布起家的台灣富堡工業，在看到近年來老年人口越來越多的景況下，毅然地轉做成人紙尿褲，並且成功地創立了「安安」這個品牌。富堡工業的創辦人指出，除了看到高齡化社會來臨的趨勢之外，他也觀察到，其實嬰兒使用紙尿褲的期間不到兩年半，但是成人的使用需求卻可能從三個月甚至到十幾年不等，所以他就想說，與其把資源投入競爭激烈的嬰兒尿布市場，倒不如拉長戰線投入在這個有利基的藍海市場。

除了消費人口增加、使用時間長的產品特性讓「安安成人紙尿褲」在市場上大有可為之外，富堡工業也投入相當大的精神研發各式的成年紙尿褲以解決成人個別使用的不同需求，從正常活動到躺在病床上都有，結果這樣的產品與功能的訴求，又成為台灣富堡工業能在市場上致勝的關鍵。

不僅在台灣，富堡工業在海外的不同區域，像是東南亞、東北亞、印度、中東和中國大陸各國都有銷售據點，並以高中低三種價位，建立多種品牌，而在歐美的成熟市場，則是選擇用品牌代工的方式切入。

這個當年放棄嬰兒紙尿褲市場的富堡工業，三十年長期抗戰換來是全球百分之六十人口的消費市場，對於富堡工業的今天成就，我們只能說，實在是因為他們看到利基市場，然後勇敢進入並且是不斷努力創新的結果。

全國動物醫院

接著，我們再舉個成功案例，同樣也是看到市場利基的「全國動物醫院」，在台灣飼養寵物的風潮越來越盛時，全國動物醫院從原來只在台中開店，到現在擁有北中南共十九家分店，固然是看見寵物商機成熟；但以專業分科和重視服務的理念，才是讓「全國動物醫院」逐漸能成為台灣最大連鎖動物醫院的關鍵原因。

全國動物醫院執行長陳道杰，別出心裁地使用人醫的概念來經營獸醫專業，並且按照醫生個別的興趣和專長，區分出十個不同的專業，讓寵物得到的醫療服務及效果能夠更確實、周到。然後再透過定期的講座、會議、考試或等各種管道分享經驗的機會，提升醫師專業的教育訓練，和建立助理、客服人員的標準化作業流程。

我們很明顯地可以看到，其實全國動物醫院是透過內部分享的力量逐步建置發展連鎖的條件，然後再培養出不同專科的醫生，最後才建構出一個個連鎖又具有個別特色的分院。

進入利基市場，先掌握目標客群

從「安安成人紙尿褲」再到「全國動物醫院」的成功案例，我們可以看到，他們在進行入利基市場時，事實上已經充分找到了目標顧客群（銀髮族、擁有寵物的族群），並了解其真正的需求點，因而能夠比其他公司更

好、更完善地滿足消費者的需求。並且可以依據其所提供的附加價值收取更多的利潤額。

通過專業化經營來佔領市場

另外，我們也看到了，在利基市場上，企業是透過專業化經營來佔領市場，並且用盡最大的努力來獲取收益。所以大家可以看到富堡工業，要求自己不斷地研發各式符合成人不同情況需求的紙尿褲，全國動物醫院設立專業的分科讓寵物得到最精良的醫療照顧，他們透過這些專業化的過程，無形中形成了其他廠商進入市場的困難度，也因為這樣才使得他們的獲利空間可以一直成長，在不同地區開連鎖店或是增加銷售的據點。

只要這個地球一直在運轉，利基市場就會不斷地形成，從越來越多的新興行業出現就可以充分證明這一切；所以問題不在於到底有沒有利基市場，而在於我們是否能清楚地看出來，並且勇敢地進入市場；當然進入利基市場絕對不能只有勇氣而已，事前充分地掌握主要客群是必須要做到的；接著，在進入市場後，企業更要努力地在專業和產品、產能創新上力求突破，以增加其他廠商進入的門檻，如此才能創造出最大的利潤，否則這利基市場很快地就要換人來領導了。

以利基市場創業的公司持續成功的方法之一，是專注在一塊產品領域上，只生產一種產品、用心耕耘一塊市場。這些成功的創業者通常把市場範圍定得很小，市場規模相對於其他產業的範圍小。當他們評估自己該往哪個產品市場領域發展，不是從市場數據來決定自己要專注在哪個領域，而是從走入市場、貼近客戶挖掘自己適合的產品市場，針對這塊領域不斷精進自己的技術服務。換句話說，利基市場上的成功創業者是從客戶的反應，決定自己要發展哪一個區域的產品，並在產品的技術上不斷精進，直到稱霸全球為止。

如何找到自己的
利基市場呢？

從成功的利基型創業者經驗來看，創業者要找到自己的利基市場，必須先專注於自己最在行的產品，但求專一深入市場，不求多角化拓展市場。

　　大多數成功的利基型創業者是拒絕多角化經營的，它們傾向技術與服務專業化，並將公司人部分的資源聚集在某個焦點產品上。以醫藥包裝系統的全球領導業者烏爾曼公司為例，他們的成功策略是專一耕耘一塊特定的產品領域，烏爾曼公司表示，他們過去只有一個顧客，未來也只會有這一個顧客，這個顧客就是製藥公司。烏爾曼公司還將專一深入市場濃縮成一句話，這句話就是：「只做一件事，但是要做得很棒！」伯頓滑雪板公司創辦人傑克・伯頓也這樣認為，做好一件事很重要，傑克・伯頓說他看過有些滑雪業同行跨足高爾天球領域，並不成功，所以他發誓自己絕不會走多角化經營這條路。

服務技術力求專精，行銷地域力求擴展

　　利基市場型創業者毅力相當驚人，在拓展市場過程往往要花上幾十年的時間，拓展產品行銷領域。由於利基市場型創業者的產品，比較冷門，所以市場規模相對也比較小。不過，全球化拓寬了利基市場型創業者原本狹隘的市場。比方說，溫特豪德這家公司，專注於提供飯店和餐廳洗碗相關設備與服務，這種產品的市場無法供應小家庭，客戶圈很小，必須發展全球化市

場，才能讓企業不斷壯大，持續成長。

全球化擴展產品的行銷領域，已成為利基市場型創業者重要的行銷策略，簡單來說，成功找出自己價值的祕訣，在於產品服務與技術上力求專精，但在行銷地域上力求擴展。根據全球利基市場型創業者企業調查，平均每家利基市場型創業者企業擁有二十四家海外分公司，為了更貼近客戶，利基市場型創業者用了很多方法與國外客戶見面。舉例來說，地毯與家用織品的全球領導者JAB Anstoetz，在全球七十餘國設立了樣品陳列室。而全球最大的酒類及飲品貨運商海藍德公司（Hillebmnd），在相關業務國家設有七十三個辦事處，其中有五十六個是自己經營的。整體而言，利基市場型創業者顯現出非凡的全球化能力，走在全球化的道路上。

「直接銷售」找到利基市場

另外一個利基市場型創業者成功的地方是跟客戶的關係非常緊密，他們提供的產品和服務具有高度複雜性。根據全球調查，有四分之三的利基市場型創業者採取「直接銷售」的模式，直接與客戶保持經常性的接觸，因此能與客戶建立穩固的夥伴關係。我們可從全球調查的幾項數據看出。它們有七一％的買家是老主顧，七成以上的客戶依賴利基市場型創業者所提供的特定產品。有四〇％的利基市場型創業者聲稱自己曾與客戶共度「艱難時刻」，六八％則認為自己「從與最重要客戶的關係中獲益匪淺」。

利基市場型創業者不會因為客戶訂單少，就不願意接單，對他們來說，固定訂單和一次性訂單，都很重要。為什麼利基市場型創業者連一次性的小訂單都願意做呢？因為利基市場型創業者提供的產品種類，有的是定期供貨的產品，有的久久才需要購買一次的投資品。不能因為小訂單不做而失去大訂單，把大客戶所有的需求都解決了，大訂單自然就能長久。

滿足客戶期望、幫助客戶成功，決定了利基市場型創業者公司的價值。其次對這類型的創業者來說，最重要的是企業形象。利基市場型創業者擅長

在小規模市場裡建立好形象，藉由好的形象強化自己的品牌。

創新模式找到利基市場

客戶服務、企業形象，對創業者來說，這些都是對外的關係。光是強化對外的關係，是不夠的。真正讓創業者立於不敗之地的是「創新」。很多利基市場型創業者認為自己是創新、最先進的公司。比方說，工業鏈條組件生產領域的市場領導者路德公司表示，一直以來，保持技術上的創新領先地位，是路德企業發展策略的重要部分。

利基市場型創業者的創新不是只表現在技術和產品等方面，還必須在企業流程上創新。舉例來說，歐洲最大的宅配冷凍食品公司博氏冷凍（BoDost），把產品直接送到消費者的冷凍櫃中，確保冷卻過程不中斷。而另一家福士公司的高效率銷售物流配送系統，會自動補充客戶需要的物品，給客戶帶來了極大的方便。

同樣地，行銷模式創新也很重要，行銷模式創新能夠延長現有產品的價值鏈。舉例來說，以全球電動工具及零配件的領導廠商博世電動工具為例，他們在大型DIY賣場中引進「店中店」的概念，現在他們擁有七百家這樣的店面。這使得博世在這些大型DIY賣場的銷售額增加三三〇％。另外像是全球氣動自動化領域的領導者費斯托公司，他們會針對不同的客戶，設計專業的產品目錄，這項創新行銷服務能夠有效地鎖定客戶需求，取得客戶訂單。

除此之外，簡化也是利基市場型創業者另一種創新。例如說，IKEA把產品變得簡單，讓消費者自己組裝家具，降低組裝成本，這使得IKEA 的商品售價相對便宜，在薄利多銷的清況下，IKEA仍保持了一〇％的利潤水準。

從優劣勢找到自己的定位

創業者可運用從自身的優劣勢分析自己該走哪一條路，前文提到IKEA把產品變得簡單，讓消費者自己組裝家具，降低組裝成本，正是著眼於

IKEA優勢在於品項比一般家具業多樣，成本可壓低這些優勢，定位出組裝家具市場區塊，鎖定年輕人喜歡組裝家具的目標消費群，針對這些消費族群的消費力，調整產品價格策略，行銷策略定位，找到自己合適的切入點。

　　天下沒有一樣產品都不可能滿足所有的消費者，以利基市場創業的人只能針對特定客戶，特定產品行銷。一旦聚焦特定產品銷售，創業者應該將大部分資源聚集於此特定產品。

　　找到自己的利基市場，對創業者來說，是讓自己獲得快速突破和發展的良機，透過利基市場的尋找、分析和判斷，創業者才能整合和優化資源，攻占目標市場。

運用SWOT分析法找出自己的優劣市場

$\large 在$前面的章節中，我們討論到Google谷歌公司由於能夠很清楚地定位自己是「提供搜尋引擎，而非僅是提供內容服務的行業」，因此，能在市場勝出雅虎公司；其實我們如果再深究Google谷歌公司的實質工作內容，可以發現它既不生產也未控制任何原創內容，事實上，只是做到「組織網路上的現有內容」，但這卻成為其公司主要優勢所在，谷歌公司之所以只甘願把一項服務做到最專業，其實在其內部也是做了相當的研究，而最基本的研究工具，就是我們接下來所要談論的「SWOT分析」。

在管理學上，運用SWOT分析可以幫助創業者早日界定自己的市場與自己的特長，以期獲得預期成功的目標。所謂的「S」：指的是（Strenth），也就是「長處」的意思，「W」指的是（Weakness），也就是弱點；「O」指的是（Opportunity），也就是機會；「T」指的是（Threat），也就是威脅。

谷歌公司因知道自己的定位而取得市場領先

企業的優缺點，從內部組織的分析是可以得到結果的，就如創業者自己的優缺點，從我們的個性與過往的成就與經驗也可以明白大致情況。不過，要了解企業的機會與威脅，則要從外部環境來分析；舉例來說，雅虎公司因為一直認為自己掌握了內容服務事業就可以勝出市場，但他卻錯估了當時市場是急需一個可以提供快速搜尋引擎服務的網站，而非大量內容的網站，因為內容來源可以從舊媒體去取得來源；並不需要大費周章一定要網路公司

自己做；相反地，谷歌公司很清楚地看到這點，所以致力研發搜尋引擎的改善，並善盡做組織、搜尋知識的行業，由於谷歌公司把握了這項市場機會，形成了市場上其他廠商的一大威脅，為此，雅虎公司因此失去領導市場的機會，谷歌公司卻成為這行業的佼佼者。

柯達公司錯失數位相機市場

另外，柯達公司也是一個「無法看到市場的機會與威脅，以及自己優點與缺點」的公司；在數位相機普及的時代，傳統實體底片的年代可以說是已經可以正式宣告過去了。但柯達公司卻是等到了2004年才宣布停止於美、歐等成熟市場銷售傳統底片相機，並展開轉型工程，柯達投資35億美元進行重整，特別著重於數位影像科技部門，包括柯達旗下的數位影像產品，註冊會員超過七千萬人的線上服務、全球八萬家零售點、以及一系列的數位相機、印表機、及相關設備。

這個決定雖然是正確的，卻是來得太晚了，在市場上仍然無法與惠普（HP）、佳能（Canon）等科技業者競爭，導致柯達公司虧損連連。在實體的相機市場上，無法取得領先地位，但以註冊會員七千萬人的線上服務實力來說，柯達其實是可以走向線上的影像和記憶行業，可惜柯達公司因被實體事業所限制，讓網路上最有名的相片群網站Flickr，不是由柯達所擁有，而是由新興的網路公司雅虎所買下。

蝦冰蟹醬，專業化訓練提升企業優勢

我們再來看看基隆八斗子「蝦兵蟹醬」創業成功的故事，如果透運SWOT分析理論，我們將可以更有系統地分析其在市場勝出的原因。首先，我們先看看「蝦兵蟹醬」在組織內部如何做調整以提升自身的優勢的。

「人是最重要的資產」創業家薛麗妮也曾經面臨過人事的變動難題，甚至讓她不得不關掉台北通化街的分店，但也因此讓她更重視人員訓練以及與

員工建立信任感的重要性，薛麗妮讓每位員工都有專責的工作，對工作專心投入並且熟練動作，然後彼此可以協調輪休，果然這樣用人的策略讓「蝦冰蟹醬」在經營上更加穩定，讓她有更多的時間可以開發新產品或是經營人際網路。

微型創業，家族的力量是一股非常重要的支撐力量，薛麗妮的家人對於創立「蝦冰蟹醬」的貢獻也是不在話下；大姑媽經常支援打掃、打雜工作，二姊在假日也會到店裡幫忙，甚至接手會計工作；二弟、二弟媳則是在創業資金上給予支援協助；同時母親的娘家以及小弟與大姊都是最大的顧客，薛麗妮成功地**凝聚家族的力量**，很顯然地這對其在內部組織管理上形成很大的優勢。

說到此，如果你只把「蝦冰蟹醬」看作是一個地方型的家族企業你就大錯特錯了，薛麗妮對於成功經驗的分享不遺力，甚至希望有朝一日能打入國際市場，在東南亞、日本、韓國等國家的某個城市，看到「來自台灣的蝦冰蟹醬」，而事實上確實不時有人跟她接洽引進「蝦冰蟹醬」到這些國家的可行性。而她也盼望能有個穩固的企業願意接手經營，讓「蝦冰蟹醬」品牌能打入國際市場。

策略聯盟、雙贏策略

在市場，也不一定要爭取到領導地位才算是成功，有時候透過『策略聯盟、雙贏策略』，也就是兩家或兩家以上的公司或團體，基於共同的目標而形成，各取所需、截長補短、各有優勢長處、相互合作，也能開創良好的事業基礎。例如：肯德基公司為了能在日本開設連鎖店，於是就與三菱集團進行策略聯盟的合作，主要是因為三菱企業對日本市場的熟悉度一定比肯德基公司來得好。在台灣，7-11連鎖便利商店當初如果沒有找台灣統一企業來合作，在初期要在市場上勝出也是不太容易的，不過話說回來，7-11主要是因為其能充分地運用精確的物流管理系統這項優勢，才能打贏傳統的雜貨店。

05 鎖定目標市場及準確定位（STP）

砲兵在發射砲彈時一定要明確地知道目標所在，並請測量兵精準地測量角度距離才能準確地命中目標，然後逐步地攻佔目標達成最終的勝利；不僅軍事戰略是如此，行銷戰略同出一轍，而想創業的人在進入新市場時，一定要準確地知道自己主要的銷售目標為何，然後精準進行自我定位，才能在眾多競爭中脫穎而出。

想要確保自己的產品或服務有好的銷路，並獲得一個好的市占率，就必須選擇一個適合的目標市場。所謂目標市場，是指企業進行市場分析並對市場做出區隔後，擬定進入的子市場。而目標行銷（Target Marketing）是企業針對不同消費者群體之間的差異，從中選擇一個或多個作為目標，進而滿足消費者的需求。主要包含三個步驟，又稱STP策略。三個步驟如下：

- **市場區隔（Segmenting）**：是依消費者不同的消費需求和購買習慣，將市場區隔成不同的消費者群體。例如：上班族或學生，高收入或一般收入。

- **選擇目標市場（Targeting）**：評估各區隔市場對企業的吸引力，從中選擇最有潛力的一個或多個作為進入行銷的目標市場。例如：我今天是一家網路行銷顧問公司，我會選擇中小企業為我的目標市場。

- **市場定位（Positioning）**：決定產品或服務的定位，建立和傳播產品或服務在市場上的重大利益和優良形象。例如：創見文化出版社定位出版財經企管、成功致富相關書籍，如果是語言學習的書就不會

在創見文化出版。

在鎖定目標市場進行行銷之前，創業者可以先區隔市場讓你的目標範圍能更加精確；一般而言，有以下幾種區隔方法供大家參考。

1. 地區：北美、西歐、南歐、台灣

2. 區域：台灣北部、台灣南部、台灣中部

3. 人口密度：都市、鄉村

4. 氣候：熱帶、亞熱帶、溫帶、寒帶

5. 年齡：2～5歲，6～11歲、12～17歲、18～24歲、24～34歲、35～49歲

6. 家庭生命週期：年輕單身、年輕已婚無小孩、年輕已婚小孩6歲以下、年長已婚、年老夫妻、退休……等

7. 所得：低所得、中所得、高所得

8. 教育程度：小學或小學以下、中學畢業、大學畢業、研究所

9. 宗教：佛教、天主教、基督教、回教、道教

10.族群：閩南人、客家人、大陸人士、原住民

11.世代：X世代、Y世代、N世代

舉例來說，台灣新興的女性內衣品牌「Sub Rosa」，就把自己的目標市場鎖定在為28～35歲的輕熟女世代，很顯然地，就是以性別、年齡與世代來區隔市場。

而另一家擁有五十年歷史的台灣奧黛莉內衣，則強調要「喚醒每個熟女心中的年輕因子，讓女人身形年輕十歲，並且是最符合東方女性體型與機能的領導品牌」。很顯然地，奧黛莉內衣希望把市場區隔為熟女市場，而且是以台灣、亞洲市場為主。

市場區隔的目的是企業可以根據不同子市場的需求，分別設計出適合的產品。而市場區隔可以分為以下五種層次：

● **大眾行銷（Mass Marketing）**：是指企業僅對某一項產品做大量生產、配銷和促銷。例如：可口可樂早期只生產一種口味。

- **個人行銷（Individual Marketing）**：區隔化最終為一個人的區隔、客製化行銷或一對一行銷。例如：幫客戶量身製作整套西裝。

- **區隔行銷（Segment Marketing）**：能確認出購買者在欲望、購買力、地理區域、購買態度和購買習慣等方面之差異。介於大量行銷和個人行銷之間。

- **利基行銷（Niche Marketing）**：企業將市場劃分為幾個不同的市場，在市場中找出有特定需求的消費者，然後以差異化的產品或服務來滿足這群消費者需求的策略。例如：針對餐旅服務業出版一本餐旅英語考試專用書。

- **地區行銷（Local Marketing）**：針對特定地區顧客群設計滿足其需求的行銷方案。例如：麥當勞的米漢堡是針對台灣市場而推出的米食產品。

產品定位方法

而所謂的「定位」，在行銷學來說，指的是企業的產品、商店或服務在顧客心中的位置。通常「定位」的方法，也有幾種方法可供大家來選擇：

1. **以產品的屬性**——依據自己的產品所擁有的，而且是競爭者的產品所沒有的特性。例如：迪士尼樂園就宣稱自己是全世界最大的主題遊樂園。

2. **以利益定位**——找到產品對於顧客有異議或是利益的屬性。例如：海倫仙度絲洗髮精定位為「治療頭皮屑的專家」

3. **以用途定位**——華信安泰信用卡公司的安信e卡以「生活與家庭的信用卡」定位自己的信用卡。

4. **以有效價值定位**——高價格的賓士汽車以及高價格的萬寶龍鋼筆，低價格的戴爾電腦、美國西南航空……等等。

5. **以產品的種類定位**——例如BMW不僅是小型豪華轎車，也是一種跑車。

6.以品質和價格定位——例如高品質／低價格，低品質／低價格，高品質／低價格。

7.以使用者定位——例如中產階級較適合開豐田汽車。

雖然理論上我們可以經由上述的方法來定位自己的行業或是產品，但有些企業屬性或是產品屬性會有多元的情形出現，我們就以Google谷歌公司以及雅虎公司他們在市場上的競爭景況來做一說明。

Google谷歌公司對大眾來說，不但提供搜尋引擎的服務，而且還推出了各種網路服務，像是電子郵件、文件管理、地圖、影片的點閱、新聞內容……等，所以谷歌公司可以說是既是搜索事業也是服務業，而他的競爭對手，雅虎公司同樣也是擁有這兩種事業的屬性，但谷歌公司非常地清楚將自己定位為提供搜索事業而不是內容事業，相較於雅虎公司一直以為自己是內容產業，因此在沒有正確地為自己事業定位的情況下，雅虎在網路搜索行業上落後於谷歌公司。

同樣地，AOL也犯了同樣不清楚自己是處在什麼行業之中，而把社群產業的江山拱手讓給了Facebook臉書，因為AOL一直以為自己是提供內容的公司，但事實上，AOL早在Facebook或Myspace出現之前，就有了聊天室和論壇，而且都非常受到歡迎，可說是社群網站的先鋒，只可惜AOL錯認了自己的定位，因此，後來就被臉書Facebook給超越了過去。

擴大差異化勝出市場

在今日，不管你走到大賣場、百貨公司或是美食街，琳瑯滿目的商品與服務真的是讓人眼花撩亂，你很有可能因而不知如何下決定到底要買哪個品牌的產品才好；在這樣的市場環境下，消費者除了考量品牌效應以及自己實際的需求，來做正確的選擇之外，廠商產品本身與其他同類產品的辨識度也顯得非常重要，一般而言，廠商最常見的作法就是**擴大差異性來勝出市場**。以下我們將介紹幾種差異化的行銷策略供大家參考。

首先，要做到產品的差異性，不妨建議創業者可以先思考一下到底要如何讓你的產品「**在大環境中行之有理**」，所謂的大環境通常指的是世界潮流或是社會的需求、經濟的環境……等等。在這裡，我們謹以女性內衣領導品牌黛安芬的成長故事來說明。

黛安芬內衣與時代並進，創新產品勝出市場

在1980年代，有氧舞蹈運動風靡全球，黛安芬很敏銳地觀察到婦女從事運動時需要特別的胸罩，為此黛安芬因應社會需求推出具備良好支撐、穿戴舒適的內衣設計。此外，1980年代時裝也不再支配一切，當時的婦女想要展現自己更多樣化的面貌，在衣服穿著也是如此，於是內衣外穿的風潮開始流行了起來，黛安芬的設計師就將精緻的內衣改良為可以外露的時尚上衣，穿搭在外套裡。

到了1990年代，世界瀰漫著一種自然風，人們開始追求自然環保無化

學成分的材料，於是乎黛安芬又看到此一氛圍，除了使用高品質的有機棉之外，連扣鉤與掛環也全都是無鎳製品。

從黛安芬成功勝出市場成為市場領導品牌的故事，充分地證明了只要「在大環境中行之有理」就能讓你的品牌與其他品牌擴大明顯差異並取得領導地位，這麼樣一來不僅能帶動產品的創新，更能解決當代社會的需求，進而創造無限的商機，而這誠然就是黛安芬「與時俱進、自強不息」的最佳典範。

擁有「傳承」價值的企業

再者，**擁有「傳承」價值的企業或是產品**也是讓創業者能夠達到差異化的一大要素，其實這可能要從人們普遍缺乏安全感的原因來論述，一般來說，大眾選擇商品時如果有一個信譽良好的廠商，消費者就比較會願意購買；諸如標榜「百年老店」、「蘇格蘭威士忌」、「不朽的樂器——坦威鋼琴」……等等，換言之，只要你本身是傳承優良的傳統，或是代理這些擁有歷史的優良品牌，在市場上是比較容易勝出的。

此外，在機器化取代人工的今天，如果可以強調產品是遵照「古法研製」或是「純手工製造」的話，有時也可以讓你的產品勝出市場。

我們就以新竹的「百年老店東德成米粉」來做個說明，東德成米粉與其他廠商最大的不同乃在於其完全遵照傳統來製作米粉，每一根米粉都是用純米磨出來的，天還沒亮老闆與老闆娘就起床磨漿。據了解，這中間製作過程，工作人員還必須忍受炙熱的高溫。不過，東德成米粉卻因為堅持承襲這樣的製作方法，讓他們門家的米粉，乾的可以賣到一斤130元，濕的一斤也要價60元，雖然價格都不便宜，但是一天仍然能賣出兩百斤。

產地的傳承

另外，像是**產地的傳承**也很重要，以美國來說，大家對其電腦與飛機

製品比較信賴，就以日本來說，只要是汽車或是電子產品，大家很容易就接受，而德國則是以機械工程和啤酒著稱，瑞士的話，則是以銀行業和手錶為領先產業。

因此，各位創業者未來在考量創業自製的產品或代理的產品時，產地傳承的觀念也是勝出市場的關鍵；以下舉一個錯誤的示範，奉勸你可千萬不要模仿，例如：標榜你的產品是阿根廷的高科技或是代理自塞爾維亞車廠YUGO汽車，因為很顯然地阿根廷與南斯拉夫都不是該領域的佼佼者，消費者是不會認同這樣的產品傳統的。

產品自製、研發

強調**產品自製、研發、創新**而來的也不失為產品差異化的法寶之一，以台灣盈亮健康科技所生產的涼椅來說，與傳統產品不同的是，它不但兼有乘涼的性能，同時也能夠兼具搖椅的功能，你可以坐在涼椅上搖啊搖，讓你的全身獲得高度放鬆；而且頭部還有靠枕設計，坐久了也不會有酸痛感，在整體造型上，更是符合人體工學。而盈亮健康科技之所以能讓產品差異性拉大，其中製程的層層安規檢測，以及設計、研發、打樣的專業程序，誠然是其勝出市場的關鍵。

再舉一項產品創新的魅力，以「多芬香皂」來說，這個品牌一直以來在市場上都銷售良好，仔細探究一下其能夠勝出市場的主要因素，原來就藏在包裝品牌名稱下的那一行字：**保濕乳液**，就因為它含有保濕成分，有滋潤肌膚的功效，然後貼心地把具有保濕乳液的成分放到香皂中，讓多芬香皂一推出就受到大家的歡迎。

附帶一提，不管是成份上的創新或是功能、研發的創新，這同時也是產品廣告上非常好強調的賣點，像是一開始，克雷斯推出**含氟防蛀**的牙膏，防氟成分就是一大賣點，其他像是強調電力持久，品質優異的金頂鹼性電池……等，都是在強調產品研發創新的廣告差異性比較，而事實證明，消費

者容易被這些看來專業且有效用的廣告詞所深深影響，如果創業家想找打廣告的題材，這點可以列入考量。

　　還有一種就是系統的創新所形成的擴大產品差異性，以台北捷運的悠遊卡來說，只要刷卡感應就能通過閘門進到月台搭車就是一種創新的作法，這不但省力更省時，想想以前大家坐車都要先準備零錢或是買票入站，而現在只要有了悠遊卡這一切都免了，甚至現在還推出購物的功能，讓民眾享受到輕鬆付款又省去找錢的麻煩，所以當這一創新系統一推出後，馬上就受到台北民眾的喜愛，一時之間各縣市交通運輸業也紛紛跟進，帶動了台灣交通運輸史上的一大革新。

07 成功的訂價策略

如何為你的商品定價真的是一門藝術，有時候訂太高又怕曲高和寡沒人買單，訂太低又會讓企業主血本無歸，到底要如何拿捏到恰到好處讓賓主盡歡，我們將在這單元中一一說明？首先，我們先來看看關於定價有哪些策略可供運用。

對於創業主來說，最在意的就是如何訂出進入市場的價格，一般來說，有以下幾種定價方法可供選擇——

削去法

所謂的「削去法」故意將初始價格訂得比市場的長期價格水準來得高，然後再視競爭者與市場的需求變化，逐步削價。

滲透法

為了達成可能最高的銷售量，以及建立穩固的市場地位，通常初始進入市場的訂價會訂得比市場的長期價格水準來得低；但如果競爭對手廠商也跟著調低價格，彼此削價競爭的結果，其實對於剛進入市場的創業廠商來說，是非常不利的，因為站在他們的立場只要把新的競爭者趕出市場後，就可以繼續擁有市場優勢，所以在採用滲透法定價，創業者應該評估自己的市場生存能力是否足夠。

為了避免這樣的惡性循環競爭，有幾項促銷的做法是可以搭配「滲透

法定價」一起來施行的，像是使用**需求導向的滲透策略**，我們也可以稱之為「剃刀和剃刀片」策略，例如，許多販賣電腦和影印機的業者，將電腦和影印機的售價訂得比市場價還低，但卻藉由消耗品或是配件（墨水盒、維修）的收入來彌補機器銷售上的利潤損失。

再舉一個「**需求導向的滲透策略**」成功案例，全台最大烏克麗麗連鎖專賣店『台灣烏克麗麗』，在烏克麗麗的市場上市佔率超過八成；其定價策略，是一把烏克麗麗最低價格700元就可搞定，但為了學習烏克麗麗的彈奏，很多人至少要掏出上千元來買學習課程，甚至為了在精進琴藝，再買上千元以上的烏克麗麗也是大有人在。

差異化定價法

如果創業產品比起市場上既有的產品品質來得高時，這時就可以為你的產品訂立較高的價格，或是你的產品品質雖然跟市場上的其他產品相比差異不大，但因為你所提供的售後服務較佳，可以延長商品的使用年限，那麼你就可以為你的產品訂個比較高的價格。

舉例來說，「蝦冰蟹醬」在進入冰品市場時就是採取比市場價格水準較高的定價法，不過前提乃在於「蝦冰蟹醬」這款海鮮冰品，不管是在製作成本與產品創意組合上都與傳統的冰品差異頗大，因此，對於消費者來說，用較高的價格來取得消費的滿足感是值得的，果然這樣的定價策略成功，讓「蝦冰蟹醬」在市場上擁有一席之地。

另外，像賓士汽車的價位也訂得比較高，消費者卻還是願意買單，原來賓士汽車非常注重售後服務，特別是維修的服務，此舉讓賓士汽車的使用壽命得以延長，所以消費者才願意以較高的價格買下賓士汽車，以避免沒多久就要再買新車的問題。

產品價格一經訂立後，也可以因應其他因素來做一調整的，例如商品折扣就是最常用的調整方式；通常可分為數量折扣、現金折扣以及淡季折扣。

- **數量折扣：**通常數量折扣是根據消費長在某一特殊時段實質的購買量而定的。例如，買千送百、買萬送千……等都是數量折扣的做法。

- **現金折扣：**假如消費者在特定的時間內付清請款單上的款項，賣方也可以提供價格上的折讓。

免費定價模式

最後，我們要介紹的叫做「免費」定價模式，你可能直覺反應這是哪門子的定價法，因為企業要賣商品賺錢才能繼續服務顧客。但許多新興的網路事業體全都是提供免費的產品，而且他們的公司確實仍舊一直成長，像是Google谷歌公司就是個最好的例子。

到底谷歌公司是如何做到免費服務還能賺錢的，其實他也不是首開先例，谷歌公司只是效法電視台的作法。基本上，電視台是不向觀眾收錢的，只向在電視頻道上播廣告的企業收取費用，所以只要節目收視率好，該時段的廣告費就水漲船高，如果將這樣的邏輯套在網路企業來說也是一樣的道理，只要網路公司的點閱率或是流量增大，自然就可以跟廣告商索取較高的登錄費，但閱聽網友卻一點也不用付費。以Google來說，由於網路的流量很大，光是收廣告費就很賺了，所以，根本都不用再向閱聽網友收費。

這一招後來《紐約時報》也學會了，2007年《紐約時報》就讓所有內容完全免費，結果在幾個月的時間內就讓閱聽人數增加40%，因為讀者增加，又讓《紐約時報》賺進更多的廣告費，接著再開放與Google連結之後，結果帶來更多的點選與流量，而這就是網路免費訂價機制的操作模式令人非常驚訝的地方。

如何定出好價格？

如何定價？價格是否調降或調漲？學院派會強調平均與邊際成本、需

求與供給彈性、邊際收益與利潤的關係等等。實務上定價時會參考同業平均水準、預期市占率、現金流、競爭者的可能動向及本公司對個別產品或企業整體的定位等因素。當然，實售價一定要與消費者的認知價值（perceived value）相吻合：被認為品質高且價格高的產品則提供了身分和地位的表徵，如賓士汽車和勞力士手錶。

由於利潤＝收入－支出＝價格×銷量－成本×產量，其中產量與銷量的差額為庫存量與滯銷品。因此利潤要高不外乎售價高、成本低且庫存也要低！售價高靠的是產品差異化；低成本與低庫存靠的則是管理。

品牌商（Rolex、LV、NIKE……）較不重成本，靠行銷創造差異性；而代工廠（晶圓雙雄、廣達、仁寶……）較不重品牌（指B2C），靠大量生產來降低成本。

在微利時代，以總成本加3％～10％為實售價，主要靠大量銷售來達成目標報酬率的加成定價法，仍不失為一個不錯的短期定價法。長期的定價策略則要視本身為市場價格的制定者或追隨者、與產品在生命週期中所處的階段而定。最後要注意：降價促銷時一定要師出有名──不管理由是實質上的還是名目上的。

價格戰不是萬靈丹

以經濟學的供需理論而言，商品在一定程度的調整之後必會達到供需平衡，接下來就會面對供過於求的失衡狀態，當市場呈現供過於求的情況，商品的價格必然會開始下滑，這是不變的鐵律。

當商品的價格下滑時，製造廠商因為價格下滑而導致利潤下降，那麼大部分的企業就會進一步思考如何薄利多銷，總想要維持過去所擁有的利潤。一般來說，絕大多數企業在這個時候就會以經濟產量來平衡所謂的固定成本，好讓每一個單位的製造成本降低下來。

但是，如果每一家廠商都想到要用大規模生產以降低成本的方法解決虧

損的危機，市場就會形成殺價戰場，到最後雖然可能使整體銷售量提升，但是總體利潤卻反而下降！

如何因應價格戰危機？

競爭者為何可以發起價格戰爭？不外乎它的產品功能或服務較少，抑或領導廠商本來就享有不低的超額利潤？還是競爭者已研發出成本更低的生產方式或Business Model？當然，競爭者也可能抱著「要死大家一起死」的心態「撩落去」，則削價戰不會持久（因為終會有人不支倒地）！

當企業面對價格戰時，首先要對自身的成本結構做一深入分析，其次要觀察市場上對價格敏感的顧客群是否真的日益增多了？如果企業仍具核心競爭或低成本的優勢，務必要讓對手知悉並表達抗戰到底的決心，以威懾對手不再進一步降價。當決策猶豫在價格競爭還是採取非價格競爭時，不要懷疑，答案一定是雙管齊下！當大企業面對削價戰時，宜交互運用「差別定價法」與「選擇定價法」，但千萬不要讓消費者有過多的選擇。小企業則要全力發展利基型的邊緣產品（或雖生產主流產品卻利用邊緣銷售通路）。　此外，在價格戰前、中、後均能不斷以「Game Theory」（賽局或遊戲理論）分析消費者、本企業、競爭對手與相關業者等四方面的動態相互關聯，隨時保持策略的彈性。有時，全線退出（不跟你們玩了！）亦不失為一個好的選擇！

08 品牌決定價值

桂格創辦人John Stauart曾說：「如果企業要分產的話，我寧可要品牌、商標或商譽，其他的廠房、大樓、產品，我都可以送給你。」

宏碁前董事長施振榮先生曾提出一個著名的「微笑曲線」。他認為企業要創造更高的價值，只有靠兩種方式。

如上圖所示：一種是靠研發和設計，另一種則是品牌和通路。一個皮製手提包，只要印上「LV」的LOGO，價值就翻數十倍，衣服加上NIKE的LOGO，價值也跟著水漲船高。所以價值取決於產品上的LOGO。那麼無論個人或企業對於建立品牌這件事情就不可忽視了，因為其品牌效應所帶來的無形力量是比你想像中大很多的。

品牌的概念是在十九世紀末二十世紀初開始發展，當時從事手工藝的工匠會在他們的作品上留下註記，作為自己獨特創作的象徵；而在西方牧場的

主人為了辨識自己的牛羊,會在它們的身上留下烙印,作為標示自己財產的方法。日後隨著零售業的成長和普及,廠商為每一種商品取名稱,或用特殊的文字圖案來標示商品成為普遍的趨勢,這也就是品牌的由來。

無論你走進便利商店、3C賣場、大型量販店,還是百貨公司等,看到的是數千數萬種各式各樣的商品,即使同一類的商品也有多達數十種以上的品牌,當消費者沒有一定要買哪一種品牌的產品,同時各品牌的產品價格差異不大時,消費者通常會購買他們最熟悉或最愛好的品牌。

要想為品牌建立起多元的正面聯想性,企業應該考慮以下五大方面:

1. **特質**:一個好的品牌應能在顧客心中勾繪出某些特質。比方說賓士汽車勾繪出的是一幅經久耐用、昂貴且機械精良的汽車圖像。假如一個汽車品牌未能勾繪出任何與眾不同的特質,那麼這個品牌肯定會是一個不夠成功的品牌。

2. **個性**:一個好的品牌應能展現一些個性上的特點。因此,假如賓士是一個人的話,我們會認為他是一個中等年紀、較不苟言笑、條理分明,而且帶有權威感的人士。

3. **利益**:一個好的品牌應暗示消費者將獲得的利益,而不僅僅是特色。麥當勞能夠使人聯想到令人滿意的供餐速度以及實惠的價格。

4. **企業價值**:一個好的品牌應能暗示出該企業明確擁有的價值感。賓士能暗示出該企業擁有一流工程師和最新的科技與汽車安全的技術,而且在營運上也十分有條理並具有效率。

5. **使用者**:一個好的品牌應能暗示出購買該品牌的顧客屬於哪一類人。我們可預期賓士所吸引的車主是那些年紀稍長、經濟寬裕的專業人士,而不是年輕的毛頭小子。

品牌的四種呈現方式

根據美國行銷協會(American Marketing Association,AMA)的定

義：「品牌是指一個名稱（name）、名詞（term）、設計（design）、符號（symbol）或這些的組合，可以用來辨識廠商之間的服務或產品，而和競爭者的產品形成差異化。」以下介紹四種品牌呈現方式：

❶ 圖案

例如：蘋果電腦的缺一口蘋果，喜美汽車的H標誌，五個紅色圈圈的味全……等等。

❷ 文字

例如IBM，ASUS，HP，SKII，BMW，eBay，Nokia，BenQ，Fedex，Coke Cola，Uniqlo，Lativ，Canon，SONY……等。

❸ 文字與圖案的組合

例如：愛迪達三條線加上adidas，國泰世華銀行加上一顆綠樹，HANG TEN加上兩隻腳丫……等。

❹ 象徵人物

例如：巧連智的巧虎、大同寶寶、麥當勞叔叔、肯德基爺爺、迪士尼的米老鼠及唐老鴨……等。

成為某領域、某行業或某產品的代名詞，是一個公司最寶貴也最具永續競爭力的無形資產，也是品牌價值。比方說你講到汽水你想到什麼品牌？講到速食店你想到什麼品牌？講到咖啡你想到什麼品牌？講到便利商店你想到什麼品牌？想到平板電腦你想到什麼品牌？講到大賣場你想到什麼品牌？講到國民服飾你聯想到什麼品牌？我們來看一下以下的例子。

🤝 國民服飾Lativ

您有穿過本土網路服飾品牌Lativ嗎？沒穿過也聽過吧？

Lativ以三十八色、168元的Polo衫出名。2007年成立，業績年年高速成長，2011年營收約40億，比2010年成長1.6倍。員工約300人。新聞說他們的

年終有人領到40個月，令人羨慕不已。

　　Lativ所屬的米格國際總經理張偉強很有信心地表示：「我們要用簡單與專注幫台灣的品牌服飾打開一片天。未來將超越Hang Ten、Net，成為台灣第一大休閒服飾品牌。」

　　張偉強才三十六歲、電子科畢業、完全沒有紡織業經驗。理著小平頭、穿著牛仔褲，一如Lativ給人平實的印象，他創造的Lativ旋風，吸引很多同行爭相模仿。

　　Lativ有清楚的品牌定位，以國民服飾為訴求，強調「高品質、平價」。走到產業鏈上游，一條鞭管理原料、設計、製造、品管、行銷、銷售與客服，不像網路競爭者只是買進賣出，這才是真正的網路原生品牌。

　　從2010年開始，Lativ不得不將台灣廠商無法負荷的訂單，逐步轉往越南、印尼、大陸等地，但有些原料則仍是從台灣生產。

　　點進Lativ的官網，沒有很炫的網頁設計，也沒有五花八門的款式，剛開始只賣基本款襯衫、T恤、牛仔褲，竟能創造八成的回購率。

　　近年來推出羽絨外套和發熱衣，還有不定期的福袋等多種促銷優惠方案，更引起辦公室同事之間的團購，不僅自己買也幫全家人訂購，隨便一買就是好幾千塊，運費也省了。

　　雖然Lativ曾經數次出現負面新聞，但還是有一群忠實顧客，2012年的營收也超越了2011年。Lativ終究成功創造了其品牌價值。

如何塑造品牌

　　產品的品牌就像企業的門面。美國的奇異（GE）、日本的松下、中國的海爾都極重視產品品牌的形象，這些企業的產品不但品質好，而且售後服務和形象廣告都十分完備，讓顧客覺得貼心，所以才能大規模的發展。就算在發生企業危機時，這些本來商譽就不錯的廠商，也可以依靠之前在眾人心中根植的美好形象，而讓大家覺得錯誤只是無心的疏失，進而輕易原諒犯錯

的廠商。

　　多數企業以為產品的銷售量增加，就是品牌建立成功的結果，這是錯誤的觀念。因為銷售量的激增，很可能是因為做了一堆短期之間可以把業績推上去的促銷活動，而這些促銷活動不是常態，只是為了壯大產品聲勢而推行的一種暫時性計策，一旦這些活動停止之後銷售量就恢復原先的水準。而產品品牌的知名度、商譽、忠誠度是需要長期的業績穩定成長來證明的，但是有些企業為了獲取短期的利益，不顧長期的考量，這樣是無法建立一個良好的品牌形象的。

　　其次，多數企業以為產品的品牌形象應該要日新月異，常常變化，這個觀念其實不完全正確。品牌的核心理念應該是固定不變的，只是表達的手法可以有所差異。像是可口可樂一直將產品的核心理念定位在年輕、歡樂，雖然可口可樂的代言人與表現方式常替換，產品的廣告也常更改，但是一直朝著年輕、歡樂的形象去塑造可樂的品牌形象，讓消費者對可樂的印象趨於一致，這才是建立品牌的正確方式。如果企業在做廣告時沒有掌握到一個始終不變的核心理念，選擇代言人時也是看誰當紅就選誰，完全不考慮合不合品牌形象的問題，這樣的品牌塑造幾乎都會失敗。

堅守品牌定位

　　台灣食品業界的老大──統一企業本來想在大陸擴張業務觸角到電腦業，所以就將瀕臨破產的王安電腦買下來，想試試看能不能再創新事業的高峰。於是大陸市面上曾經有統一電腦的出現。但是，後來統一電腦的銷售量卻很不理想。

　　其實這是必然的結果，因為大家都習慣把統一和餅乾、飲料、泡麵等食品畫上等號，當然一下子不能接受「統一電腦」的出現，總覺得統一的電腦一定不如它製造的食品優秀。由此可見擴張產品線雖然是一件好事，但是若不能堅守產品原來的定位，而使新發展出的產品和舊產品的差異太大，對企

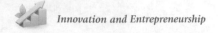
業來說，反而是沒有助益的。

建立品牌的黃金法則

　　「整合行銷傳播學之父」唐・舒爾茨（Don E. Schultz）透過對眾多知名企業家、商業圈和代理機構的市場研究和問卷調查等方式，歸納出建立品牌的九大黃金法則：

1.品牌策略與公司整體策略要相互一致。

2.高級管理階層要深度參與品牌的創立。

3.有一個設計合理的品牌與適宜的CIS結構。

4.公司對品牌有一個360º的立體面認識。

5.優秀的品牌能夠簡潔地表達企業的核心價值觀和承諾。

6.商標獨一無二、內含完整資訊。

7.在與客戶接觸的每一個點上，品牌都要傳遞出引人注目的、連續的、一致的資訊。

8.偉大的品牌是由內而外打造出來的。

9.隨時衡量品牌的傳播效果和品牌的經濟價值，以做出更進一步「品牌再加值」的動作。

品牌命名大觀

　　孔子有這麼一段話，你可能在學生時期讀《論語》時背過，子曰：「必也正名乎，名不正，則言不順；言不順，則事不成。」這段話是說，我們做事要正名，這樣才能成功；其實要賣產品與服務也是如此，為產品與企業取個響亮的名字在行銷上確實能得力許多。像是「資生堂」、「凡賽斯」、「可口可樂」、「無印良品」都是將品牌精神與產品內容做出極為巧妙結合的例子。但我們先來討論一下有關於品牌命名的一些技巧與方法。

　　1.最好能展現商品特性的：也就是一看到名字就可以了解產品內容的。

舉例：「蝦冰蟹醬」——海鮮冰品、「檜樂」——檜木手工小物、「愛媚」——眉眼彩妝。

2.符合品牌個性的：名字一看就道出品牌的宣言以及企業的形象。舉例：日本化妝品牌「資生堂」、台灣樂器及自行車品牌「功學社」、台灣連鎖書店品牌「誠品書店」。

3.特別有畫面的：一聽到產品名稱就能聯想畫面的。例如：「蝦冰蟹醬」——海鮮冰品、「方塊躲貓」——鐵鋁櫃置物架。

4.假借常用的詞彙：品牌名稱有可能是相關語或是同音異字，例如：經營居家用品的「無印良品」、經營喜餅禮盒的「大黑松小倆口」、經營婚紗店「I Do 愛度」。

此外，各位創業家在創造品牌名稱時，還要特別留意的是不要太商業氣息，給人「促銷」的感覺，再者，品牌一定要有強烈的辨識度，而且好記、容易上口，最好中英文名稱都要有。接下來，我們就來談論成功商品的內容與其名字之間的微妙關係，希望能讓創業者了解如何透過品牌名稱成功塑造品牌印象。

資生堂將品牌精神巧妙融入產品

「資生堂」這個日本的化妝品牌在今天可說是無人不知無人不曉，一般人望文生義的結果，可能一開始會覺得與產品本身無法連結，不過我們深入去了解資生堂公司的品牌宣言以及其演進歷史也許就能理解為何要取名為「資生堂」。

目前資生堂企業新宗旨為「一瞬之美，一生之美」，字裡行間充分地透露了資生堂想要發掘更深的價值，進一步創造美麗的文化生活的企圖，其最終理想就是希望「大家都能美麗地生活下去！而這正是「資生堂」當初設計品牌名稱的初衷。資生堂「Shiseido」取名源自中國《易經》中的「至哉坤元，萬物孳生，乃順承天」意義為「讚美大地的美德，因其哺育了新生命，

創造了新價值」，所以我們可以看到資生堂一直以來都致力於生活品質的提升以及追求健康、幸福的一貫理念。」

此外，資生堂自創立以來，始終將西方先進技術與東方傳統理念結合，融合在其產品名稱、包裝以及品牌的推廣上，這也是品牌成功的一項特點。以1965年資生堂公司所推出的「禪」香水為例，就是取法西方的芳香學，放入竹香、紫羅蘭、鳶尾花、丁香花、茉莉花等材料表現寧靜和自然的特質。而且瓶身的設計更是充滿著禪味，包括精緻細膩的金色系花葉，據說設計靈感是來自於16世紀日本京都的神廟。

從企業的名稱到產品的內涵，資生堂公司無不細心經營其品牌價值，並呈現了一貫的理念傳承，這是相當不容易做到的，但也就是因為資生堂能將品牌宣言與產品內容緊密地結合在一起，所以時至今日，資生堂才能不斷地衍生創新與追求卓越的企業目標。所以，各位創業家當你在為你自家的品牌命名時，想想更遠大的目標吧！也許你也可以創造出下一個跟「資生堂」一樣水準的品牌出來，一舉紅遍全台灣。

以上，我們僅就品牌名稱、企業宣言、產品的命名與產品行銷來做一研究討論，事實上，企業要形塑一個品牌以達到產品行銷的目地，還有許多面向可以進行的。接下來，我們再來看看世界知名服飾品牌凡賽斯「VERSACE」。

凡賽斯服裝設計擄獲人心

說到凡賽斯「VERSACE」，我們就不得不提起其註冊商標上那個來自希臘神話中蛇髮女妖梅杜莎的形象，據說梅杜莎的頭髮是由一條條蛇所組成的，髮尖是蛇的頭，據說她特別愛以美貌迷惑人心，只要見到她的人即刻化為石頭，換言之，梅杜莎所代表的意象就是致命的吸引力，而這正是凡賽斯「VERSACE」品牌，所要追求的那種美的震撼力，是一種充滿瀕臨毀滅的強烈張力。

在今天，很多的婦女都曾發誓一定要擁有一件「凡賽斯」，凡賽斯品牌的魅力就如一股強烈的颱風正席捲整個時裝界。前面幾段文章中談論到，品牌精神與產品內涵的關聯，在這裡，我們也來說明凡賽斯公司的作法──

以凡賽斯的女裝服飾設計來說，豪華、快樂與性感是其主要的特點，所以像寶石般的色彩、流暢的線條以及不對稱剪裁都能充分地展現其豪華的感受；而領口常開到腰部以下，套裙、大衣也都以線條為標誌，如此一來，更能將女性身體的性感表露無遺。確實在創辦人凡賽斯的理念中，他寧願過度地表現，也不願落入平庸。

凡賽斯大打名人牌，黛妃也上榜

除此之外，凡賽斯品牌能在市場上大放異彩的原因──**人脈與廣告攻勢**」也是不容忽視的。品牌創辦人凡賽斯交友廣泛，尤其是廣告界的朋友、攝影師都是其來往的對象，凡賽斯透過與這些朋友的交往，充分地掌握市場上服裝業的趨勢動態。

此外，不光是廣告界的朋友，凡賽斯也曾為已故的英國黛安娜王妃設計晚禮服，讓黛妃的活力與熱情呼之欲出，而它就是藉由黛安娜王妃的「示範效應」，成功地在英國打響名聲，並因此傳遍整個世界，要說名牌與名人始終是脫不了關係的，由凡賽斯的作為來看是很有道理的。

凡賽斯手冊廣告以及閃電製程讓行銷大奏功

凡賽斯通常在設計服飾的同時，就開始了宣傳的活動，尤其是凡賽斯的**產品介紹手冊**印製得非常地精美，包括可愛卡通、時尚美術以及超酷的模特兒都在手冊中，令人愛不釋手，就這樣相互傳閱的結果，凡賽斯品牌的名聲也就不脛而走。

再者，凡賽斯在服飾的製造與銷售也有一套，據稱凡賽斯在服飾的設計、製造和運輸上，僅只用五週就可以完成，這樣閃電的行動效率把設計製

造與零售緊密連結在一起，在業界堪稱一絕，也難怪它能在時尚精品界颳起巨大旋風。

凡賽斯靠著精美的產品廣告手冊與廣告界良好的互動關係成功地讓品牌形象推廣出去；這都需要付出相當的金錢與時間才能換來的，相對來說寫新聞稿，甚至創造個新聞事件讓媒體來採訪報導，不但不須花錢而且效果有時更來得大。以基隆八斗子漁港「蝦冰蟹醬」的媒體宣傳策略來說，這招還蠻管用的。

主動發布新聞稿「蝦冰蟹醬」邀請媒體採訪報導

當年「蝦冰蟹醬」開幕前三天就發了新聞稿，前兩天就請記者來品嚐，並且在開幕前一天就上報；就記者來說，每天所要跑的新聞很多，他們沒辦法花太多時間聽你詳細講完高遠的理想；所以，店家通常會自行準備新聞稿給記者參考，此舉不但能讓記者能在最快速的時間內瞭解新聞重點，同時也讓店主能將產品與服務的大大小小事件鉅細靡遺地闡述清楚。

至於要如何聯絡記者來採訪呢？除了平常就要與記者保持聯繫之外，透過各地方政府的新聞課轉發新聞稿，或是透過中央社的國內活動預告登記也是個可行的辦法。以「蝦冰蟹醬」開幕前一天的試吃記者會，果然就有聯合報、中國時報、自由時報以及中華日報的記者前來採訪。

新聞報導固然可以引起大家的高度關注，但新聞價值有時候只有一天，頂多數十天過了之後大家都遺忘了，因此，如何將品牌的意象深烙在一般社會大眾的腦海中就變得非常地重要。

創造無人可及的市場

最後，我們將告訴大家如何掌握利基市場，還能更進一步地創造一個「無人所及的市場」，我們先舉一個成功的案例——太陽馬戲團；也許大家就比較了解如何去找到這樣的市場，並且一舉開拓前無古人的境界。

事實上，在太陽馬戲團尚未在全球各地走紅之前，馬戲團的表演事業已經也被列為夕陽產業，而且是逐漸地走下坡；我們從整個馬戲團的組成元素來看，就可以了解其箇中的原因：首先，光是要飼養動物，還要訓練牠們能夠上台表演，這其中所花費的心力、時間與費用成本就很高了！再者，馬戲團一直吹捧自己的明星演員，更花大筆錢來招攬他們，但如果你真的要把這些明星與電影明星相比，民眾可能還是比較喜歡螢幕上的影視紅星，所以對於觀眾的吸引力還是很有侷限性，因此在這樣的環境下，馬戲團想要在娛樂市場上能生存並且獲利，簡直是難上加難。不過這樣的頹勢後來竟被來自加拿大的「太陽馬戲團」所打破，在今天「太陽馬戲團」可說是加拿大文化輸出的極為優異團體；現在，我們就來看看「太陽馬戲團」是如何辦到的。

「太陽馬戲團」發現傳統的馬戲團之所以經營不下去，主要是因為投入太多的費用在爭取最出名的小丑與訓獸師，導致收支無法平衡，同時節目內容也了無新意，無法吸引觀眾前來觀看表演，於是「太陽馬戲團」了解這樣的市場現況後，決定不跟著市場走，反而想到了一種特別的表演方式，不但避免掉紅海市場上的激烈競爭，同時還建構出一個新的產品市場，引導消費者進入更高品質的表演層次中，我們來看看「太陽馬戲團」的創新做法。

「太陽馬戲團」研究之後發覺傳統馬戲團之所以會歷久不衰，其中有三個元素是不可或缺的，這包括帳篷、小丑、雜耍表演，就針對這三項元素，「太陽馬戲團」著手加以改造，首先，將表演的帳篷設計得非常華麗，不但外表顏色鮮豔，裡頭布置也非常地舒適宜人；再者，還將小丑的表演從胡鬧耍寶，帶入更多引人入勝的元素，像是講究故事性、知性、甚至是藝術性的表演，此外，還加入新的元素，諸如設計過的音樂與舞蹈……等等，這些努力的改善讓觀眾進入帳篷後彷彿就置身於一座藝術殿堂內，並且得到了視覺與聽覺的極致享受。

「太陽馬戲團」就因為結合這樣的巧妙設計，結果節目一推出之後馬上大受觀眾歡迎！令人訝異的是，在提升了顧客價值與滿足感的同時，竟然節目製作成本還比傳統馬戲團低許多。

因此，當我們在尋找利基市場的時候，有時候花一些腦筋從原本沒落的市場或是產品，找尋最基本、最重要的價值，然後加以放大、增加或是轉化，也許各位創業者也能發現產品的生機所在，而不必掉入過度競爭而自相掠奪資源的窘境，最後創造出無人可及的產品服務市場。

像諾德諾和公司在西元1985年開發出的胰島素筆針也是成功掌握藍海市場契機的好例子；在胰島素筆針還未開發出來之前，糖尿病病患要注射胰島素，需同時具備注射筒、針頭以及胰島素，整個程序既複雜又麻煩，直到筆針這一種簡便的注射器出現，病患才大大地消除注射胰島素的麻煩，於是乎胰島素筆針成了一個炙手可熱的產品，而這一切的一切只因為諾德諾和公司關心到病患使用便利的需求，將之設計到產品裡，而這樣的發現也讓產品市場得以打開並創造當時無人可及的境界。

Chapter 4

如何賣它？
通路與行銷

01 替你的創意
找到市場

塑造品牌打造熱門產品之前，除了考慮到消費者的圖像思考與故事角度之外，最重要的是替創意找到市場。迪士尼先生當初打造迪士尼樂園之前的想法，是大人帶小孩子出去沒地方玩，迪士尼從「玩樂」到為自己的故事創意找到觀光商機。迪士尼以「賣故事」做為市場定位之後，接下來就是為故事創造市場，找市場之前要先找到行銷通路，迪士尼的行銷通路是「媒體」，所以迪士尼從電視、電影、書籍、遊樂園等媒體，開始賣它的故事。

從迪士尼的案例來看，可以知道創業者只要有辦法充分運用行銷通路，甚至掌握行銷通路，好的創意自然能銷售到市場上。生技醫藥產業也是如此，在美國矽谷有創意的可以一夕成名，但在生技醫藥領域需要靠行銷通路，才能把生技醫藥創意銷售到市場上，而掌握行銷通路的生技醫藥廠通常是最後贏家，大部分的生技醫藥專利技術，是由大型生技醫藥廠掌控，小公司的生技醫藥專利技術雖然很有前景，但總是很難跟大廠抗衡。

一位生技醫藥總經理提到，他從台大醫學院畢業到美國進修，深深了解生技醫藥產業若是沒有通路，創意等於是走投無路的窘境。這位經理創業之初和七個同是醫學與藥物背景的博士朋友合作時，就決定以創新商業模式找出突圍之路。他和來自台灣、中國、美國共八位博士組成的「創業聯盟」，將彼此可以取得的技術專利，集合成一個能交叉運用的知識平台。

這些生技博士，分別在世界大型生技公司擔任過要職。他們將生技創意找到市場的方法策略是——先找通路再找市場，這種逆向行銷的創業方法工

程，不是先開放新產品再找市場，而是先了解哪一些行銷通路，需要哪一些產品，再針對這個行銷通路發展創意、開發產品，這些博士們從行銷通路中了解，被大廠把持的美國市場，並沒有他們的生存空間，他們轉而先從亞洲市場找行銷通路，有了市場、通路之後，市場需求就很清楚，知道市場需求之後，博士們在交叉運用的知識平台，取得相關專利及技術，製作成產品。

這些生技博士於2005年正式成立公司，為美國食品藥品管理局（FDA）級威爾康大藥廠及金巴克實驗研究中心指定技術授權公司。團隊的核心技術是開發糖尿病、新陳代謝症候群的標靶式新藥。短期以生活保健食品、機能性飲料及美容保養品的授權行銷獲得利潤，以支持中長期新藥的研發。

一般創意市場開發以「正向市場開發」為主，流程是先從發展創意研發開始，研發出新產品之後，分析行銷通路，再從通路中挖掘市場需求切入市場。這些生技博士們卻是將創意核心研發留在擁有最先進技術的美國，從行銷通路找市場需求，挖掘到市場需求之後，以創意研發新產品滿足市場需求，這一連串的過程稱之為「逆向市場開發」。

市場開發程序可分為兩種——

● 正向市場開發　發展創意研發→分析行銷通路→挖掘市場需求→切入市場

● 逆向市場開發　分析行銷通路→挖掘市場需求→發展創意研發→切入市場

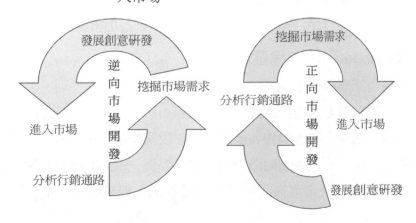

不管用哪一種方向為創意找市場,創意的市場定位就像一張展開的行銷通路地圖,每個經過商品化的創意在這張地圖中都有一個特定的位置。因此在為創意找市場地圖之前一定先問:

1.這個創意是與哪一個研發專利相近?

2.這個創意在市場上有哪些品牌競爭?

3.創意的競爭優勢,比其他品牌強嗎?

4.有目標或榜樣可供參考嗎?

5.創意商品化之後,訂價在哪一個範圍?

6.創意設計與品質水準如何?

7.創意商品化之後,以什麼通路促銷?

8.行銷的對象為何?

以上這些問題,一方面可檢視創意的市場定位是否正確;一方面也是可以讓行銷通路,來判斷這個創意商品化之後的市場定位是否真的符合實際的情況,同時考量這個創意是否符合其賣場的定位與需求;另一方面也有助於清晰地建立起產品在顧客心目中的預期形象。創意商品化的市場定位,就如同一齣戲劇裡的角色,唯有市場定位正確才能將好的創意推入目標消費者心中。

目標客群與市場區隔

了解市場開發程序之後,我們可以由STP法則找出市場。

① S—Segmentation市場區隔

先找出所屬產業有哪些市場區隔,區隔的方式包括年齡、性別、人生階段、職業屬性、消費能力、消費動機、生活型態……等等,從中再選擇出最適合切入的一個或數個市場區隔作為標靶。比如說開麵店,在思考市場區隔的時候,是要買一碗五十元不到的湯麵店,還是要賣一碗500~600元的涼麵店,這其中分為低價消費市場與高價消費市場區隔,創業者必然先了解自己的

麵店手藝，做哪一個市場最適合，決定了市場方向之後，即可定位自己的產品。

② P—Positioning產品定位

決定市場區隔之後，開始制定品牌或產品的差異化策略，為其產品定位。以麵店為例，一家網購精品炸醬麵「雙人徐炸醬麵」，已在網購市場小有名氣，他們決定開設實體店面，地點位於大直高級住宅區。當時市場區隔定位在中價位消費市場，產品定位一份炸醬麵餐點賣一百二十元，但是這樣中價位的餐點，一般麵店五、六十元也可以吃到，後來麵店為了區隔開中低價位市場的競爭，將產品定位在高價位消費市場，賣一份五～六百元的炸醬麵，炸醬麵轉化成法式料理吃法，搭配紅酒，加上細膩解說服務，成為高檔料理。

③ T—Targeting目標客群

目標客群鎖定，是針對消費者的消費行為預測。例如預測喜歡吃麵的饕客，並不在乎價格的高低，而是在乎吃的感覺與用餐的氣氛，基於這個假設開一家有質感的炸醬麵店，鎖定喜歡吃炸醬麵的饕客，這些人可能會願意付出高於市價兩倍價錢吃好吃的炸醬麵，如果再把店面變成精緻夜店，便可以吸引到喜歡精緻美食，講究用餐氣氛的客群。後來這家高檔炸醬麵店執行成果比預期好，還吸引很多名人前來用餐，分店也一家家開。

現代消費者的行為已無法精準預測，如果用傳統STP法則，恐怕很難被挖掘出來，因為生活表像容易歸類卻未必是人心真相，尋找潛在顧客好比採礦，如果STP是淺層開挖，人性才是潛在顧客深層開挖，而前文提到的炸醬麵店搭配品牌本身擁有的資產與特質，看出現代客群對於食物的要求，在於質感，只要掌握食物質感，忠誠的目標客群自會浮出。

行銷通路結構

當你創業之後，有了屬於自己的產品，同時也找到了所謂的利基市場，知道主要的消費客群是誰，接下來就來到了要怎麼推廣自己的產品並且想辦法賣它，成了一個重要的課題。一般來說，如何賣牽涉到兩個層次，一個是「銷售技巧」，另一項則是「尋找通路」，其實這兩者是互為表裡同時存在的，端視創業家如何來運用，不過首先，我們先來討論「通路」的問題。

掌握通路就是贏家，掌握通路就是霸主。因為再好的產品，如果沒有銷售通路，就無法接觸到顧客，一切還是枉然。

首先，我們先來了解一下消費品的行銷通路結構，再來進一步討論要如何規畫行銷的通路。通常製造廠商在完成產品之後，可以選擇直接銷售給消費者，像是逐戶推銷、直接郵購、電話行銷、店式行銷、網路行銷或是製造者自營零售店……等。

以台灣功學社樂器而言，他們在全國都設有自營零售店。不過並不是所有企業或是製造商有那麼大的財力去建構全國的通路門市，即便是有，當企業想到要處理那麼多的後勤管理工作，像是倉儲、分裝、運輸……等事務，對於這些製造商而言，不如將這些工作全交由通路商來負責，不管在時間上或是利潤的考量上，都會比較有利些，於是在這樣的想法下，就產生了許多中間商，我們現在就來介紹這些所謂的中間商，以提供讀者參考。

A. 零售商：許多大型的零售商店都可以直接向製造者大量進貨，然後

再轉賣給消費者，這些商店通常位於交通方便人潮集中的地點，像車站或是商圈一帶，諸如7-11便利商店、太平洋SOGO百貨……等都是。

B. 批發商：批發商通常會向製造廠商購進商品，然後轉售給零售商、產業用戶，他們不直接服務於個人消費者，也是屬於中間商的一種。

C. 代理商：顧名思義就是代企業打理生意，不是買斷企業的產品，因為貨物的所有權仍屬於廠家，而不是商家。他們不是自己用產品，而是代企業轉手賣出去。所以「代理商」，一般指的是賺取企業代理佣金的商業單位。

在了解了以上各種通路商之後，我們再來看看消費品的行銷通路大概會有哪些類型，請看下圖說明：

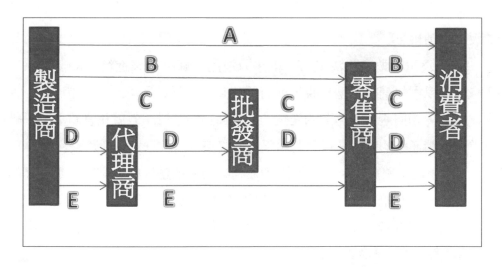

說明：

A途徑：產品由製造商生產後直接銷售給消費者。

B途徑：產品由製造商生產後經由零售商再轉賣給消費者。

C途徑：產品由製造商生產後，經由批發商賣給零售商，再由零售商賣給消費者。

D途徑：產品由製造商生產後，經由代理商賣給批發商，再賣給零售商，再賣給消費者。

E途徑：產品由製造商生產後，經由代理商賣給零售商，然後再賣給消費者。

　　雖然企業在選擇通路途徑可以有以下五種模式，但為了接觸不同的市場，擴大市場涵蓋面，已有越來越多的行銷者採用多重通路行銷，就是利用兩條以上的行銷通路去接觸顧客群體。

多重通路行銷

　　像是雅芳公司就是同時擁有兩條通路的做法。自1982年進入台灣市場之後，雅芳公司一直採用單層次的直銷方式，就是由訓練有素的雅芳小姐直接向顧客銷售護膚品、彩妝品等多項產品，但自1995年之後，雅芳改採直銷與店舖並行的多重通路行銷，先後在康是美藥妝店、屈臣氏連鎖店以及家樂福量販店來銷售。

　　通常公司在做通路決策時，很少只運用一條路徑來進行，即便是採一種路徑，以零售商的類型來說，就有便利商店、百貨公司、超級市場……等等，因此，如何避免通路間的衝突，提升通路的整體績效就相當重要。一般而言，行銷通路的整合，可分為水平的通路整合以及垂直的通路整合：

1.**水平的通路整合**：像台灣連鎖便利商店與金融機構的結盟就是最好的例子，譬如，統一7-Eleven就與中信銀行及萬通銀行合作讓其銀行的ATM進駐統一超商便利商店；OK便利商店也與台新銀行結盟，導入「鈔便利」的ATM系統。

2.**垂直的通路整合**：這是一種由中央規劃及管理的行銷通路，用以避免通路資源重複投資，達成整個通路的最大效率。像是統一企業投資經營7-Eleven統一超商就是公司系統通路的最佳例子。

　　雖然透過通路的整合可以提高產品銷售的效率，但由於通路商大多是屬於獨立的主體，如果有某些成員為了自身的利益而損害到其他成員的利益

時，通路的衝突就產生了。我們就以台灣華歌爾在民國69年所發生的女性內衣專櫃自百貨公司撤櫃事件來做一說明。

通路衝突──華歌爾內衣品牌百貨撤櫃事件

民國六十年開始，台灣百貨公司興起，以現代化、明亮、舒適的購物空間，加上觀景電梯以及兒童樂園的設置，成為全台效率最大的銷售通路；華歌爾自然也不放過這股新興通路的經營，只要有新的百貨公司成立，華歌爾一定要進駐。但百貨公司所推出的五花八門價格折扣戰，卻不是台灣華歌爾公司所能左右，而且只要百貨公司開始進行低價促銷，就會影響到華歌爾的小賣店、專櫃以及專門店的生意，雖然華歌爾屢屢向百貨公司反應，但都沒得到正面的回應；這樣的情況，終於在民國69年，華歌爾公司聯合黛安芬、奇士美、佳麗寶等美妝、內衣同業聯合撤櫃之後，這才使百貨公司不得不在價格上讓步，讓通路市場恢復秩序。

從這個例子，我們看到通路業者的霸道行為讓許多廠商傷透腦筋，還好華歌爾的市占率高，再加上其他著名品牌的響應才能使通路間的衝突降低，因此，企業與通路商做出良性互動的溝通，實在是非常重要的工作。

而比較特別的是，在這次事件中，華歌爾除了品牌強勢讓百貨公司不敢不讓步之外，其實華歌爾具有高度專業知識的銷售小姐也是讓其勝出的關鍵所在，因為撤櫃事件一開始，百貨公司有恃無恐，他們自己派遣銷售小姐，照樣進行折扣大戰，銷售華歌爾的內衣產品，然而日子一天一天地過去，真的就賣不動華歌爾的產品。原來華歌爾產品需要高度專業知識，並非是那些只懂一些銷售技巧的銷售員就能勝任的。

這些專業訓練，包括為客人量尺寸時，連布料的拿法都有特別的規定，避免碰到客人的身體，而且華歌爾專櫃小姐除了要認識華歌爾的品牌理念之外，對於公司的經營方針、人體知識與如何應對客人都有專業的知識，這也是華歌爾公司在通路銷售上致勝的關鍵所在。

03 各式通路的特性及切入方式

接下來，我們將介紹不同種類通路的特性，讓創業者在為你的產品選擇通路時有一個較佳的概念，以提升企業的銷售績效。

🤝 百貨公司

百貨公司的通路每一條產品線均由一獨立部門來經營，有服飾、化妝品、家具和家庭用品……等等。因此，往往可以讓你的產品在最適的地方找到最需要的客人，而且百貨公司常位於交通要衝以及商業繁華的地區，因此也可以達到集客集貨的效果，讓你的產品更廣為人知。然而，廠商要在百貨公司設置專櫃的費用實在不便宜，所以導致產品售價因此相對提高，在零售市場上也會有競爭的壓力存在，不過百貨公司在換季的時候都會進行折扣戰，或是增設「特價區」來刺激買氣，這也是各位創業者可以利用的百貨公司優勢。

台灣經濟持續不景氣，民眾的荷包大幅縮水，逛百貨公司主要是為了打發時間，不過美食街的業績近年來卻是大幅成長的趨勢，這對於想做小吃與餐飲業的老闆們可說是一大機會，各位創業者放心，百貨美食街不僅歡迎大型餐飲連鎖進駐，小吃依然有機會進駐，這是餐飲市場通路的一大轉變，值得大家關注並留心經營。

不過要注意的是，百貨公司的商品價格屬於中高價位，如果你的商品走大眾化、低價路線要進入百貨商場可能不見得適合。如果要打響自家新品

牌，進入百貨商場不妨視為提高品牌知名度的一種方式；像是新光百貨在高雄左營就打造了彩虹市集百貨商場，一～四樓均是創意品牌，在4000坪的空間裡400個櫃位，單月的業績額就可以達到5000萬左右，這是過去一般創意品牌在路邊攤經營時所未曾想到的，值得有志創業的青年朋友參考。

倉庫型的賣場

倉庫型的賣場又稱為「批發俱樂部」，是一種結合零售與批發業務的商店。這種商店經營的產品樣式很少，但強調超低價，而且只賣給會員。像是家樂福、好市多、大潤發等大賣場都是知名的倉庫型賣場，而且通常這些賣場都是位於市郊交通便利的地區，或是位於市郊住宅區附近。如果你的產品想以低價搶進市場，而且是屬於少量多樣的產品，倉庫型的賣場是極適合你來銷售產品的。

以居家修繕為營業項目的特力屋，特別以「店中店」方式，在台灣的量販店設點獲得顧客好評，特力屋的做法打破只將商品擺在架上與其他廠牌的商品並列，而是在量販店中以主題式區塊經營，比如說：進入油漆區，除了賣油漆，還賣刷子、滾筒、補強劑……等，甚至還規劃有浴室布置區，讓顧客身歷其境，對於浴室的用品更是一目了然，而特力屋最值得被人所稱道的是他們還提供免費諮詢服務、家具DIY教學秀，教導顧客如何上漆、選擇電鑽……等，這都是倉庫型大賣場所能提供的特別服務。

全球零售業龍頭沃爾瑪近來在連鎖通路上也做了許多變革，讓傳統的實體店面銷售有了新的出路；首先，沃爾瑪在新式店面的外牆用懷舊復古紅磚砌飾，再用一道道的拱門串起一條長廊，拱門後面是一大片落地窗，而天花板更是以正方形的玻璃天窗遮蓋，不但能自然採集太陽光更省下許多電費。這樣的新設計，在外觀上簡直就像是美術館，消費者根本不會將它與量販店聯想在一起，然而這樣的設計，真的讓沃爾瑪連鎖通路吸引了許多市民的目光，而且還成為當地的新地標，當然在通路行銷上也打了一場漂亮的勝仗。

　　所以以量販店來說，如何打造獨具特色的實體購買環境，是讓你的產品曝光展示率提高的很重要因素，如果這個時候銷售人員能趁著消費者好奇停留的時間，把握面對面的銷售，相信對於整體量販店的產品銷售績效，一定會產生正面的影響。

便利商店

　　是滿足消費者的便利購物需求而興起的零售商店，通常規模小、營業時間長、假日不休息，並且只銷售一些周轉率較高的便利品的商店。像是台灣的統一超商、全家、OK、萊爾富便利商店。如果你的產品是乳品、冷飲、速食品、清潔劑、書報雜誌等等就極適合在便利商店來銷售。

　　不過目前玩具和美妝保養產品在便利商店也是很夯的商品，2004年霹靂布袋戲的扭蛋公仔就在7-ELEVEN門市引發瘋狂的搶購，布袋戲迷努力收集，其中隱藏版的銀狐由於數量很少，在網路拍賣甚至叫價高達數千元，翻了十倍之多，為此，7-ELEVEN門市也將玩具商品列入一般常態性銷售商品。同年，日本的DHC保養品牌也跟7-ELEVEN合作，建立便利商店的零售通路，銷售也是相當不錯的。

　　從以上的合作例子，我們看到便利商店的上架商品已經越來越多元，甚至沒有什麼東西是一定不能賣的，只要發揮行銷的創意、製造話題，再運用便利商店流通便利的特性，你的產品也能成為下一波暢銷的品牌之一。

　　再舉一個例子，全家便利商店的伯朗咖啡為了能在連鎖咖啡市場上脫穎而出，竟然推出了拿鐵拉花客製化的服務；全家超商在七夕情人節當天，破天荒地推出專屬肖像咖啡體驗活動，主辦單位請消費者用手機自拍，並上傳咖啡機，咖啡機就使用特殊的印刷技術，將可可粉或奶油做的照片圖案，印成拿鐵拉花，結果每位拿到自己上傳照片的咖啡拉花的消費者都大為驚嘆。

直接銷售

　　直接銷售又稱為「直銷」，是透過銷售人員和購買者之間互動和示範從事銷售。其種類有逐戶銷售、辦公室銷售、聚會銷售……等等。像是雅芳小姐就屬於直接銷售人員，雅芳公司把它的銷售員，訓練成家庭主婦的好朋友，在全世界各地銷售它的產品。如果你的產品想要透過體驗或是當面示範說明的，其實透過直接銷售是一個不錯的選擇方式，當然如果你付不起上架、上櫃費的話，直接銷售也是一種途徑，但關鍵是你必須能提供一套專門的訓練方式，讓這些直接銷售人員都能有效地執行銷售行為以達到銷售目標。

　　以銷售健康產品的賀寶芙公司而言，他們相信幫助每個人透過良好的營養攝取，可以讓健康狀況獲得改善，同時也因為財務上的自由，有機會去過更好的人生。創辦人馬克‧休斯是為愛而創立事業的，他將失去母親的傷痛，轉變成改變世界的行動力。而其祖母志願擔任第一位體驗者，這過程中充滿著親子間最完整無條件的愛。而事實上，跟隨馬克‧休斯的直銷夥伴因為對生命、對家人的愛，將原本分崩離析的人生挽回，並找到自己立足的舞台。

　　賀寶芙公司訓練直銷商的方式，不但簡單而且易懂，不外乎是「使用產品、配戴胸章、與人交談」，再加上一本自己使用前後的照片相本，一罐奶昔、開水和搖搖杯。就這樣靠著「use、wear、talk」三個法則，讓賀寶芙公司在台灣慢慢地打開市場，目前台灣已成為賀寶芙全球第三大市場。

　　不過台灣賀寶芙以「營養俱樂部」為中心，積極推展好鄰居計畫主動地走入社會各角落，也是其打開市場通路的行銷策略之一；這套「營養俱樂部」主要是複製墨西哥市場的做法，墨西哥的直銷商熱情好客，就以自家的客廳或庭院，邀請親朋好友來分享產品與健康知識，結果真的就成功接觸到潛在事業機會並銷售出產品。

　　賀寶芙在這套制度引進台灣之外，因應台灣的環境做了些許的調整；由

於台灣人多半喜歡在餐廳或是公開場合與人交際往來，於是台灣直銷商就在社區或是商圈成立據點，著力佈署「營養俱樂部」以提供當地居民的健康與歡樂。再加上「好鄰居計畫」的推動，賀寶芙還積極地利用週末到老人院與孤兒院探訪，甚至深入偏鄉幫助資源比較不足的居民提供服務，賀寶芙這麼做，不但讓接觸到的民眾都能吃得健康，而且還達到推廣產品的目的。

從直銷通路的經營上，讓我們看到與其他通路做法最大的不同，是多了一份愛與感動力，這是零售、批發甚至是直營商店的通路所遠遠不及的，更讓我們理解到，其實商品不再只是一件物品而已，它可以是滿載祝福和愛的東西，而各位是否也能多多學習，在你銷售產品的同時也能付出多一些關懷與愛，相信或多或少也能為你打開通路也說不定。

自營開店自創通路

如果創業主不想走既有的通路來銷售自己的產品，想自己來銷售的話，店面位置的選擇就顯得格外重要，尤其店家是否有特色更是能否吸引到客源的關鍵所在。以連鎖泡沫紅茶店「樣板茶」起家的陳永圍，就是自營開店而且展店成功打開通路的典範；在過去，泡沫紅茶店都只敢開在比較不熱鬧的二、三級地點，雖然店租比較便宜，但是消費對象只能鎖定在沒有什麼收入的學生族群，自然營業額無法提升。

陳永圍開設創意泡沫紅茶店，獨樹一格

於是陳永圍大刀闊斧選擇在一級商圈，雖然店租一個月將近20萬元，但地點好一天來客可能250～350人，飲料價格也可以從每杯30元調升為70元一杯，一天的營業額可能就有二萬多元，一個月就有70～80萬的業績，扣除人事以及營運成本，盈利上還有20萬左右。

此外，陳永圍對於店面的裝潢與設計更有大膽的創意，徹底改造一般人對於泡沫紅茶的刻版印象，只要大家走進他的泡沫紅茶店裡，就會被他店裡空間所散發的生命力與感染力所強烈吸引，以陳永圍的成名作「茶掘出軌」為例，店裡設計成一個浪漫超時空的火車月台，台鐵的舊枕木就鋪設在地板上，店的牆壁掛著抽象畫，再加上PUB的燈光音效以及高腳椅，都能讓你在視覺上得到非常新鮮的感受，果然這樣的設計受到消費者的青睞，「茶掘出軌」頭一個月就締造100萬元的業績，在一年之內又再開設第二家以及

第三家分店。

蝦冰蟹醬台北商圈選擇不力

　　不過即使在好的商圈市場上，有時也要注意經營的時段以及附近消費型態的改變趨勢，才不會陷入困境中。以基隆八斗子「蝦冰蟹醬」當初在台北市通化街夜市開闢分店為例，雖然這裡擁有人潮與市場，但過了六點之後，馬路中央擺滿了免房租的流動攤販，一般店面的經營實在很難生存，再加上信義計畫區的商圈逐漸形成，新光三越、101大樓吸引了原本夜市裡高消費的族群，讓「蝦冰蟹醬」台北分店一度陷入經營危機，還好透過不斷的試吃活動與媒體的大肆報導，才讓生意起死回生，這都是自營店面通路必須特別留意的地方。

05 你的促銷行不行

促銷是指企業利用各種有效的方法和手段，使消費者了解和注意到企業的產品或服務，以激發顧客的購買欲望，並促使其實現最終的購買行為。例如全球最大零售商沃爾瑪（Wal-Mart）之所以能夠快速成長，除了正確的市場定位以外，也得益於其首創的「折價銷售」策略。每家沃爾瑪的賣場都貼有「天天廉價」的大標語，同類商品沃爾瑪就是賣得比別家便宜。沃爾瑪提倡的是低成本、低費用、低價格的經營方針，主張把更多的利益轉嫁給消費者，「為顧客節省每一塊錢」是其經營目標。沃爾瑪的毛利率通常在30％左右，而其他零售商的毛利率約在45％左右。每週六早上沃爾瑪都會召開經理人會議，如果有分店代表報告某商品在別家商店賣價比較低，就可以要求高層立刻決議降價。

「低廉的價格、可靠的品質」一向是沃爾瑪的最大競爭優勢，如此也吸引了全球各地的消費者一再光顧沃爾瑪。

一般來說，促銷應具備三大目的：

- 可以吸引新顧客
- 可回饋舊顧客
- 達成業績目標

促銷通常是為了達到短期的行銷目標，而進行的優惠方案。常見的形式有以下23種：

❶ 累積點數換贈品或會員卡

為了促使消費者重覆購買及增加購買頻率，結帳時贈送顧客一張集點卡或點券，累積達到某個點數的時候就可以向商家兌換贈品或獲贈一張會員卡。這種累積點數的方案，目的是為了鼓勵重覆消費以及對忠實客戶給予回饋。例如書店、飲料店等都喜歡用這種方式。讓我印象很深刻是7-11曾推出憤怒鳥馬克杯，共有紅、藍、綠等八種顏色，由於造型可愛，引起小朋友、大人爭先換購，其中更以「紅色憤怒鳥」原創造型最受歡迎；凡消費滿七十元即送一點，集滿廿五點或是集滿五點加價六十九元，就可換購一個，甚至還因太搶手，造成嚴重缺貨，必須採取預購方式。

❷ 加量不加價

加量不加價是以比較大的容器包裝更多的商品，卻以一般售價或降價銷售。例如7-11推出巨量杯的可口可樂；三商巧福曾推出「超大盛牛肉麵」的促銷活動，餐點以增加30%的內容物讓顧客更為飽足。

❸ 卡友來店贈禮

多數百貨公司和購物中心都會和特定銀行發行聯名卡。以這張聯名卡到這家百貨公司、購物中心消費，除了可以享受優惠價格之外，還可以定期持卡免費獲得百貨公司或購物中心的贈品。例如SOGO和新光三越都常運用這種來店禮創造大量人潮，每次贈送卡友來店禮的時候總是造成大批卡友大排長龍從樓上延伸到樓下的壯觀場面。

❹ 當日消費滿額禮

為了刺激顧客提高消費金額，許多百貨公司在週年慶的時候為了拉高每天的營業額，多半會採用這種促銷手法，而且還會依照不同的消費金額贈送價值不等的贈品，讓消費者為了獲得更好的贈品而增加消費。例如當日消費額滿五千元送皮包，消費滿一萬元送全套餐具。

❺ 加價購

這種方案是當消費者在支付商品的價格之外，如果再額外付一筆費用，就可以用特價買到另一項特別的物品。例如在屈臣氏購物再加少量金額可以買到泰迪熊玩偶；便利商店也曾經推出只要消費金額超過某個數字就可以送公仔。

❻ 多人消費一人免費

為了鼓勵更多人消費，商家會打出「多人同行一人免費」的促銷手法，例如餐廳、旅遊業或是補教業者就曾經以這種手法吸引更多人呼朋引伴前來消費。

❼ 產品搭配合購

廠商有時候會將A商品和B商品搭配在一起促銷，而合購這兩種商品的價格會比個別購買這兩項商品的價格總和來得低。例如套書、清潔用品等。

❽ 抽獎

舉辦抽獎活動是招攬顧客聚集人氣常用的促銷手法，獎項的多寡和價值的高低將影響抽獎活動參與的熱度。例如當年京華城開幕期間曾經推出當日購物1000元以上即可兌換抽獎券，每日抽出十部價值五十萬元的休旅車，十天共送出百部汽車，這一項活動的推出在當時造成相當大的轟動並且被媒體大篇幅報導。

❾ 分期付款優惠

一些高價的商品為了減輕客戶一次付款的壓力而以低頭期款及拉長付款期限的方式吸引消費者購買。例如預售屋、家電、汽車和兒童學習產品等都常採用分期付款策略。有些商家還會特別推出分期零利率的方案來吸引更多的顧客購買。

❿ 每日一物

這種促銷活動是由商家每天選出一種商品，以遠低於市場行情的價格銷售，

目的在藉此吸引來客,進而消費店內其它的商品。而且消費者為了買到每日一物的特價品,會持續關注商店每天的活動訊息。例如早期瘋狂賣客。另外像博客來網路書店推出當日六六折的書(每次一個書種,且每人限購一本),也是每日一物的延伸概念。

⑪ 限量特賣

商家為了刺激消費者提早做出購買行為,將限制數量,讓消費者產生一種可能會買不到的憂慮而加速購買行為。像以前發行的紀念郵票、新年套幣、王建民公仔和悠遊卡,都以限量特賣為號召,造成消費者排隊搶購的熱潮。

⑫ 限時特賣

限時特賣也和限量特賣一樣,是要讓消費者感受到一種必須及早購買否則就買不到的壓力。為了誘使消費者購買,廠商會設定特定的期間提供商品特價優惠,這期間可能跨越好幾天或好幾個星期,也可能是限定在一天當中的特定時段。例如有一家手機通路商和有線電視及銀行業者合作,隨著寄給顧客的帳單,附上一張手機免費兌換券,上面註明限量五百支,而且必須在特定期限內憑著這張兌換券到這家手機通路商的全省特約門市兌換。當然免費手機一定會綁特定的門號,但是免費兌換市價一萬多元的百萬畫素手機,應該還是會讓有些人採取行動。

⑬ 離峰消費優惠

例如涮涮鍋週一到週五的中午生意通常比較冷清,因此為了吸引顧客光臨,推出經濟鍋一百元的方案;KTV白天和凌晨的時段通常比較少客人上門,像錢櫃和好樂迪因此打出白天和凌晨消費低價優惠的策略;另外像行動電話也有通話時段的費率優惠;國光號在非假日也提供優惠價來吸引更多的乘客。

⑭ 吃到飽方案

通常推出這種促銷手法的是自助式的餐飲業,例如千葉火鍋、上閤屋日式料理、必勝客等,比方說只要付359元再加一成服務費,即可無限暢飲吃到

飽。另外像行動通訊業者推出網內互打免費的方案，智慧型手機上網吃到飽方案等，也都算是一種吃到飽的概念。

⑮ 試用試吃

商品試用或試吃常用於新產品上市階段。例如波卡洋芋片、肯德基炸雞、星期五餐廳都曾經舉辦大量的試吃和試用活動，一方面可以提高產品知名度，二方面測試消費者對新產品的反應，藉此作為產品改進的參考。另外，許多大型量販店的乳品或果汁販賣區也常常會有各廠商派駐現場的人員鼓勵消費者試飲，順便說服消費者試用後購買商品。此外，軟體業也常在網路上提供試用版供消費者使用，但試用版僅有短暫期間可用，像提供線上音樂服務的KKBOX在試用期間下載的音樂在試用期間過後若未加入成為正式會員，下載的音樂也將無法播放收聽。

⑯ 免費加贈配備

有時候為了促成交易，廠商會以免費加贈配備的方式讓消費者做出購買的決定。例如買電腦主機贈送滑鼠鍵盤、防毒軟體等軟硬體配備。

⑰ 免費附加服務

有些廠商在顧客購買商品之後還會提供一些免費的附加服務，比方說保固期間的免費更換零件就是其中的一種。另外像全國電子推出「小家電終身維修免費」，即使商品超過保固期仍然可以享有免費的維修，很多消費者就因為這一點而選擇到全國電子購買小型家電。

⑱ 舊換新

有些廠商在推出新規格商品的時候會以舊換新的活動促使舊客戶更換商品。例如金嗓卡拉 OK伴唱機，曾推出拿舊機再加多少元即可換新機的活動。

⑲ 商品發表會／明星簽唱會

像資訊業和每當有新的商品和作品即將問世時，有時會廣泛邀請媒體和業界人士參與他們的商品發表會。比方說Apple的執行長賈伯斯就是運用商品發

表會為自家商品成功造勢的高手。例如之前的iPad以及iPhone的商品發表會都是萬眾矚目的焦點。音樂出版業為了累積發片歌手的人氣以及拉高CD的銷售量，經常會舉辦明星的歌友會和簽唱會，同時在現場販售CD以及週邊商品。

⑳ 異業聯盟

遠東集團推出的Happy Go卡，除了在遠東集團的關係企業如遠東百貨、遠東愛買等處消費可累計點數折抵消費金額外，也可在金石堂書店、奇哥服飾、威秀影城……等處享有同樣的消費福利。來自馬來西亞的eCosway集團是整合連鎖通路、電子商務與傳銷的複合式經營事業，除此之外它在台灣與上千家店面門市簽訂合作方案（加入此方案的商家稱為「eCosway聯惠商家」，凡eCosway會員持eCosway與銀行聯名卡至聯惠商家購物消費可享有平均5～10%的折扣，藉此可提供會員福利及促進新會員的招攬，各商家也可能因此增加一些來店客）。

㉑ 特定顧客集中促銷

廠商鎖定一些特定的顧客給予特別待遇或優惠進行促銷。例如：母親節針對為人母者提供價格折扣，信用卡公司篩選白金卡顧客給予刷卡紅利優惠，銀行針對信用良好顧客給予較低利率的信用貸款或代償專案……。

微風購物廣場舉辦「微風之夜」的購物活動，鎖定高所得高消費的VIP客戶送出邀請函，活動期間舉辦「封館特賣」，必須持有邀請函的VIP客戶才能進館購物消費；藉由活動的炒作，短短數天內即創造近八億元的營業額。

㉒ 犧牲打特賣

為刺激來客數與提高營業額，業者挑選店內特定商品以不計血本的瘋狂降價吸引大量來客創造話題。

例如有服飾店將原本訂價一千二百元的排汗衫以九九元做為促銷來吸引人潮與買氣。

㉓ 多種折扣戰

● **數量折扣**：一次大量採購同一件產品雖然總價較高，但平均起來單品單價較低。例如量販店將衛生紙、牙刷、牙膏等日用品以大包裝方式低價出售，給予顧客一種數量折扣。

● **節慶折扣**：節慶折扣最常見於百貨公司、購物中心、餐廳等通路。因為逢節慶送禮是中國人多年的習慣，例如新年、端午節、中秋節、母親節、父親節、情人節等。

● **換季折扣**：這類促銷活動最常見於服飾業等具有季節性需求的行業。

● **全面折扣**：全面性的折扣常見於店面遷移、結束、清倉的時候，廠商藉著低價出清存貨以換取現金。

以上列舉了23種業界常見的促銷手法與方案，行銷人員可以依據公司的狀況和商品的特性選擇最適合的促銷方案。

06 如何讓品牌
更深入人心？

在改變消費者對我們產品的認知的過程中，先從消費者的想像空間改變，比如說可口可樂用神秘的配方改變消費者的想空間，肯德基用薄皮嫩雞改變消費者對原味炸雞的想像空間，新興通訊軟體LINE利用貼圖改變消費者的想像空間，LINE於2011年正式在日本上線，全球目前用戶已超過四億，台灣占了一千七百萬人，提供十七種語言版本。LINE大中華區事業部部長李仁植曾經提到，LINE每天訊息發送量達七十億，其中七分之一是貼圖，可見增加消費者「圖形」想像空間，可刺激消費者，認同品牌，打造熱門產品。

改變消費者產品圖像思考

可愛活潑的表情貼圖，是消費者心情的代表。消費者採取貼圖表達心情，是從影像表達內心世界，透過可愛的表情，拉近人與人之間的距離。

可愛貼圖不只是用於溝通，更是企業拿來塑造品牌，打造熱門產品的工具，臺灣一家知名的淨水器公司，利用貼圖行銷，成功販售的淨水器，目前在臺灣市占率高達70%，原來這家淨水器公司默默無名，公司的淨水器多半放置於辦公室或家中的角落，消費者普遍對這家公司的品牌熟悉度不足，為了塑造品牌形象，這家淨水器在過年期間，製作八張吉祥物貼圖，放在網路上提供臺灣民眾下載用來拜年，根據通訊公司LINE的下載統計數據顯示，台灣有40%的用戶下載使用，光是除夕當日即有八百萬次發送，讓這家淨水

器產品爆紅成為全民皆知的品牌。

這家淨水器公司成功的因素，是改變了消費者對淨水器的圖像思考，讓原本看來死板的淨水器圖像，轉換成熱鬧有趣的拜年圖像，業者成功把過年的「喜氣」圖像，轉化到淨水器身上，扭轉消費者心中的印象，進而讓淨水器熱賣，以審美角度來說，淨水器的拜年貼圖並沒有特別漂亮，卻精準地抓住用戶的需求，提供拜年應景的貼圖樣式。一般製作貼圖的企業，往往為了凸顯品牌形象和知名度，設計了很有美感的貼圖，但是這些貼圖對消費者來說，一點用也沒有，別說是下載傳播，若消費者不知該在何種情境下使用貼圖，貼圖再美也只是一個死招牌，不容易打動消費者。

所以在塑造品牌改變消費者產品圖像思考之前，先從消費者的眼睛看產品來改變圖像思考，不是以廠商的角度來改變消費者圖像思考，舉例來說，原來消費者看肯德基的原味炸雞的圖像思考，是沒有「香、辣、脆」這三種感覺，為了改造消費者既有印象，肯德基以「薄皮嫩雞」改造原味炸雞在消費者心中圖像思考，打造原味炸雞成為新一波熱門產品，另外像是服飾業用「發熱衣」改變一般保暖衣物的制式印象，房地產曾經用「二代」宅，塑造「新一代」高科技住宅印象，不管用哪一種說詞或影像塑造品牌，如果不能用消費者的「故事角度」去行銷產品，消費者對品牌的印象就不深。

你說的故事好聽嗎？

當市場供過於求，除了為企業做CI，更重要的還要為產品找故事、建立情境，將遠比削價競爭來得明智，那麼，怎麼說你的故事才能帶動銷售呢？

1.明確自己的產品形象——超級品牌的成功之道就在建立恆久的原型（archetype），讓消費者一看到這個商品就能喚起某種感覺。星巴克（Starbucks）咖啡館的名稱取自於美國文學「白鯨記」，Starbucks是白鯨記中愛煮咖啡大副的名字，由於這位大副個性溫和也喜好大自然，Starbucks也希望藉由這個形象傳達對於環保的重視與對自然的尊重。

2.將產品和消費者生活融合——好的故事源頭除了來自觀察,有時候也來自生活中的記憶和經驗,統一超商成功地以鐵路便當勾起台灣人童年的記憶,創造新的消費者意識。

3.連結消費者與真實情境——將故事深刻化,營造真實感。如紅極一時的唐先生的花瓶就是一個典型的例子。

4.讓消費者參與故事的發展——現在有許多廣告甚至電視劇沒有結局,而是請讀者票選最佳結局。像是和信電訊推出「輕鬆打」的活動,請來任賢齊、侯湘婷、錢韋杉來演一段三角戀情,最後男主角的情感抉擇由觀眾投票決定,這支廣告果然十分成功,引起許多人的注意。

「世界上最好的工作」醉翁之意不在酒

還記得2009年紅極一時的「世界上最好的工作」的徵才廣告嗎?這是澳大利亞昆士蘭省旅遊局向全球招募大堡礁看護員的徵才廣告。這份工作的雇用時間大約是半年,薪酬十五萬澳幣,申請條件為年滿十八歲,英語溝通能力佳,熱愛大自然,會游泳,勇於挑戰冒險、嘗試新鮮事,而且有意角逐者,只需上傳自製的六十秒英文短片,並說明自己是該工作最適合人選的理由即可;在申請截止後,昆士蘭省旅遊局將挑選出十位最理想的人選,前往大堡礁群島進行面試,選出漢米爾頓島的看護員。

猶記當時此一訊息經由新聞一報導,馬上引起各方矚目,不管是想應徵工作的、或是想到大堡礁旅遊的,甚至是看熱鬧的,都不約而同地高度關注此一消息,實在是因為工作內容太誘人了,只要當上看護員之後,旅遊局就將提供一套配備有三間寬敞的臥室,兩間衛浴,全套的廚房設備、私人游泳池的「珍珠小屋」別墅,而且還可以使用小高爾夫球車來代步……等,但實際的工作內容,卻只要探索大堡礁整個島嶼、每週更新部落格和網上相冊、上傳影片,並接受媒體採訪,向昆士蘭省以及全世界遊客報告自己的探奇旅程,當工作全部完成後,即可獲得約台幣三百萬元的報酬。

　　介紹到此，你可能會懷疑難道昆士蘭旅遊局真的在當地找不到看護員嗎？如果能夠的話，又為何還要大費周章地全球徵才，這背後的企圖到底是什麼呢？其實答案很簡單，就是我們這一單元所要講述的主題——品牌行銷。

　　原來推廣澳洲的大堡礁觀光旅遊才是主辦單位的主要目的，徵才活動不過是個手段罷了，但是人們卻還是一頭栽進這樣的陷阱裡而不自知。自徵才廣告發布以來，大堡礁相關新聞就佔據中外各主要新聞媒體版面；讓「世界上最好的工作」新聞，為大堡礁觀光做了大量而且免費的廣告；據統計，昆士蘭旅遊局大概僅以一百七十萬美元的低成本，就收穫了價值一億美元的全球宣傳效益。

　　此外，透過網路的口碑達成如病毒般的傳播效應也是品牌塑造的有利方式之一，以這次「世界最好的工作」活動來說，消息來源，就是由昆士蘭旅遊局在官網上所發布的，再加上昆士蘭旅遊局在全球各地的員工，也紛紛登錄各自國家的論壇、社區網絡，結果讓訊息就如病毒一樣地傳播出去，全世界都在看。尤其當參賽者將自製影片上傳至Youtube上，藉由Youtube在世界的影響力，更讓宣傳效果如病毒般地迅速擴散開來。

「故事角度」加深消費印象

　　品牌要深入人心，說故事是最好的方法了。內容包括經營者的故事、產品的故事、客戶的故事，或是員工的故事都是品牌宣傳的最佳幫手，甚至還可以創造腳本效應，讓員工與經銷商和顧客溝通時能有所本，也讓客戶主動幫你傳播，而當媒體上門時，品牌故事更能成為記者寫稿的豐富素材來源。

　　接下來就以標榜有機棉材料的「服飾品牌——許許兒」來做一說明，以下是許許兒短篇的品牌故事案例。

愛畫畫的女兒Yaya，加上會織布的許爸爸，

一對可愛的父女，聯手用獨家有機棉布盡情揮灑。

一百種可能、一百種有趣的樣子，那是許許兒專屬的森林系繽紛。

要讓每個穿上許許兒的大女人及小女生，

輕鬆打扮、自由穿搭出獨一無二的美麗。

宛如森林裡的一片片葉子，隨著春夏秋冬變化顏色，

許許兒要把最真實的自然，悄悄裝進每個女生的衣櫃裡。

運用故事行銷品牌有一個很大的特色，就是可以將很理性的產品說明變成很感性而且易懂的品牌故事；在案例中，首先作者透過父親與女兒一起織布一起畫畫的甜蜜互動，不但喚起了做父親的回憶也打動做女兒的心情，而且還很自然地將有機棉、森林系質感的產品特色直入人心，完全不著痕跡。

尤其「輕鬆打扮、自由穿搭」這句話，更一語道破品牌的精神所在，在不知不覺的情況下映入消費者的腦海裡。而「隨著春夏秋冬變化顏色」一句，表面上是在寫景，其實說穿了就是跟顧客說明，「許許兒」服飾產品是有各種顏色可以提供給顧客選擇的。

利用「故事角度」加深消費者對產品的印象，像是某些戲劇收視紅遍華人世界，業者就會利用這樣的故事角度加深消費者對產品的印象，比如說消費者看韓劇「來自星星的你」的故事角度，從這個角度加入自己的產品行銷話術，像是銀行、保險、基金業的理財商品，以劇中片段作為行銷理財商品的話術，像是「如果教授離開您，讓××銀行守護您」、「××銀行，給您來自星星的守護」。

另外一種故事角度是讓消費者深入故事中，從故事認同品牌產品，這類型做得最成功的當屬迪士尼創辦人華德‧迪士尼（Walt Disney），這位創辦人擅長說故事的本領，打動許多大小朋友的心。迪士尼的米老鼠、《白雪公主》、《彼得潘》雖不是迪士尼原創的故事，但是迪士尼透過這些經典故事

呈現不同面貌，吸引消費者注意，除此之外迪士尼打造了主題樂園。樂園裡精心布置主題故事，參訪遊客融入其中，從故事的角度來吸引消費投入，當初迪士尼打造了主題樂園，不是為了宣傳卡通主角，而是讓大小朋友，進入主題樂園在故事情境中大玩特玩。迪士尼樂園受歡迎的原因，是掌握吸引人的故事、故事角色和消費看故事的角度三元素。吸引人的故事作為舞台，遊客進入園區等於走進舞臺之中，身歷其境，更加深消費者對迪士尼的印象。

　　迪士尼樂園網羅世界各地的好故事，以及大家喜愛的故事角色，所打造的場景，引人入勝，使消費者從看故事的角度相信角色的存在。園區內的故事角色演出融入愛和熱情，讓消費者親身體驗，感受故事真實的存在，比如說到迪士尼樂園看到演員扮演的卡通主角巴斯光年，大家立刻展露開心興奮的笑顏，實現消費者觸碰虛擬卡通人物的夢想，進而認同迪士尼這個品牌。

電子通路異軍突起

哪一家店可以在半夜聚集上萬名顧客來店消費？答案不是便利商店，而是全年無休的網路商店。隨著網際網路越來越發達，電子通路也應運而起，像是亞馬遜書店、e-bay都是網路購物的知名網站，電子通路往往在價格、產品搭配、便利性和購物樂趣等方面，都可以提供客戶更高的顧客價值因而日漸受到歡迎。接下來將針對電子通路的特點說明如下。

產品價格

省錢是消費者利用線上購買最簡單的理由。像是書籍的購買，在電子通路的售價一般而言會比傳統通路的價格低很多。尤其數位資訊產品，如機票、下載音樂，這些產品的運送成本接近於零，更是適合利用電子通路來銷售，不過一些易腐壞的產品，像是餐點的運送成本則可能會更高。

便利性方面

電子通路可以提供24小時全年無休的服務，不像零售店每天有營業時間的限制，而且電子通路可以儲存顧客所需的大量產品，更增加了顧客購買的便利性。像是台灣PChome購物，二十四小時開店不打烊，種類包括食、衣、住、行、育、樂的商品均有，而且不會有賣場空間，也不會構成存貨或是存貨過剩的情形。

購物樂趣

有些購物網站還提供競標的活動，讓整個購物行為更加有趣，而運用網站的聊天室、即時訊息和討論區也吸引了許多長時間上網的網友，而這些上網聊天的網友，其實都有可能會變成電子商務的購買者。

戴爾電腦就是利用電子商務來支持其通路系統的一個成功實例；一般而言，戴爾電腦從其網站上接收到顧客的需求訂單之後，會在四小時內依照顧客的規格要求，將電腦組裝完成並運出貨品；而且對戴爾電腦而言，沒有製成品存貨問題，完全是在接到訂單後才開始組裝，這樣的作業方式讓戴爾電腦的銷售額，由1990年的3.6億美元成長到1998年120億美元。

在傳統實體通路的概念，是將客戶帶到店裡來，網際網路通路的概念卻是將客戶帶到我的網頁來，也就是哪裡有我的客戶，我就將我的店搬過去。像亞馬遜網站便在超過400,00個以上的網站中提供連結，如果消費者是透過某個網站向亞馬遜網站買書的，便可以賺得15%的佣金。

網路商店的種類

網路商店的種類大致可分為下列四種：

❶ 在網路拍賣平台販售

利用網路拍賣平台販售商品的以個人為主，有的是賣二手商品，也有SOHO族利用網路拍賣平台銷售全新的商品，一般而言，網路拍賣平台比較適合短期、零星、按件計費的銷售方式。例如：Yahoo！奇摩拍賣、PChome、露天拍賣、ebay等。

❷ 租用知名網路商場的交易平台

企業除了本身專屬的網路商店之外，也可以租用知名網路商場的購物平台，例如Yahoo！奇摩、PChome等知名的入口網站都有提供網路商店的購物平台。這種購物平台是一種類似套裝軟體已經過模組化的網路商店，具有各種

完整的線上購物功能，企業只要租用這種購物平台就能立即做起網路生意。
租用購物平台的優點是這類平台已具極高知名度，每日至此瀏覽的人次非常
龐大，在此開設網路商店曝光度高，被網友搜尋瀏覽的機率也相對較高。至
於缺點則是除了須支付平台租用費，每筆成交金額往往還必須被平台業者抽
取3～5%的交易佣金或手續費。

租用知名網路商場的交易平台就好像進駐知名百貨公司或購物中心設置專
櫃，雖然不像獨立店有自己完整獨立的門面與自主性，但可仰仗百貨公司的
高人氣與大量的來客數，為自己帶來較高的業績。

❸ 借用知名網路交易平台將自己的商品上架銷售

如果企業不想花費太多的金錢租用交易平台，也可以在知名的網路商場中將
自己的商品上架販售。有些交易平台是具有開放性的，它容許各家廠商選擇
想販售的商品在此交易平台販售，在這種交易平台，各商家沒有自己獨立的
網址與店面，但是仍然可以利用購物平台的商品上下架功能管理自家的商品
以及收受訂單，而只須支付網路商場的商品上架費或者成交的佣金抽成。例
如奇集集Kijiji，依商品分類將自己商品的圖文訊息在上面發佈。另外像591
租屋網，提供屋主（賣方）刊登房屋租售訊息的交易平台，按刊登筆數或刊
登期間收取費用。

❹ 架設獨立的網路商店

企業可以建置自己專屬的網路商店，它具有獨立的網址，也具備了金流、物
流等功能，顧客在企業專屬的網路商店中就可以完成線上購物的作業。

如果企業有自己的網路部門及專業的人才，就可以自行建置網路商店，如果
沒有網路專業的人才，也可以委託ASP公司（也就是專門為人建置網站的專
業公司）為企業量身訂作獨立的網路商店。目前也有一些免費的架站軟體如
Xoops，Joomla，個人即使不懂程式也可以運用這些軟體架設自己的網站。

獨立的網路商店還要向網域中心申請網址，並將網站或網路商店的程式安裝
在伺服器。如果缺乏網路方面的技術與知識，可以向一些提供網路服務的

ISP公司（Internet Service Provider網際網路服務提供者）或ASP（Application Service Provider軟體服務供應商）公司租用「虛擬主機」，如此許多複雜的電腦網路等技術問題都可以由ASP或ISP公司協助解決。

韓國樂金的通路策略

韓國家電大廠樂金（LG），為全球百大品牌之一，在亞洲地區的家電市場占有率極高，具有世界級的競爭力。樂金一向將行銷通路視為企業重要資產來經營，所以能擁有一個高效率、低成本的行銷通路系統，藉此提高了其產品知名度、市場占有率與行銷競爭力。

1 明確的市場定位與適當的通路決策

樂金的家電產品系列種類齊全，其產品規格、品質主要設定在中高等級，與其他品牌相比的優勢在於，消費者能以略高於國內產品的價格買到相當於國際品牌的產品，因此樂金將市場定位在那些既對產品功能和品質要求較高，又對價格比較敏感的顧客。樂金選擇大型商場和3C賣場為主要銷售通路，因為這些地方一向都是國內家電產品的主要通路，具有客流量大、信譽度高等特性，便於擴大樂金的品牌知名度。另外也在一些次要地區開設專賣店，為其開發當地市場打下良好的基礎。

2 建立通路成員規範與維持高度合作關係

樂金對中間商的要求包括：中間商應保持高忠誠度，不能因見異思遷而導致顧客的損失；中間商要貫徹其經營理念、管理方式、工作方法與行銷模式，以便彼此溝通與互動；中間商應提供優質的售前、售中與售後服務，使樂金品牌獲得顧客的認同；中間商還應即時反應顧客的意見和需要，以便掌握產品及市場走向。

中間商則希望樂金制定合理的通路政策，造就高品質、整合性的通路系統，使成員都能從中獲益；還應提供持續性、技術性的訓練，以便即時瞭解產品功能和技術的最新發展；中間商還希望得到樂金更多方面的支援，並能依據

市場需求變化，即時對其經營活動進行有效的調整。

❸ 提供通路成員最大的支援和有效的管理

樂金認為企業與中間商之間是互相依存，互利互惠的合作夥伴關係，而非僅是商業夥伴。所以在通路決策和具體措施方面，樂金都會大力支持自己的中間商。這些支援主要表現在兩個方面：在利潤分配方面，樂金給予中間商非常大的利潤空間，為其制定了非常合理、詳細的利潤回饋機制。

在經營管理方面，樂金為中間商提供全面性的支援，包括資訊、技術、服務、廣告等方面，尤其是充分利用網路對中間商提供支援。在樂金的網站中專門開闢了一個「中間商俱樂部」，不僅包括所有產品的使用說明、功能特色，生活應用等詳盡資料，還傳授一些經營管理知識和實務上的做法，如此一來，既降低了成本又提高了效率。

❹ 改變行銷模式，實行逆向行銷

為了避免傳統行銷模式的弊端，真正做到「以顧客為中心」，樂金將行銷模式由傳統的「樂金→總代理→批發商→中盤商→零售商→顧客」改變為「顧客←零售商←樂金＋批發商」的逆向模式。採用這種行銷模式，可以加強對中間商的服務與管理，使通路更加順暢，同時縮短了中間環節，物流速度變快，銷售成本降低，產品的價格也就更具競爭力。

那麼，電子通路會完全取代傳統通路嗎？

答案是否定的，因為有些產品還是需要專人面對面的解說，但隨著資訊越來越透明，消費者的教育程度越來越高，人們越來越不需要專業人員的講解與銷售，所以線上銷售將會是一大購物潮流，不過網際網路公司還是要加強物流、存貨、維修的問題，否則網際網路也很難完全取代傳統的實體經銷門市。所以，各位創業者如果想讓自己的產品在電子通路上有所成長的話，在物流的運作上要更具彈性與靈活才是。

回歸人與人關係的社群商務

有人的地方就有商機，如何將人潮變現，這不但是一般實體通路的想法，對於電子通路也是一樣，最近以社群為訴求的社群，正在努力想辦法將人潮變現，記得臉書創辦人祖克柏在2010年就指出了這樣的方向，他說：「下一個爆發式成長的領域就是社群商務」，據統計，有超過81%的消費者，是依意見領袖或是朋友的推薦而進行電子交易的，也就是說「回歸人與人關係」的社群商務，將是電子通路發展的重大潮流。

成功的旅遊社群，創新的商業模式，應該要由下而上讓客人可以在原有的社群中，有效地找到合適的出國旅伴，並且客製化團體行程。以日本Trippiece社群旅遊服務商就是一種創新的典範，他們把每個顧客都當作旅遊專家，顧客可以自己先在網路上凝聚意見、自己揪團找旅伴，自己設計行程，最後和旅行社報價，這麼一來旅行團的人本來就是朋友，裡頭有意見領袖，朋友之間有相互引薦的力量，而且這樣的做法已經成為台灣旅遊業者的學習對象。

像雄獅旅遊為了區隔市場，創造了與一般旅行社不同的產品風格，就別出心裁地先透過社群網站篩選出旅客的個性與嗜好，然後找出同質性後再一起出團，結果這樣一起成團出遊的滿意度真的就會比較高。

除此之外，像雄獅旅遊還找了各種領域的達人來塑造社群意見領袖，包括單車美女魏華萱、旅遊達人工頭堅……等等，甚至還跨足媒體，成立自有媒體《新傳媒》，發行平面與線上影音資訊，逐步地建構與經營社群。

不僅在台灣，在中國大陸，雄獅旅遊也和新浪旅遊合作，導入社群經營模式，藉由旅客上傳旅遊照片分享自己的所見所聞，來形成旅遊通路市場，甚至也可以藉由智慧型手機行動APP的功能，讓旅遊資訊隨手可得；雄獅未來也規劃要和航空公司合作，讓社群會員能因為累積里程數，而拿到實質優惠。

8萬元起家的LazyBone，月最高營業額達到120萬元

在過去想要開個店，光是要有個實體店面可能就把創業家搞得七葷八素的，但現在流行網路開店，不用店租也沒有通路行銷費，只要努力培養社群，就能達到通路行銷的效果，以8萬元起家的LazyBone，就是藉由獨特又黏著的購物社群讓單月最高營業額達到120萬元，創辦人姚可人小姐，一開始是在無名部落格銷售，每款商品都張貼兩篇文章，一篇訂購、一篇匯款，以供網友回覆下單。

姚可人非常注重品牌行銷，在商品的標語以及文案方面下了相當大的功夫，她深深覺得，如果沒有文案就變成路邊攤了，而且她發現藉由文字與圖案緊密維持品牌風格，是鞏固粉絲最好的要素；在行銷上，姚可人找來了無名正妹一起合作，靠著模特兒一個個走紅，帶動LazyBone知名度。目前LazyBone粉絲團人數達到十四萬，2013年營收約二百五十萬元，在線上商品約二百款，購買過的會員達三～四萬人。

QR CODE把購物的消費者導到網路

不僅傳統的店面與旅遊業靠著網路社群的力量再起，就連電視購物也順應潮流藉由網路讓銷售業績一路長紅。ViVa TV運用QR CODE把購物的消費者導到網路來，再搭配手機快速結帳的功能，成功地打破電視購物不景氣的局面。

ViVa TV的做法很特別，他們利用電視購物頻道上打出QR CODE的方

式，只要消費者對這個產品有興趣，就可以使用手機掃描QR CODE，直接連到ViVa TV的網路上，然後就可以看到商品頁面上詳細的資料。

掃描QR CODE的技術，巧妙地將電視購物與網路兩項通路緊密地結合在一起，這樣多通路的發展是電子通路市場未來的一個趨勢；像是美國的亞馬遜在2013年11月就與臉書深度串聯，會員綁定臉書帳號後，亞馬遜就可以根據會員在臉書的喜好，推薦電影、音樂、書籍等，而且你的評論也會被網友看到。

OLD NAVY品牌開創手機影片結合網站購物的趨勢

此外，手機購物近來也成為電子商務中新興的消費型態，也且還蔚為風潮，以美國的服飾品牌OLD NAVY為例，他們就推出了一支「到OLD NAVY露營」的影片，影片中一人群年輕男女，在野外一起拔河、烤肉、溯溪、欣賞夏日煙火的情景，試圖創造歡樂愉快的氣氛，引起網友想到郊外踏青的渴望。

當影片快要結束時還會提示說，如果網友對於影片中任何一件衣服感興趣的話，就可以立即連結到OLD NAVY品牌網站購物，結果就真的有許多人看完影片就馬上點擊到OLD NAVY品牌網站，成功地創造消費業績，這很顯然的是手機結合網路購物最新的通路消費模式，值得創業者好好地參考運用。

 # 感動力銷售祕訣

討論完通路的問題，緊接著我們就來看看「如何銷售」這個課題；銷售對我們來說其實並不陌生，因為只要你走在熱鬧的商圈街上，或是踏進知名的百貨商場，不時就有銷售人員問你是否對什麼商品有興趣，願不願意進一步聽他解說；面對這樣粗糙的銷售方式，甚至是不禮貌的推銷方法，相信很多人都避之唯恐不及，更別說想付錢購買，這到底是為什麼？而影響人們願意購買的因素又是什麼？實在值得想創業的人深思與研究的，我們先來看看所謂成功的銷售方法到底是什麼怎樣子的？

迪士尼樂園如何讓你感動

　　迪士尼樂園對於小朋友來說，可真是個「夢想天堂」，因為裡面有米老鼠、唐老鴨、高飛狗、白雪公主，這些膾炙人口的童話人物，平常他們只能在繪本中看到這些卡通人物的造型，但只要來到迪士尼樂園，這些卡通人物就活生生地出現在你的面前，以最燦爛的笑容、最親切的口吻問候你，而你離開時還會跟你揮手說再見，相信這一幕幕的情景不僅小孩喜歡，就連大人也深受感動。

　　迪士尼樂園的創辦人華德・迪士尼曾說：「我最大的願望就是讓更多的人帶著滿足的笑容，步出迪士尼樂園的大門。」沒錯，迪士尼樂園就是希望把歡樂幸福感散播給客人，也因為這份堅持感動了人們，讓他們願意來到迪士尼樂園消費娛樂。所以何謂「成功的銷售」，現在我們有了一個答案了，

就是要能夠真真實實地感動消費者，而不是一味地想從消費者的口袋拿走一些錢。

五感銷售方法

至於要如何讓顧客感動呢？最直接的方式就是從人的五種感官來著手，而其中最重要的是「視覺」、「聽覺」、「觸覺」；以視覺來說，像是產品的設計包裝、店面的裝潢或色彩均是；「聽覺」就是語音，同時也包括語言，像是銷售的語調、廣告詞的運用都算是聽覺的範疇，而「觸覺」不光是產品摸起來的質感，也包括身體的動作，心情的感受……等。

❶ 視覺

以**視覺感動**來說，近來最流行的就是大型充氣造型動物，像是霍夫曼創作的黃色小鴨、巨型兔子就是屬於此類；人們往往會很驚奇地發現在港口裡面竟然會出現一隻小時候記憶的玩具——黃色小鴨，其實這已經不僅是視覺的震撼了，含包括心裡一股莫名的幸福感在內；這樣的手法，套在銷售上也行得通，像是家樂福便利商店就在淡新店設置了一個五公尺高的巨型麵屋，民眾不但可以合影留念之外，一旁還提供太鼓可以讓民眾打擊做作消遣娛樂，這也是一種視覺感動力的行銷。

❷ 聽覺

而**聽覺感動**的方式，我們以麥當勞「麥克瘋MV」來做一說明，麥當勞速食餐廳為了行銷大麥克漢堡，特別設計一個活動，號召消費者拍攝屬於自己的麥克瘋MV，內容不外是將點餐的內容與口訣以rap或是唱歌的方式展現出來，結果麥當勞總共募集了超過了四百多件麥克瘋影音作品，相關影片有超過七百萬點擊觀看，還有九十八則電視媒體報導。如果時間再推更早一些，大家小時候一定聽過「綠油精」的廣告歌曲，歌詞內容潛移默化地深植人形，「**氣味清香**」的品牌形象更是讓人印象深刻，而這就是聽覺感動的獨特魅力行銷。

❸ 觸覺

至於「觸覺」感動銷售，最直接的方式就是讓消費者親身去體驗；我們以「mySports」APP單車體驗來做一說明；「mySports」APP」是一款自我運動訓練和管理的軟體，藉由手機內的GPS可紀錄跑步、自行車、健走等多項運動型態。廠商為了推廣此項產品，就在展覽會場設置mySports體驗區，民眾可以在單車上踩踏，而一旁的投影牆上也會播放不同的戶外實境，甚至搭配徐徐吹來的微風，讓你彷彿就真的在戶外騎單車一樣，結果這樣的行銷手法真的就吸引許多顧客到店裡來參觀體驗。

10 銷售員的得力助手
——廣告以及公共關係

接 下來，我們來討論一下與銷售通路一起搭配的行銷工具，包括廣告以及公共關係，這兩者都是第一線銷售人員在通路上可以靈活運用的工具；以廣告來說，就可分為平面廣告、電子媒體廣告、網路廣告，或是車體廣告、看板廣告……等等。銷售人員可以依照目標客群的屬性來安排不同形式的廣告；因為不同的媒體擁有不一樣的屬性，像是彩妝產品使用時尚雜誌來介紹，不但圖文並茂容易了解，更能贏取顧客的信任。銷售汽車如果能配合電子媒體的廣告，同樣也能讓消費者安心，因為通常電視廣告都是預算很高的，如果汽車能上電視廣告就表示是一種品質的保證，而透過聲光效果更能在顧客的心目中留下深刻的印象。

微電影廣告新手法

此外，現在廣告影片的拍攝手法流行以微電影形式出現，在網路影片寬頻容量大為提升的今天，其實很多廠商不見得有錢上電視廣告，但使用Youtube影片上傳的方式，同樣可以達到廣告的效果，尤其一些新興的個性文創品牌或是旅遊品牌，其實銷售人員可以適度地使用微電影上傳影片，不但能促進顧客購買的意願，更能打響自己的品牌。

而且廣告在設計上通常都蘊含著一個目的，可能是要解決產品的問題，或是提升企業的形象，甚或是為達到促銷的目的，銷售人員通常在手上都有不同的廣告內容，在面對不同顧客的需求，其實只要稍加以整理一下，這些

廣告將成為你與顧客溝通的利器，並且讓你無往而不利。

銅板午餐製造新聞話題

再來，我們來談談「公共關係」，也許照字面上來看，可能大家會認為這跟銷售通路有什麼關係，但大家可別忘記了，經濟市場與社會環境是緊密相連的，以食品市場來說，現在只要哪個廠商食安出現問題，就立刻在市場上傳來傳去，引起大家拒買或是拒吃的行動，相對地，如果有利多的消息出現，在市場上也會出現一陣購買狂潮，例如：在這樣不景氣的情景下，市場只要一推出銅板早午餐就能達到宣傳的效果。這其中的操作模式，有的是公共事件，也就是公共報導，像這種新聞是可遇不可求；有的是可以經由廠商自己來創造一些新聞話題，例如：剛才所舉的銅板午餐就是一個最典型的例子，甚至有的量販店周年慶也會舉辦個搬產品比賽，最後獲勝者可以把產品全都帶回家，這樣的新聞事件，的確是可以創造一時的宣傳效果。

透過發行刊物來輔助銷售

再者，企業也可以透過發行刊物或是視聽資料，讓消費者了解企業的產品或是政策、動向。像是統一企業的《統一企業》月刊、震旦行的震旦月刊，遠東航空的遠航雜誌……等等，都是與銷售通路搭配的良好工具，基本上，不會給人唯利是圖的感覺，尤其企業刊物裡面有時會擺一些使用產品所帶來的感動故事，這對促進銷售以及提升產品形象會是很大的幫助。有的企業領導人如果口才好的話，其實透過辦理講座、演講也是很好的銷售溝通方式，像是微軟的比爾‧蓋茲、台積電的張忠謀、統一的高清愿先生，很多時候透過他們在自家或是別家的場子演說，間接地也會對該公司的產品或是服務產生正面的影響力。

公益活動提升企業形象，幫助通路銷售

此外，企業透過參與社會公益活動提升企業社會形象，這樣對於銷售通路品牌的信任感建立也會有正面的效果；像是統一企業的7-11便利商店曾舉辦關懷原住民、給雛菊新生命、給患重症者喜願兒圓夢的力量、協尋失蹤兒等活動，南山人壽也贊助台灣癌症基金會推動多項全民防癌活動，還有寶僑家品公司更是長期贊助「六分鐘護一生」的公益活動等等，其實在有形以及無形之中都能為企業的形象帶來加分的效果，更有利於宣傳。

整合行銷，綜合運用達成銷售目標

最後，我們要來談談所謂的「整合行銷的概念」，其實這就跟軍隊在打仗時，將領如何整合海陸空以及後勤單位聯合作戰的道理是差不多的；在戰場上，以現代化的戰爭來說，都是先使用轟炸機先針對主要攻擊目標來投彈，然後再使用地面的砲兵部隊、坦克車以及步兵師來進行全面掃蕩；同樣的，在打銷售戰時，通常電子媒體廣告、報紙廣播廣告或是新聞事件的操作……等等，就好像是轟炸機投彈的任務，這些活動訊息能以最快的速度傳達到消費者的眼睛或是耳朵，讓他們先對於你的產品有一定的印象，這時消費者還不至於會馬上認同你的產品與服務，真的去購買你們家的產品，通常需要像作戰時的地面部隊來做進一步的掃蕩，也就是面對面的銷售攻勢進入之後才能確定購買的行為，這些活動包括直接銷售、零售活動，批發銷售……等等。

一般來說，在戰場上空軍都是支援的角色，最後的主角還是以陸軍為主，同樣地，在銷售通路上，廣告、公關、新聞活動事件也都是站在支援的角色，真正要攻城掠地的是第一線的銷售人員，所以企業主在運用「整合行銷」的計畫時，一定要知道這主從的關係，否則投入太多成本在廣告上卻沒有達到目的，這樣就得不償失了；相對地，如果既不打廣告也不創造新聞事件打開銷售通路，只一味地以第一線的銷售人員辛苦地，採行地毯式推銷，

這樣的做法也會讓銷售人員疲於奔命而達不到預期目標,所以建議各位創業家應該好好地規劃整合行銷的計畫,以免達不成銷售目標,還造成不必要的麻煩與資源的浪費。

Chapter 5

關於錢——創業應有的財會觀念

01 開業資金的來源與準備

創業資金來源，是很多創業者在開辦新企業時常遇到困難。有很多資金來源可供考慮，因此運用各種融資方式籌措資金，對創業者來說十分重要。以下有幾個資源管道可供創業者參考：

自有資金

創業初期往往很難說服別人拿錢出來一起創業。不管是朋友或親人，都對剛開始創業的人信心不足，如果創業者借不到錢，又沒有家人、朋友、金主的支持，那麼就先乖乖上班工作存錢，等到資金到達一定水位再創業也不遲，任何創業者所需資本的最佳來源就是自有資金。自有資金取款迅速，沒有還款期的限制，也無需在需要資金的時候，賣公司股權，讓人趁隙而入，掌握經營權。拿自有資金創業有個好處，就是在資金控管與財務掌握上，相當清楚，因此如果創業者用自有資金，先做出成績，那麼後續外部資金（銀行貸款、創投……等）會比較容易籌措得到。

由於創業初期往往只有生活開銷，成本其實很低，為了創業用的錢去賣公司股權或者拿自己信用去跟銀行借款，並不值得，跟信任的家人、朋友借錢創業，也不是創業初期的好方法，因為大部分早期創業失敗的機率往往比較高，為了自己的創業失敗，而和生命中重要的人因財務反目成仇，實在沒有必要。還不如先累積自有資金，省去一些人情債的風險。

銀行借貸

創業資金管道，以個人信用借款為主，無須質押房地產、汽車等資產。比如說以信用卡購買影印機、個人電腦和印表機之類的辦公設備。獲得此類物品一般不需付現，可延遲還款，但不建議動用到循環利息，避免債務像滾雪球一樣越滾越大，盡可能在當月還刷卡款，以一個月的時間價值，賺取公司利潤。

很多創業者根本就沒有足夠的資產從貸款機構獲取抵押貸款。如果一個創業者在銀行開設的儲蓄帳戶裡有存款，一般來說就可以把存款作為貸款的抵押。如果創業者信用好，從銀行獲取個人貸款也會相對容易，不過這些貸款往往是短期貸款，數額要比企業貸款少。創業者向銀行申請貸款需有良好的信用條件，主要是依據過去的借款紀錄與使用票據紀錄等。由於台灣，所有的借款記錄都會被記錄在聯合徵信系統上，包括是否有延後付款、延遲支付信用卡利息等，這些平常比較少注意到的小事，都會被詳實記錄，而且台灣所有的銀行都可以查詢得到，進而都會影響到借款的利息與額度。

如果創業者曾經遲繳信用卡利息，申請銀行借款時，在審核時是會扣分，核貸金額也不多。除此之外創業者必須詳實說明創業資金的用途，並展示其還款能力，還款能力主要以借款人收入為標準審核，有些創業者若是已辭去正職工作，這在借款上會有障礙。銀行信貸利息通常都高於政府的創業貸款，而且審核通過較為不易。而有些新創企業可能都還沒有開始營運，因此很難說服銀行認為創業者有足夠的還款能力。這時候創業者只能透過營運計畫書的呈現，先告訴銀行未來每月、每季、每年的營收獲利狀況，讓銀行了解企業營運後的還款能力。

要特別注意的是年利率方面，目前各家銀行這類短期信用貸款利率大致分佈在3%～18%之間，創業者可針對自己資金運用的期限，比較各家借還款條件，以尋求創業資金來源。除非逼不得已，否則建議不要跟銀行借錢，以申請政府創業貸款較為划算。

表5.1各家銀行信貸借還款條件表　　　　（單位臺幣）

銀行名稱	適用對象	金額上限	年限	貸款年利率
上海商銀	20～55歲	100萬	5年	3.88%以上
大眾銀行	前5000大企業員工	300萬	7年	3.99%以上
中國信託	20～65歲	200萬	7年	5.99%～17.99%
日盛銀行	前5000大企業員工	200萬	7年	2.88%以上
台新銀行	20～55歲	150萬	7年	3.99%以上
台灣企銀	20～55歲	60萬	5年	3.25%～9.25%
玉山銀行	20～60歲	200萬	7 年	1.98%～12.88%
合作金庫	年滿二十歲	40萬	5年	6.285～10.695%
安泰銀行	具完全行為能力	100萬	7年	6.28%～11.28%
國泰世華	職滿一年收入≧35萬	120萬		2.86%～3.36%以上
第一銀行	具行為能力人	100萬	7年	3.00%～9.50%
荷蘭銀行	20～63歲，年收入30萬	200萬		3.88%以上
富邦銀行	20～55歲	200萬	7年	3.99%～12.99%
渣打銀行	20～60歲	200萬	7年	5.8%以上
華南銀行	20歲～55歲	150萬	7年	議訂
新光銀行	年滿20歲	200萬	7年	4.5%以上
萬泰銀行	20歲～55歲	200萬	7年	3.5%～13.5%
彰化銀行	年滿20歲。	200萬	7年	4.41%以上
聯邦銀行	20～60歲	100萬	5年	1.68%～9.99%

創投金主

　　這類資金不從銀行管道來，而是從有閒錢的創投基金而來。這類金主屬於風險投資者，對於有較大發展潛力創業者，他們願意提供資金給創業者營運使用，但天下沒白吃的午餐，這類風險投資者堅持要求新創企業轉讓部分所有權，與其他獲取資金的途徑相比較，獲得這類資金需要花費較長的時間。此外，這類公司往往尋求對新企業的控制權。

　　創投基金一般在審核評估一個投資標的案，通常完成整個審核流程，需費時二至四個月。初步審核重點，在確定新創公司的投資計畫書內容，是

否符合基金的投資目標。如果答案正面，則進入分析審核在確定新創公司的
經營管理團隊能力，是否足以使企業順利運作。如果是正向運作，則進入基
金管理者推薦投資階段，本階段將由基金管理專案經理推薦投資，由該專案
經理負責與新創企業進行投資談判，獲共識後協調安排新創企業代表，向創
業投資基金股東或被授權管理團隊進行簡報。最後創業投資基金股東或被授
權管理團隊討論一致決議。創業者如有興趣申請創投基金可參考：http：//
www.tvca.org.tw/。另一類金主屬天使投資者，純屬個人的投資，金額可能小
一些，但是不以掌控公司經營權為主，這些人大多都是創業者的親朋好友，
有的是因為賞識創業者的才華，才提供資金的。

創業貸款

　　政府創業貸款是另一有用的資金來源，有些地方政府所提供的青年創業
貸款甚至是免利息。借款年利息大約在0.575～1.415%之間，相對於信用貸
款，利息支出的確是節省許多。

表5.2創業貸款表

申請單位	專案	資格	額度	年限
經濟部 中小企業處	青年創業貸款	1. 20～45歲 2. 公司未滿五年	100～400萬	6～10年
	青年創業 逐夢啟動金	1. 20～45歲 2. 事業負責人	100～200萬	6年內
台北市 產業發展局	台北市 青年創業貸款	1. 設籍台北一年以上 2. 20歲未滿46歲 3. 公司未滿5年	300萬以內	7～10年
勞委會	微型 鳳凰創業計畫	1. 20～65歲婦女 2. 45～65歲民眾 3. 稅籍登記及營業登記設 立未滿2年 4. 員工數為滿5人	100萬以內	7年內

新北市 政府勞工局	幸福 創業微利貸款	1. 設籍新北市4個月以上 2. 20～65歲 3. 符合中低收入戶 4. 設立登記所創或所營事 　 業於新北市未超過3年	100萬元以內	7年內

Kickstarter與創櫃板募資平台

Kickstarter網站是創業者另一個考慮募集資金的管道，Kickstarter於2009年4月上線，為創意專案的募資平台（Funding platform for creative projects），Kickstarter提供了「有創意、有想法，但缺乏資金」創業者一個平臺，只要創業者在這個平台展現其創意，透過平臺發起募資活動，創意專案的發起人透過提供聰明、有趣而且實際的獎勵來鼓勵人們慷慨解囊。這些獎賞可能是某些商品、好處或是經驗。

創櫃板政府公開群眾股權募資，為創業者另一種募資管導，由臺灣櫃買中心負責相關業務，2014年1月1號正式上路。於創櫃板掛牌之企業規定，資本額上限為五千萬元新台幣，公司必須為「股份有限公司」。且公司必須接受政府單位聯合輔導。創業者透過創櫃板的最近一年內增資股本累計不能超過新台幣1500萬元。初期可能登錄的創櫃板公司，為文創、農企產業的創業者。若投資三年後，創業公司沒有興櫃或上市櫃，則該公司將從創櫃板中撤出。

創業資金的運用與規劃

有些創業者是在取得創業資金之後，才開始規劃運用創業資金，這是本末倒置的做法，成功的創業者，不會先「借了再說」，而是「說清楚再借」。成功的創業者在創業之前，先規劃資金的運用，創業者會先考慮開辦費用、增資費用、周轉費用、還款期限……等等因素，然後算出總金額之後，才進行籌資的動作。創業者在開店初期，店面的開支，如店的租金、薪資費用、進貨……等等都應試算一下，然後再算一下要多少的營業額才足夠平衡支出，不要低估必要的支出費用，寧可高估再減支，也不要因低估而透支，創業者在評估這項費用時，可高估3%～5%以備不時之需，許多創業者未做明確的預算與評估，導致任意揮霍資金或花費過多的費用，致使現金不足、周轉不靈。所以，在開店之前應注意到避免不必要的浪費，最好能先精算出營業額與還款期限，再籌資也不遲。

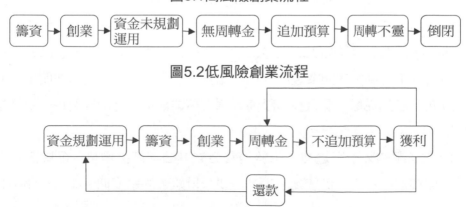

圖5.1高風險創業流程

圖5.2低風險創業流程

一般來說，低風險創業者創業資金規劃，先分為開業金、預備金、周轉金三個部分，獲利部分一部分流入周轉金，一部分還款，開業金、預備金、周轉金三個部分不能互相挪用，錢應該用在周轉金的部分，不能因為開業金不足，就先挪用周轉金的部分，如此將會因無周轉金狀況，而追加預算，導致進入周轉不靈的高風險創業流程。

圖5.3創業資金分配圖

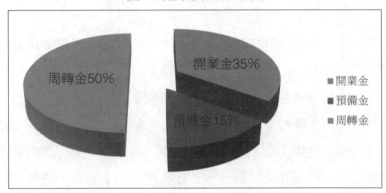

開業金

　　開業金包含租金、各項軟硬體設備、原物料、行政開辦費用、公司產品宣傳目錄、網路宣傳費用、初期人事費用……等，創業初期所需支出的成本費用，一般約佔總創業金額的35％。以小吃店這類投資成本最低、回收期最短的事業體來說，大約需要準備個數十萬元的初期準備金，加盟連鎖則數十萬至百萬元不等。但這個比例不是絕對比例，有些行業軟硬體設備費用較大，比如說做五金模具加工的製造業，所需的軟硬體設備比一般服飾業、餐飲業開店要來得高，在開業金部分也會比其他產業來得大。所以在開業金的考慮方面，必先從每一個原料、設備等開辦事業細項，逐項琢磨每一筆錢是否該用。

　　創業者剛踏入市場之初，由於消費者對其公司產品價格、品牌服務品質、附加價值……等，仍感到陌生，需要一段艱苦的過度期。如果一開始將

開業金大部分用在裝潢、媒體宣傳促銷上，吸引客戶光顧，這可能會使開業金透支，所以在開業初期的宣傳，不宜過度投入大量資金進入營運，避免動用周轉金，導致周轉金透支無法支撐後續的作業。

開店初期最大一筆開銷往往都是花在店面裝潢與設備器具的採購上，除非是走高價位路線生意，否則不建議一開始將有限資金花在店面裝潢、辦公室裝潢等花錢又沒有太大生財價值的地方，這些花出去的費用無法變現，無益於日後的營運。

初期創業者，如果一定要花費大筆金錢做店內裝潢，最好就先做五年規畫，比如說傢俱選耐用性較高的，櫃檯做可移動式設計，避免五年後要擴大店面的時候，櫃檯還要打掉重做，儘量將錢花在刀口上。對於那些創業金較少的創業者，可先找一個租金便宜適合自己產品的店面稍做改裝即可，不宜花用太高比例的資金重新裝潢，可採購裝飾物來營造店面的風格，此外，資金少的創業者別選高單價消費商品來經營，最好選擇如自助餐店、早餐店、雜貨店……等等這類以低單價現金交易的業種為主，這類業種比較不會發生後續追加的開辦支出，也不會增加後續的經營管銷費用。開店之租店要押金、裝潢、掛招牌，最後還要進桌椅、冷凍櫃等生財設備，總括這些開辦成本，是創業耗費最大的部分。裝潢其實是帶不走的，而生財設備是買進要花大錢，賣出折舊變破銅爛鐵，所以創業者在創業金規劃運用上，一定要從折舊攤提的觀念去思考買進的設備，當然不能因為便宜，而買品質不好的東西，同樣一萬元買五件東西用一個月，不如用一萬元買一件東西用五年，這是開業金運用的訣竅所在。

預備金

預備金包括設備、原物料或其他支出預算追加費用，由於事業開始經營後，會發現有一些創業之初沒想到的費用支出，這時可能需要追加一筆預算再添購一些設備、原物料或其他支出，一般在創業之初，這一部分費用應

佔創業金額的15％。不過，以研究導向為主的高科技產業，這筆預備金的比例可能會比較大，建議針對未來可能的研究發展，逐一將設備、原物料或其他支出預算的細項列出，預備金比例，以求得未來更高的競爭力。除此之外在創業資金有限下，預備金的編制可以分為可能的必要支出以及非必要性支出，什麼設備必須先買，什麼設備可以後買，比如說一家專門五金模具製造廠商，初期創業只買進幾台手工切割機器，沒有想到產品大受歡迎，接到大筆訂單，這時必須動用預備金買設備，生產大量的產品，這時創業者必須思考，到底是多買幾台便宜手工機器設備，還是買一台很貴的自動化切割設備。

預備金的使用，原則上是生意穩定後，再動用這筆資金，去應付突如其來的各種支出及採購，每一項支出採購都應按必要性、重要性先後順序列出，如果預備金投入會直接影響營業收入的增加，則可第一優先考慮採購，譬如說前面說到的生財設備（手工切割機、自動切割機），就有其必要性和重要性，自動切割機雖貴，但是可即時應付訂單需求，讓營收及早產生，所以先買自動切割機，是預備金必然的選擇。但非必要性的設備手工切割機不至於直接影響營業收入，費用支出就可往後挪。

預備金如運用得當，就可降低周轉不靈的風險，甚至發揮小成本來做大訂單的功效。至於店面做的是現金生意，會使許多創業者忽略預備金的保留，其實大部分店舖生意都是慢慢加溫的，所以會有所謂的虧損期，尤其是前半年。還有一種狀況值得注意，現代消費者喜歡嚐鮮，所以有些餐飲業開幕後立刻門庭若市，熱燒三個月回溫，往後營運是真正檢測預備金運用的時機，如果虧損期太長預備金反而是多餘，如果生意應接不暇突然需要添購大量原料、設備，預備金即可派上用場。

周轉金

開業金與預備金所投入的設備成本，是屬於一次性的支出，大都列入固

定資產項目內。但後續的人事、管銷……等其他持續性的支出，許多的流動成本必須以現金即時支付，即使信用卡刷卡付款，不計利息成本，頂多能延緩一個月支付，且額度不一定很大，尤其辭掉工作的創業者，信用卡也不能應付得來公司費用多少，再加上有些廠商一張票開個三～六個月都有，如果創業者不能準備一年以上的周轉金，支付自己與家人的生活費以及公司的即時營運開銷，後續可能就要面臨周轉不靈的現象。

創業資金的估算，除了開業金與預備金之外，應再加上足以供應一年以上的周轉金為最佳，一般來說，周轉金佔總創業金額的50％，周轉金是創業資金控管裡面最重要的一環。由於創業的初期變數太多，許多沒預期發生的費用都可能發生，有時預備金有可能透支需周轉金暫時應急，有些行業甚至超過一年才能回本，這時周轉金額佔創業總金額的比例還要再訂得更高才行。在創業資金的估計上，應採較寬鬆的方式較佳，一般來說如要開一家100萬元的自助餐店，經常就必須準備1.5倍（150萬）以上的資金比較妥當。

大多數的創業者在經營的前兩年，往往都是處於虧損狀態；以統一超商創業之初為例，虧損年限高達七年，如果沒有相當雄厚的周轉金支撐便利商店這個夢，是不可能有今天這種萬店齊發的盛況。創業者要轉虧為盈，除了創造營收利潤之外，還必須要準備足夠的周轉金撐過嚴峻的虧損考驗期。

創業者不管從事哪一行，在規畫任何一塊資金運用時，必須有永續存活觀念。創業初期經營風險相當大，即使經營不善被迫停業，並不代表不能東山再起，只要預留一筆周轉金，短期可養家活口，不至於讓自己或家庭陷入絕境，長期可再伺機找機會創業。創業之初，存錢不容易，燒錢卻十分容易，創業者在規劃創業之初總是充滿熱情，有的人甚至用賭博方法，把所有創業資金一次投入開業金，不留半點周轉金，這種衝過頭的創業方式，只會逼自己走上絕境，也有些創業者因為周轉金不足，跟高利貸借錢，還不出錢，最後自殺結束一生，這樣的創業很不划算，嚴重違反「永續生存」的創業原則。

　　大部分創業失敗的人，失敗原因大都是開業金費用過多，周轉金準備不足，比如說150萬元創業總金額，創業前開業金購買生財設備加上裝潢就花了150萬，滿心以為把150萬賭在現金生意上，可以馬上有收入付房租、水電、管銷成本……，結果營收不如預期，付不出管銷費用，又無周轉金來補這個資金缺口，致使營運無法正常運轉，使得本來可以繼續做的生意，卻因為沒周轉金而做不下去，對某些賭性堅強運氣不好的創業者，有時不是生意不能做，而是錢周轉不過來，導致創業失敗。

　　無論計畫如何周詳，有時還是跟不上變化，郭台銘曾經說過：「計畫趕不上變化，變化趕不上一通電話。」所以應付突發變化的周轉金絕對不能少，世上突發的狀況太多，像是創業耕田做農產品買賣，突然遇到颱風來，全部心血泡湯，這時候緊急周轉準備金，即可為這意想不到的開支預做準備。創業資金得之不易，所以要有計畫地支出，許多創業者計畫滿滿，就是周轉準備金缺缺。

　　另外要注意的是，創業周轉金不要跟私人生活費用混在一起，有些創業者會將周轉金慢慢地花費在各項私人應酬交際費上，這種不當挪用周轉金的花費方式，易發生周轉不靈。另外一種周轉不靈的原因是野心太大，分部、分店開得太多，有些創業者一開始創業抓到時機生意越做越好，過度樂觀看好未來市場，開始急速擴張分店，突然遇到偶發事件如口蹄疫、sars病毒或者景氣反轉往下，使得開店收入不如預期，周轉金無法支撐快速擴張開店的成本，導致最後周轉不靈發生經營危機。不管創業者是開租書店、補教業分店也好，或者是開餐飲店、網咖、服飾分店也罷，分店是中長期投資，無法立即回收成本或獲利，大部分都需要經營半年或一年以上才有可能獲利，這種情況下，說不定賺的錢都還不夠付清水電房租及人事薪資成本，更別說額外收益，所以，借貸來開店的創業金，記得先將周轉金給規畫出來，以備不時之需。

如何與銀行打交道？

創業者想成功地說服銀行提撥貸款，原則上銀行會先對創業者的財務狀況仔細審查後，才會做出商業貸款決策。所以，我們必須先了解，銀行憑什麼要貸款給創業者。一般來說，銀行根據創業者的財務品質（character）、還款能力（capacity）、創業者資本（capital）、抵押物（collateral）及個人條件（condition），這五項狀況來評定撥款的額度。

有些銀行根據企業過去的財務報表進行分析，針對企業獲利能力、負債比率、應收帳款、投入資本、銷貨收入、獲利能力……等等進行評估，以判斷企業的還款能力，此外銀行的放款政策也是創業者必須了解的重點，應該對多家銀行進行評估，從中選出對特定行業領域有良好貸放款歷史的銀行，創業者要注意銀行的申請資格規定、放款利率、約定條款、還款條件以及貸款限制，從中選擇能提供最優惠借款條件的銀行，這種銀行詢價過程，可使創業者以最優惠獲得必要的創業資金。重點是要有足夠的現金流量還本付息。創業者向銀行貸款，原則上有兩個訣竅，一是了解程序；二是累積信用。

了解程序

每一家銀行對放款對象資格的條件不一，一般個人申貸的期間大約是三～七個工作天，創業者可先行了解所需文件及證明，有些資料需附上正本，方可辦理；創業者貸款之前可先詢問清楚，就比較不會有準備不周全

的情形發生。申請貸款期間,檢附的資料應清楚,避免資料影印得太黑或太淡,而必須再補件申請,白白浪費時間。

　　創業者檢附貸款申請資料,應按照銀行文件作業程序規格化交給銀行,像是必須將身分證正反面轉印到A4的紙張上,這類規格化的作業。創業者在檢附貸款資料時應保持資料最新狀況,比如個人照片,不要拿好幾年前的照片,最好是三個月以內的照片最佳,檢附資料不能太舊,這是便於銀行審核,以確認貸款人近期的狀況。

表5.3個人貸款資格文件整理

資格限定	1.20~60歲,收入穩定、信用良好、具償還能力者。 2.現職滿6個月～2年且年收入逾新台幣20～50萬元以上者。 3.他行信用貸款繳款滿一年,且無不良紀錄者。 4.具公務人員資格、領有證照之專門技術人員、國營事業員工、金融從業人員、醫護人員、教職人員。 5.前500～5000大企業員工 6.持信用卡6個月以上,繳款正常且無不良信用記錄者。 7.銀行放款舊客戶 8.銀行薪轉戶 9.銀行企金戶員工 10.年滿20~60歲,能提供醫護專業證照或醫療院所(不含診所)主任級以上行政主管及人員且具薪轉存摺者。 11.醫師、律師、會計師、精算師、建築師、不動產估價師等專業人員。
申請文件	1.個人貸款申請書 2.身分證明:身分證、駕照或健保卡影本。 3.工作證明:勞保卡、聘書、開業執照……等。 4.財力證明:薪資轉帳存摺、薪資單、扣繳憑單、資格證明(專業人士)、不動產資料、存款資料、他行繳息紀錄……等,視個人狀況提供額度。 5.出具人事單位最近一個月內之在職證明文件、戶口名簿或戶籍謄本

表5.4中小企業貸款資格期限整理

資格用途	1.製造業、買賣業、服務業之中小企業，公司負責人年滿20歲，需有營利事業登記證，營業須滿一年。最高規劃額度依銀行審核而定。 2.企業社、商行、店家、攤販……等使用發票之事業，公司負責人年滿20歲，需有營利事業登記證，營業須滿一年。最高規劃額度依銀行審核而定。 3.需要連帶保證人，人數由金融機構依個案決定。 4.以中小企業信用保證基金信用保證者，負責人必須擔任連帶保證人。 5.創業機構另有實際經營者時，該實際經營者亦應連帶保證。 6.購置（建）或修繕機器、設備、土地、營業場所等資本性支出。 7.其他營運周轉所需之資金。
額度期限	1.資本性支出或修繕：最高不得超過新台幣貳仟萬元，得分次申請。 2.營運周轉金：最高不得超過新台幣壹仟萬元，得分次申請。 3.使用統一發票之企業：最高為新台幣300萬元。 4.免用統一發票之小規模營利事業：最高為新台幣150萬元 5.資本性支出：土地、營業場所最長不得超過十五年，含寬限期三年；軟體、機器、設備最長不得超過七年，含寬限期二年。 6.營運周轉金：最長不得超過五年，含寬限期一年。 7.前二款寬限期屆滿，承貸金融機構得視企業實際需求給予展延一次，惟最長不超過前二款寬限期上限。

累積信用

　　從前面個人信貸與企業貸款的一些資格來看，銀行多半不願意借給第一次向銀行借錢人，反而喜歡跟他們常有往來的客戶，而且不能有拖欠的不良信用狀況，銀行放款最重視信用記錄及償還能力，重視借款人信用狀況，抵押擔保品反而不是重點，因為處理抵押品程序相當麻煩，有些抵押品還不足還銀行貸款，所以創業者要想在銀行貸款，首先得累積信用，從個人貸款資格文件整理表格中，我們可以看出銀行放款舊客戶、銀行薪轉戶、銀行企金戶員工、持信用卡六個月以上，繳款正常且無不良信用記錄者。這些資格條件有一個共同點，就是創業者跟銀行往來長期無信用不良紀錄，此即為信用

累積額度的開始，如果創業者之前有忘了清償助學貸款，或是信用卡帳單忘了繳錢狀況，在與銀行往來時，信用等於有瑕疵，這些瑕疵立刻會記錄各銀行電腦通聯紀錄裡，各家銀行如果看到這些信用瑕疵，將無法核發貸款給創業者，相對來說有了好的信用紀錄，各家銀行也會針對這些紀錄，撥款給創業者，當創業需要周轉金，會因為個人信用累積優良而順利申請信用貸款，至於擔保貸款的部分，銀行要的抵押品，不外乎「不動產」、「動產」、「有價證券」三種，不動產包括土地、房屋等，動產包括汽車，有價證券包括股票、共同基金、公債等，目前銀行較接受的抵押品仍以房子及汽車居多。

　　不過在動產擔保部分，臺灣金管會將開放「浮動擔保」業務。增加浮動擔保機制，即借款廠商可以用倉庫內流動的貨品作為擔保品，只要設定一次即可，不必逐筆、逐個設定倉庫內的貨品，增加廠商取得貸款的容易度。

　　所謂浮動擔保，舉例來說，汽車廠商有一個位於新店的倉庫，裡面擺放200部高級轎車，以往動產擔保法設定，是每部汽車都要設定未來浮動擔保上路後，銀行只是一次設定200部汽車即可，其間若廠商出售100部，再新進貨100部，都不必再重新設定擔保品。浮動擔保必須透過借款契約去約定銀行可隨時去檢查倉庫內的貨品，其次是這些設定的浮動擔保品應會被註記且可被其他人查詢。

　　「浮動擔保」是基於廠商與銀行間先透過貸款契約，形成浮動擔保的習慣與信任度，重點還是在於創業者與銀行之間的信任夠不夠，如果信任度高，當然取得貸款的便利性會加大。創業者如有不動產、動產、有價證券做為抵押，銀行會針對信用累積優良者在借款放行的額度上，比信用有瑕疵的創業者來得大。

財務規劃

財務規劃對創業者而言是一幅完整的資金配置構圖，創業者在創業過程中，何時取得資金，能取得多少資金，資金該怎麼用，這一些資金配置思維，主要需要預算控制架構完整的資金藍圖。財務規劃中對創業者最重要的兩張藍圖分別是預算表、損益表，從這兩張表的預估，創業者可知道該如何以最低成本達到最有效率地花錢與賺錢。

預算表規劃庫存

編製預算表，創業者可先從銷售狀況，規劃自己要花多少錢買原料庫存。假設創業者設定一個四個月的預算表，列出開業經營前四個月預估效售量、期末存貨、期初存貨、總生產量。

表5.5庫存分析表

	一月	二月	三月	四月
A：預估銷售量	60	70	80	90
B：期末存貨	4	2	7	8
C：期初存貨	0	3	2	9
總生產量（A＋B－C）	64	69	85	89

預算表中的數據告訴我們，一月份預總生產量大於預估銷售量，因為需要維持四個單位的存貨；但在第二個月，總生產量少於預估的銷售量，因為該月的存貨需求低於前一個月，在第三個月期末存貨暴增至7個單位，總生

量過高，到了第四個月生產量與預估銷售量差距才縮小，銷售預估反映了一個產業的大小月之分，大月的銷售量增加，小月的銷售量減少。

比如說創業者開牛肉麵店，一個月賣500碗，期初原料庫存有1000碗的庫存，庫存成本太高，期末原料庫存只有100碗太低，如果創業者沒有用預算表預估牛肉麵的銷售量、存貨量，庫存則會出現過多或過少的情形，過多的庫存會浪費原料成本，過少的庫存會少賣牛肉麵給客戶，造成銷售額下降，服務品質也會低落。預算表估計可能的銷售額，依據預估的銷售情形，創業者就能確定銷售成本。如果創業者從事製造業，創業者可以從銷售額與生產成本.估計期末（月底、季底、年底）的存貨數量，以防止成本波動（原料上漲、工資上漲）。

損益表規劃花費

預算表初估庫存量，但是無法估計營運所有的花費，比如說創業者開牛肉麵店，一個月賣500碗，水電租金、人事費用只要30萬就好了，可是如果要賣到3000碗甚至30000碗，這時要花多少開銷費用才夠，當我們規劃初預算表之後，創業者就可以集中精力處理經營成本問題，估算固定成本如租金、水電等相關費用、薪資、利息、折舊和保險費用等，還要預測員工數，庫存空間，另外是預估變動成本，隨銷售大小月預測廣告費、銷售成本、原物料費用等變動成本，透過逐項編列這些開支，雇用適量的員工。

損益表中第一個必須明確的項目往往就是銷貨收入，從銷貨收入我們可以看出，我們花的經營費用，有沒有效果，舉個例子來說，如果創業者一個月賣了1500碗的牛肉麵。扣掉銷貨成本毛利只有15萬，再扣掉水電、租金、人事等經營費用18萬，則稅前利潤則虧損3萬。這時就可以檢討一下，是經營費用花太多還是銷貨成本太高，如果是經營成本太高，那就要考慮哪一項費用要減支，是人事費用減支，還是租金廣告費用減支。

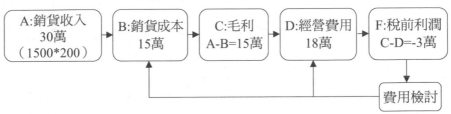

圖5.4 損益表規劃撿討流程

創業者在規劃損益表時，必須將全部經管支出按月估算，詳細將每一筆支出列出並仔細評估，隨著創業者銷貨收入的拓展，公司增雇新人員的保險費、薪資費用等銷售支出就會有所增加，創業初期起步階段，甚至費用支出占銷貨收入的百分比會增加，因為每多一個銷售單位，也許要更多推銷方式促成，當公司知名度不高時支出費用往往較高，尤其在薪資支出上要考慮在職員工的數目，一旦為了銷貨成長的需要，而增添了新人手，成本就要反映在預估財損益表中，例如，一月份新增了一位員工，損益表中就必須反映其增減狀況，除此之外，創業者還應考慮追加勞健保、廣告行銷費用、庫存費用，所有這些費用的變動，都會在預估表中反映，從費用的變動成長中分析當時經營狀況，了解費用發生的狀況，比如說某月份的廣告預算因為一個重要的國外展覽而明顯增加，類似這類開支應做上記號，並在預估表下說明，或是為了增加存貨量，擴充了倉儲空間，擴大債務，實際支出增加在另一月份，這時也要註記這類特別的費用。此外，添置新的機器或運輸工具等等設備）也應在發生月份，透過折舊費用的增加來反應。

以一家立智公司損益表，我們知道該公司從第四個經營月份開始獲利，商品的銷售成本有些波動，因為在一些大月的銷售狀況，比一般月份需求更大，為了客戶購買需求，創業者在這些月份上支付較高的經營費用。從模具公司損益表的規劃來看，可以看出經營到第八個月，廣告費用暴增，這時創業者必須註記這個月份，作為下一年費用預估的參考。

表5.7立智公司損益表規劃

（單位：臺幣萬元）

月份	1	2	3	4	5	6	7	8	9	10	11	12
A銷貨收入	120	150	180	240	240	240	270	285	285	300	330	345
B銷貨成本	78	102	120	162	150	150	174	183	180	192	216	228
C毛利（A-B）	42	48	60	78	90	90	96	102	105	108	114	117
經營費用												
銷售費用	9	12.3	13.8	18	18	18	22.5	23.4	23.4	24.9	27	28.5
廣告費用	4.5	5.4	5.7	7.5	7.5	7.5	9.0	21.0	9.0	10.5	12	13.5
工資薪金	19.5	19.5	20.4	20.4	20.4	20.4	24	24	24	24.90	28.5	30.0
辦公設備	1.8	1.8	2.1	2.4	2.4	2.4	2.7	3.0	3.0	3.6	4.2	4.5
租金	6	6	6	6	6	6	6	6	6	6	9	9
水電費用	0.9	0.9	1.2	1.2	1.8	1.8	2.1	2.1	2.1	2.4	2.7	3.3
保險費	0.6	0.6	0.6	0.6	0.9	0.9	0.9	0.9	0.9	0.9	1.8	1.8
稅務	3.3	3.3	3.6	3.6	3.6	3.6	4.8	4.8	4.8	5.1	5.7	6
利息	3.6	3.6	3.6	3.6	3.6	3.6	3.6	4.5	4.5	4.5	4.5	4.5
折舊	9.9	9.9	9.9	9.9	9.9	9.9	9.9	9.9	9.9	9.9	9.9	9.9
其他	0.3	0.3	0.3	0.3	0.3	0.3	0.3	0.6	0.6	0.6	0.6	0.6
D支出總額	59.4	63.6	67.2	73.5	74.4	74.4	85.8	100.2	88.2	93.3	105.9	111.6
F稅前利潤（C-D）	-17.4	-15.6	-7.2	4.5	15.6	15.6	10.2	1.8	16.8	14.7	8.1	5.4
G所得稅	0	0	0	2.25	7.8	7.8	5.1	0.9	5.4	7.35	4.05	2.7
稅後淨利（F-G）	-17.4	-15.6	-7.2	2.25	7.8	7.8	5.1	0.9	11.4	7.35	4.05	2.7

　　創業者經由損益表分析，規劃財務時不能以短期資金來支應長期用途，把借來的短期資金投入在長期用途的辦公或機器設備投資上，會迫使創業者在還沒完全回收長期投資之前，就先虧損。

　　最好的財務規劃還是以長期資金支應長期用途以避免資金周轉不靈，創業者預估損益先試著估算營業後的損益兩平點，也就是營業額必須達到多少之後，收入與成本相等，營運才能不賠，越快達到損益兩平，財務壓力越低。

　　從前面模具公司的損益表中，模具公司在第三個月之後才達到損益兩平點，模具公司達到損益兩平的方式，就是降低經營費用總額，增加銷貨收

入，模具公司在第四個月銷貨收入是240萬，比前一個月增加33.3%，不過在
經營費用只增加9.3%，在第五個月同樣銷貨收入240萬，而經營費用只增加
1.2%，也就是說這家模具公司不管賣出多少東西，費用都不會有過大的改
變，這樣銷貨成本就會降下來，除此之外是提高消費單價，顯現商品的附加
價值，來提高銷貨收入。

05 要有成本控管的觀念

創業過程中，存貨成本控管關係到原料成本、生產服務，創業者須注意存貨過多，會導致資金周轉不靈，創業者在存貨成本控管上，除了考慮原料成本之外，還必須考慮生產、運輸和倉儲……等等相關營運費用，盡可能降低這方面的費用。另一方面，存貨太少也會因供貨不及，造成服務品質降低，導致客戶將訂單轉往其他廠商，令銷售量下滑，所以存貨成本控管上，過與不及都對創業者不利，最好的存貨成本控管觀念，是銷售端與生產端一氣呵成，生產端與銷售端充分交流訊息，訂貨和銷售訊息的回饋加速，並能追蹤產品的銷售情況。

一般來說銷售端與生產端可透過電腦系統，快速反應市場需求和銷售情況，例如網路訂單可以算出每個月滿足客戶需求的最小存貨量，這樣就能夠在存貨消耗殆盡前正確得知庫存情況，預估未來庫存所發生的管銷費用，以有效控管庫存成本。

創業者需要從財務管理的角度控管銷售成本，一般說來，可以使用「先進先出法」或「後進先出法」控管成本。

「後進先出法」為後入庫的產品先銷售，「先進先出法」為先入庫產品先銷售，後進先出這種方法能反映出真實庫存量和銷售成本。但是，但在物價高漲的時期，先進先出法的銷售成本比較低。

從「庫存成本控管觀念」表中，我們可以看出先進先出法和後進先出兩種庫存管理方法，在銷售成本控制上有顯著的不同，第一批產品成本都為臺

幣24000元，進了第二批500件之後，採用先進先出方法計算600件的銷售成本為19200元，其中200件單價為第一批成本30元，另外400件為第二批單價為33元；如採用後進先出方法，銷售成本則為19500元，其中500件為第二批單價為33元，100件為第一批單價為30元，第三批賣900件，採用先進先出方法計算得出銷售成本為30400元：其中200件為第二批單價為33元，700件單價為34元；採用LIFO方法得出的銷售成本則為30600元，900件均為第三批的單價34元。

表5.8庫存成本控管觀念表

批次	庫存進貨成本	銷售量	先進先出銷售成本	後進先出銷售成本
1	1000件（30元/件）	800	24000	24000
2	500件（33元/件）	600	19200（A）	19500（C）
3	1000件（34元/件）	900	30500（B）	30600（D）

（單位：新臺幣）

※先進先出銷售成本計算

A：（400*33）＋（200*30）＝19200

B：（200*33）＋（700*34）＝30400

※後進先出銷售成本計算

C：（500*33）＋（100*30）＝19500

D：900*34＝30600

　　從庫存成本控管觀念表的數據分析，可以明顯看出後進先出方法實際上增加了現金流出，仔細比較第二批600件銷售成本，後進先出的銷售成本，比先進先出的銷售成本多了300元，現金流出增加了1.56%。因此，創業者在控管庫存上必須確定庫存成本的計算方式，當庫存較多時，創業者必須分批計算成本，確定每批產品的庫存成本。不管用哪種方法計算庫存，創業者都必須認真做好庫存紀錄，借助電腦軟體長期分析庫存成本。

　　存貨成本分析，是為了讓創業者有效率控管資金流入流出，假如創業者一開始就把所有的創業資金全投入，然後等著銷售存貨換現金用來補下一批貨，很容易就進入庫存過多→銷售不佳→成本增加→資金緊縮→周轉不靈的

惡性循環，一旦資金吃緊，庫存就越進越少，庫存越少無法及時供應客戶，服務品質越不好，生意越不好就越沒錢進貨，效率庫存→銷售→補貨→擴張庫存，這是一個良性循環，所以成本控管合理，庫存就算不足也能及時補進。但相反地，假如成本控管不合理，就算一開始產品多，開業後還是會步入惡性循環！

在成本控制上，直接成本主要原物料，創業者可初估佔營業額的35～40％，在進貨過程中，創業者可提高採購技術，運用好的庫存管理方法壓低支出。在間接成本上，人事費約佔營業額的20～60％；租金佔10～20％，水電以5％為上限；消耗品費用4～5％；稅金5％；雜費包括交際、廣告、保險、報章雜誌，約佔5～8％；資本利息佔4％；設備折舊佔5％。其餘大部分費用的實際比例都接近目標值。創業者應逐一分析每個項目，並提出提高售價或降低成本的方法，如果支出或成本明顯超出預算，創業者需要仔細分析帳戶，找出超支的確切原因，比如，水電雖然是一個單獨的支出項目，但包含了天然氣、電力、網路費、水費等項目的開支。因此，創業者應該保留所有收據，查出異常費用。

假設水電費15000元，以超出原先的預算6000元，超出的預算是由什麼引起的呢？是哪一項能源異常浪費？還是因為水電漲價進而影響到整個水電支出呢？只有解決了這個問題，創業者才能進行調整。在成本控管上通常會包含品質與數量這兩個控制點。以成本控管品質來說，不能為了節省成本大量引進劣質貨，造成服務品質下滑，銷售不佳無法消化庫存。以服飾業來說，庫存衣物的時候，首先考量的是衣服的季節性款式以及消費者接受的程度，在成本控管的概念裡，庫存的布料可調整厚薄重量以節省成本，比如說留下春夏短袖圓領衫，可在布料的重量方面改變，不但服務品質不流失，成本也可多節省一點，對提升利潤有不少的助益。

 「會計作業」與「實務狀況」的差距

對「黑手」出身的企業主或未受過財務訓練的人而言，「會計學」是一門很奇怪的學問。例如「本公司本年度到底賺錢還是賠錢？賺了多少？或賠了多少？」本來是一個不可改變的事實，但卻可因為會計作帳（並非作假帳！）方式的不同而產生截然不同的結果！

以「折舊」為例，使用年限其實是「估算」的！所以經常可見分七年折舊，公司（本年）就賺錢了；但若分三年折舊，公司就賠錢了，且折舊還可分直線折舊法與加速折舊法（不知會計大師們可否接受減速折舊法？）又如存貨，數量是客觀的，但價值卻是主觀的！出貨時會計作帳又可再分為先進先出法與後進先出法等等，作帳方式不同，EPS就不同，怪嗎？

「會計」也視每個「科目」為同等重要，完全沒有緩急輕重的差別。其實財務管理人員與企業主（尤其是中、小企業）都知道「應收帳款」比「應付帳款」重要甚多，在人員不足、時間精力有限的情況下，企業會卯足勁儘快去管理並催收應收帳款，相對上就會以較少的人力、較慢的速度去處理應付帳款。不過您放心，自然會有人來催促貴公司儘快處理應付帳款（相反地，不會有外人主動來催貴公司儘快去收帳的！）因為，您的應付帳款一定就是某公司的應收帳款呀！果然各人自掃門前雪，則天下無雪。

創業投資的成本怎麼算？

　　一般創業投資成本計算，都是先想賺錢再想花錢，比如說看到商機，立刻提出營運計畫來掌握商機，估算創業成本，確定所需籌募的創業投資資金，最後籌集並投入資金，依照營運計畫一步步將企業建立起來。這種先想賺錢再想如何花錢的模式有個大問題，這一切取決於一開始就要設定正確的營運方式，才能精算出創業的投資成本，但通常現實的狀況不是這樣。要估算創業資金，需要經常檢討本身的創業構想，並不斷變更最初的營運模式。

　　撰寫營運計畫是個好方法，營運計畫可以把創業之前每件要花的錢都以書面形式記錄下來，包括法律稅務開辦費用、辦公用品、設備、空間租賃、員工薪資與保險等等。不過如果是從小本經營開始的簡單的營運模式，創業者可以用一個簡單的計算金額開始撰寫營運計畫，比如說在商圈開一家零售店的總成本，每坪店面需要花費4500元。創業者可從這個金額開始撰寫營運計畫，比如說找店面，問租金多少，想辦法控制租金，調查當地產品需求，估算每日銷售額，計算水電廣告等營業費用。把可能銷售的金額扣掉營業費用即是創業成本。

　　假設創業者想在商圈賣雞排，必先調查商圈內雞排的銷售價格，再來計算一個攤位一天賣多少雞排，雞排賣出數量×價格即為銷貨收入，雞肉進貨成本即為銷貨成本，銷貨收入－銷貨成本＝毛利，毛利－經營費用總額＝稅前利潤

表5.9賣雞排投資的成本計算表

C毛利（A-B）
A銷貨收入＝雞排賣出數量×價格
B銷貨成本＝雞肉進貨成本
D經營費用總額（1～8）
1.攤位租金
2.水電費用
3.保險費──健保、勞保
6.創業借款利息
7.設備折舊
8.其他雜費
F稅前利潤（C-D）

　　這種賣雞排的計算投資成本的方法，是先從消費者及商圈調查開始，調查有助創業者壓低創業成本。如果能算出毛利，接下來創業者算出的經營成本就可以知道值不值得做，比如說賣雞排毛利一個月有15萬，但是經營費用總額經過詢問調查之後高達20萬，那這生意根本沒有做的價值。賣雞排投資的成本計算法不只可運用在餐飲業，其他如服飾業、理髮業、文具業、補教業……等等都可以用這種商圈調查法，評估創業投資成本，根據這個方法，創業者可以按週期的方式投入資金。在進入擴大營業規模時，將不再依賴調查提供數據，而是憑藉實際經驗。換句話說剛開始賣雞排初估一個創業成本之後，如果值得去做之後，就開始營運，等到營運之後，攤位租金、雞肉進貨成本、水電費用……可以憑實際經驗調整投入金額的大小。

　　前面提到的是屬於創業投資成本中的執行成本，營運中產生的成本。另一種是資本成本，許多創業者用個人信用卡額度來自籌資本或者用房屋申請貸款。以目前處於歷史低檔的利率而言，這種籌資方法極具吸引力，但這種自籌資本的方法對於金額較高的投資案並不有利。

　　估算創業成本越詳細越好。最好的辦法是請更多人提供想法，想出創業

初期所需要的一切，從庫存、設備和固定設施等有形的成本，到翻修、廣告和法律開辦費用等等無形的成本。創業階段初期費用許多都是一次性成本，如印刷宣傳手冊、成立有限公司或者獲得經營許可等的費用，還有一些費用將是持續性成本，如租金、保險或者員工薪資等。一般來說，先估公司開張所需的一次性成本，然後再計算第一年所需花費的營運成本。一般來說經營成本的項目包括——

- **定點成本**——開業定點需要支付的租金、裝修或者全面整修的費用。
- **產品成本**——任何與產品有關的成本包含計算銷售成本、原物料成本，生產加工成本、運輸成本、包裝成本、銷售佣金以及其它。
- **設施成本**——任何與創業設施有關的成本，像是電腦、影印機、電話、生產機具以及其它設施的總成本。
- **員工成本**——任何跟雇用員工有關的費用，包括工資、福利、加班費、獎金、保險費等。
- **行銷成本**——有關行銷時的相關費用包括廣告活動、宣傳印製……等。
- **雜項成本**——包括辦公用品費用、水電、電話費、網路費……等。

如果創業者在計算創業成本方面仍有困難，不妨先了解其它公司的情況。試著與其他業主探詢創業成本計算，當創業者對自己預估的創業成本心存疑慮的時候，創業者應寧可高估開業前投資成本、低估銷售額。也不要過度樂觀高估銷售額，低估投資成本，可先行粗估創業啟動成本，然後把得到的數字加倍，只有這樣，才可以降低創業風險。

07 合夥，也要清楚帳目

合夥創業，以信任為基礎，基礎來自於清晰的「權利義務」，合夥人有出資的義務，相對也有分配利潤的權利，只有權利義務清楚，雙方合夥的緊密度才會更高，很多合夥人最後弄得拆夥收場，絕大多數都是權利義務搞不清楚，尤其是合夥帳務上，有些帳目不明，常出現漏記、少記營業收入的情況，會令合夥人心生疑竇。比如說，公司有一合夥人弟弟進入公司當業務，領取了數百萬的高額獎金，這筆獎金另一合夥人並不清楚，按一家公司的業務制度來說，領取獎金的比例都有一定規定，但是這一筆獎金並沒有依照公司制度規定核撥，這種帳目不清、混淆不明的權利義務關係，往往是合夥人不合的導火線。

🤝 帳目公開

所以創業者不管跟誰合夥開創事業，帳目一定要清清楚楚，最好是能按時讓合夥人看帳冊，並討論費用支出哪裡有問題。合夥人帳務上會發生問題，最常出現的疏失是沒有約定查帳時間，這種沒有約定的行為，看似信任卻是危機的開始，一但帳目有問題，合夥人主動提出看帳時，彼此之間會導致信任危機，尤其是出資比較大的合夥人，會認為為什麼突然要看帳？是不是不想再合夥下去了。

為了避免合夥人對合夥帳目認知不一致，合夥人必須事先約定時間公布帳務，如果帳務沒有太大變動，也要不定時公布，只要帳務上出現明顯的

變動，有義務告知帳務變動的情況，比如說單月廣告費用突然大增，這時就有必要說明，因為該月有兩場大型展覽公司非參加不可，故廣告費用大增，公布帳務的形式不拘，不管是口頭報告或用E-mail寄給所有合夥人，合夥創業必然需嚴格訂定帳務發佈時間，有些公司會在每個月5、10、15日公布帳冊，主要這些日子是會計作帳日，趁著作帳日一併公布帳冊。

權利明訂

　　合夥人有出資的義務，當然也就更該有領取報酬的權利，不能為了降低成本，不領錢做事，不然這公司的創立就沒有任何意義了，不管合夥人如何從合夥的事業中拿到報酬，雙方一定要明定如何提領報酬。比如說按照市場行情給合夥人報酬，這樣就能評估公司真實的營運成本，就算考量到創業維艱，資金不足，一時不領報酬，但是往後一定要悉數奉還報酬給合夥人，這些都是合夥人該得，就算報酬要按市場行情打八折或六折給合夥人，也要雙方同意，在帳務上記載清楚。處理合夥經營的帳目要為每一合夥人各設資本帳，每一合夥人分設資本帳，用以記錄每人付給的資本。此筆資本未經另外決議同意，一概不得隨意提存。另外合夥人也必須設立往來帳，用以記錄每人的欠帳或是商號欠各合夥人的帳。往來帳內容，包括全年提款、資本利息，墊付利息及薪酬等。年終時，合夥帳目最好能明定損益及分配表。舉例來說小花與小魔合夥銷售淨水器，2013年12月31日的年終純利為247,000元。支付合夥人薪酬如下：小花全年共收54,000元；小魔共收60,000元。支付資本利息如下：小花全年共收37,000元；小魔5,000元。另外，小花要支付資本提款利息共6,000元。餘額由兩人平均分攤。

表5.10小花與小魔 年終損益及分配表 （截至2013年12月31日年終）

		千元		千元
資本利息			分配前之純利	247
小花	37		資本提款利息－小花	6
小魔	5	42		
薪酬				
小花	54			
小魔	60	94		
利潤分配				
小花（50%）		117		
小魔（50%）		117		
		253		253

　　小花跟小魔合夥創業一起打折領薪，共度創業難關，2012年無法領薪水，兩方協議先記在帳上，公司暫時向兩人借錢，等到公司賺錢之後，2013年小花與小魔年終損益及分配表，明定大家報酬利潤。小花與小魔的例子中可以利潤平分，沒有最大的股東，當遇到經營意見而不一致時，最好的狀況是由投入時間最多、對事業最有熱情的人擔任最大股東。比如說小魔在公司處理大小事務，幾乎每天在公司，小花只是每個月固定幾天去公司幫忙，所以最大股東設定以小魔為主，最後經營決策定奪以小魔為主。

　　另外小花的朋友小智資金不夠卻擁有核心技術，想要技術入股的方式跟小花、小魔合夥，這時三人可事先約定，當公司賺錢時，可以提撥部分利潤作為小智朋友的股份，讓小智可以隨著公司成長持股比例增加。小花跟小魔這兩個資金股東要想辦法綁住小智這類核心技術的人才，事業才會成功的關鍵，為了鼓勵小智持續投入，可以事先約定採用技術入股的方式給小智報酬。

08 管好帳目
才會管好生意

創業者財務管理中，核對帳本是一種既簡單又通用的財務管理方法，懂得核對帳目的經營者，才能不忽略每一筆收入支出，讓生意越來越好。支出或費用的帳目管理方法，創業者可以全部使用支票付款，便於保存納稅憑證，支票付清款項後應註銷，然後將支票按照號碼和日期進行排列，以確保付款不逾期。

創業初期，信譽為重，按期付款可建立企業良好聲譽，並與銀行取得好的默契信任，在調度資金上會比較有利。公司的財產資料，尤其是一些重要財產，應標明採購日期，以便確定折舊。創業者在創業之初，處理帳務應聘請專業會計人員記帳；若資金成本考量不足，可外包給專業會計師事務所處理，借重其專業能力處理帳目。

有憑有據帳目分析

帳目關鍵管理事項就是收集各項憑證，在統一發票的開立上，絕不跳號或跳日期書寫開立，必須依品名、單位、數量金額，按營業性質隨統一發票字軌順序開立予客戶，因臺灣稅法係採憑證主義，任何課稅依據均與各式憑證息息相關，如果像發票這類憑證不善加保管，那就無法節稅，等於是跟自己的荷包過不去。開立的發票作廢時，應確實做好回收保管，未使用之空白發票應予截角，以免造成漏報發票或申報錯誤情形。在免用發票的店面上，如果是現金交易，收據抬頭要標明業者名稱及開立收據者之統一編號，並蓋

蓋免用統一發票章。在零用雜支現金及應付帳款管理上，最好能在每月月底
預估下月的零用雜支現金及應付帳款金額。日記帳的憑據登錄，需細心清楚
記錄每一筆收支，載明金額、用途、項目、數量、時間，掌握確實的盈虧，
以每年、每季、每月為週期統計分析，創業者可利用簡單的記帳軟體，或是
excel軟體來運算，統計分析支出的合理性。例如我們可以用excel軟體來運
算，將各種費用佔銷貨收入的比例分析出如以下的立智公司損益比較表：

表5.11立智公司損益比較表

項目	第一期		第二期		第三期	
A銷貨收入	240	100.0%	270	100.0%	285	100.0%
B銷貨成本	150	62.5%	174	64.4%	183	64.2%
C毛利（A-B）	90	37.5%	96	35.6%	102	35.8%
經營費用						
1.銷售費用	18	7.5%	22.5	8.3%	23.4	8.2%
2.廣告費用	7.5	3.1%	9	3.3%	21	7.4%
3.工資薪金	20.4	8.5%	24	8.9%	24	8.4%
4.辦公設備	2.4	1.0%	2.7	1.0%	3	1.1%
5.租金	6	2.5%	6	2.2%	6	2.1%
6.水電費用	1.8	0.8%	2.1	0.8%	2.1	0.7%
7.保險費	0.9	0.4%	0.9	0.3%	0.9	0.3%
8.稅務	3.6	1.5%	4.8	1.8%	4.8	1.7%
9.利息支出	3.6	1.5%	3.6	1.3%	4.5	1.6%
10.折舊	9.9	4.1%	9.9	3.7%	9.9	3.5%
11.其他雜項支出	0.3	0.1%	0.3	0.1%	0.6	0.2%
D營費支出總額	74.4	31.0%	85.8	31.8%	100.2	35.2%

　　從模具公司損益比較表中我們可以看出第一期到第二期的「廣告費用」
佔銷貨收入明顯並無大幅增加，但是到了第三期突然增加，這時可針對這個
帳目查明發票收據等憑證，分析廣告費用增加的原因，並提出改善方案。此
外毛利佔銷售收入的百分比，稱之為毛利率，從模具公司損益比較表中我們

可以發現毛利率從第一期37.5%開始下降至第二期35.6%之後 ，第三期就沒
再提高很多，這可能要注意銷貨成本上，是否庫存成本過高，導致毛利率下
滑。這些財務比例分析最主要是建置標準成本，做好成本控制，供創業者做
決策，以改善財務結構與降低資金成本，並做節稅與理財策略與規劃，提供
行銷部門銷售利潤分析，將財務資源集中於核心業務。

09 妥善管理現金，遵守財務管理規章

隨著創業規模擴大，現金管理對於創業發展相當重要，創業過程中現金管理被視為是價值產生的源頭。創業者管理現金的原則是加速現金流入，減緩現金的流出。加速現金流入的涵義在於創業者在經營事業過程中「應收帳款」（不計利息收入）要快速流入，減緩現金的流出的涵義在於創業者在經營是業過程中「應付帳款」（不計利息支出）應緩慢地流出。

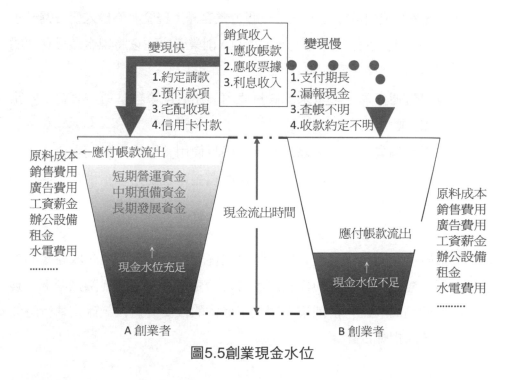

圖5.5創業現金水位

從圖5.5的創業現金水位圖可以看出，A創業者與廠商客戶透過約定、預付款項、宅配收現、信用卡付款等縮短收現金的措施，快速提高銷貨收入流入速度，此外在應付帳款流出部分，A創業者比B創業者更有技巧加長流出時間，這使得A創業者的現金充足，足以支撐短中長期供應。

從A、B兩位創業者的現金水位來看，B創業者由於應付帳款管理不當，導致應付帳款的現金流出時間太短，使致現金水位不足，一旦應付帳款的現金流速入速度變慢，加上應付帳款的現金流出時間越來越短，B創業者將沒有現金可以周轉，公司也將無法繼續營運下去，在現金流管理的過程中，B創業者首要的任務是要瞭解整體應付與應收的現金流入流出狀況，確保企業有足夠的現金來償還債務，最好的方式，提出一個拉長應付帳款現金流出時間的方案，並加快應收帳款催收，以增加現金水位。

至於A創業者由於懂得延緩應付帳款的期限，且懂得有效催收應收帳款，所以資金水位相當穩定，但是一個企業有滿手現金而不投入研發提升企業體質，最終現金也有敗光的一天，所以A創業者要注意將現金做最有效的運用，一般現金分為三類使用：

- **短期營運資金**──未來三個月使用，用於創業經營所需資金，安全性和流動性佳。

- **中期預備資金**──未來三～十二個月使用，用於可預期現金支出，像是股利分紅或是稅務支出，核心資金可說是第二預備金，避免創業初期發生資金需求不足的動盪。

- **長期發展資金**──用於一年後的投資案，著眼於未來一年之後，行銷研發策略。確定投資目標時應該從安全性、流動性、收益幾個方面考慮。一個合理的投資政策有助於企業在一定的風險控制下，獲得較高的收益。當創業者制定了適當的投資計畫後，確定執行時間與準備相應的資金。

穩定的現金流入流出

　　許多創業者創業失敗不是因為沒賺錢，而是因為沒現金。一旦現金周轉卡住，會計帳上漂亮的收入增加都是假的，因為現金沒有收回來，比如說賣出三十萬的貨，卻收到三個月後才可兌現的支票，實際現金並沒有進入銀行戶頭，在會計帳上，這筆應付票據金額雖列入流動資產，但是並沒有實際的現金入袋，這種流動資產是一種虛無的現金，三個月內可能有倒閉的風險，另外是應付帳款，創業者支付原料成本、銷售費用、廣告費用、工資薪金、辦公設備、租金、水電費用、保險費、稅務、利息支出、折舊、其他雜項支出……等費用時，有些開出支票給付這些費用，為了維持銀行信用，支票一定要兌現，這些應付票據如果不能緩慢付出，現金就會一點一滴被花光，尤其是創業者剛開始創業，信用還沒建立，廠商通常會要求現金給付貨款，以唐雅君創辦的「亞力山大」倒閉事件為例，亞力山大以消費者的預付款給付貨款，一旦消費者不再願意參加會員，亞力山大的應收款項停止流入亞力山大，接著沒有現金支付工資薪金、辦公設備、租金、水電費用……接著就是倒閉。

　　以銷貨收入來說，賣出去的貨怎麼樣可以快速收到貨款，支付出去的金額，如何可以延期付出將錢花在刀口上，是創業者累積現金永續生存的關鍵技巧。現金流出容易預估，大多數都是人事水電管銷成本，最大的問題反而是來自於現金流入，特別是創業初期燒錢的時候，幾乎毫無現金流入可言，這就得想辦法節省開銷。

遵守「收付實現制」會計財務管理規則

　　創業者在管理現金上，必須遵循「權責發生制」或「收付實現制」這兩個會計原則，如「權責發生制」適用於創業成功之後的成長，因為這時短期現金流量充足，足以支付營運支出；「收付實現」適合剛開始創業的人，「權責發生制」不能真實地反應現金流入和流出，「權責發生制」的記帳方

式是當現金還未收到時，收入已經記入帳內；當費用發生現金還未支付，支出已經記入帳內。以創業者來說，遵守「收付實現制」會計財務管理規則，比較有利於現金管理。

　　舉例來說創業者於十月發生銷售額二萬元，當月收到現金一萬兩千元，餘額仍未收到。另外，收到九月份顧客賒購貨款四千元。在支出方面，進貨一萬六千元，款項在十一月份前付清。另外，支付九月份貸款兩萬元，並用私人貸款償還本金兩千元。

表5.12現金會計原則比較表

10月	權責發生制	收付實現制
收入	20000（收入發生時入帳）	16000（收到現金入帳）
支出	16000（支出發生時入帳）	22000（付出現金入帳）
淨收入	4000	-6000

　　從表中兩種入帳方式來看，同樣一筆帳，收付實現制入帳方式顯示在10月份損失六千元，而權責發生制卻顯示四千元的利潤。此外，償還本金是非費用的現金流出項目。因此可以看出，收付實現制有利於創業者用來監控未收入的錢以及花出去的現金。

10 現金流

西元1975年，美國一家大型企業宣告破產，破產前一年淨利潤近一千萬美元，但銀行貸款達六億美元，這家公司破產前五年無現金流入，雖然有高額的利潤，公司的現金不能支付巨額的利息債務費用，最後變成賺錢卻破產的企業，這家公司破產主要原因就是對現金流入過於樂觀，致使不斷借貸擴張，即使賺錢被債務牽制，導致現金不斷流出。由此可知現金流是創業發展的基礎，創業者必須具備足夠的現金流量管理意識，建立現金流入流出管理制度，制定有效的現金流集中管理制度，比如說以專案方式，定期製作現金流管理報告、預算報告，分析現金流，並及時調整。創業者可以針對支出收入單一項目的財務變化都能準確及時地反應到現金流量，比如說稅金這一單一項目檢討如何合法節稅，以減少資金的流出，也可針對收款流程檢討現金流的品質。

透過現金流量的管理，可將企業的資金及時地轉化為生產力，現代財務管理的目標不僅只是帳務處理，而是以現金流管理規劃資金預算，監督與控制現金流入流出，在生產經營中的現金流量管理，主要確保生產經營的短期現金的安全性，比如在存貨周轉期管理上 適時降低庫存，減少不必要的原物料積壓。另外在現金回收上，創業者從收到訂單到收到貨款這個過程中，儘量鼓勵客戶先付款，縮短現金的回收期，對逾期付款者，持續追蹤。透過現金流量分析，若創業者不能以任何方式清償到期債務，即使尚有盈利，也預示創業者已瀕臨結束營業的邊緣，因此在清償到期債務的付款週期管理

上，向外支付款項週期，並不是拖得越久越好，債務拖過久支付會使經營事業喪失信用度，無法從銀行、供應商得到折扣優惠以及資金挹注。

現金流是指創業者按照現金收付實現制規則所記錄的現金流入流出活動，活動包括營運活動、投資活動。現金流並非單指鈔票，而是指創業者創業過程中庫存現金、銀行存款以及現金等價物，現金等價物流動性強容易轉換比如說股票。現金流顯示在創業過程中資金流出與流進，現金流從營業活動、投資活動中收回資金償還負債，再用以新的投資，保持現金正流入，是創業者經營能力的表現。

現金流營運活動

現金流經營活動主要是因產品生產、商品銷售或勞務提供而產生的現金流活動，營業活動中現金增減，營收增加雖是現金流入的原因，但是存貨的減少也是現金流入的主因，所以出清存貨，對現金流入相當重要。除此之外，營運資金運用反映營業收人及其他資金使用情況，創業者可編制「現金流營運活動預估表」，評估現金活動狀況。現金流營運活動預估表預估現金來源與營運資金使用之間的相互關係，可以幫助創業者了解公司現金流品質是否健康，營運決策是有問題。

除此之外，可以將現金流資料保存方式簡化為收入和支出項目；運用好的資料保存系統像是電腦家用軟體、雲端網路軟體，以幫助管理這些收入和支出項目，另一種方法是借助信用卡，記錄顧客現金流入的時間，以利往後的現金投資規畫。

表5.13 現金流營運活動預估表　　　　（單位：千元）

資金來源		
1 抵押貸款	450	
2 定期貸款	225	
3 個人資金	150	
4 營業淨收入	2.4	
5 折舊	11.7	
A：現金流入總額（1～5）		839.1
資金運用		
1 購買設備	720	
2 存貨	30	
3 償還貸款	16.8	
B：現金流出總額（1～3）		766.8
營運現金水位（A-B）		72.3

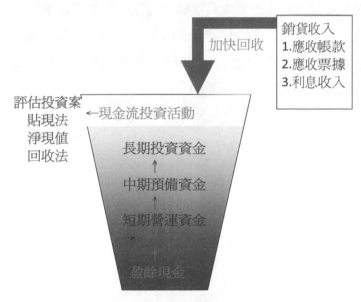

圖5.6現金投資活動

現金流投資活動

　　創業者購買土地、設備造成的現金流出，其他如研究發展與市場開發費用，雖不會導致利潤的減少，但卻是現金的流出，現金流投資可以資金成本為折現率，若現金折現率大於1，則可投資，另外一種評估投資的方法，是以原始投資額除以每年現金淨流量得出回收期，若小於預計的回收期則投資。比如說投資100萬，第一年現金淨流量為50萬，預計兩年可回收資本，比原先預估的三年回收期少，創業者即可考慮這項投資案。創業者投資活動所形成的現金主要包括股利、債券利息等所得現金，以及固定資產等所支付的現金。現金投資新事業必估算投資風險，保證資金安全。

　　在做出投資決策時，首先對自身所需的維持日常營運的資金，要有現金存量支應，在日常營運的資金三～六個月不虞匱乏的情況下，有盈餘現金的創業者即可再投資。如圖5.6現金投資活動所顯現，藉由快速收回銷貨收入，盈餘現金水位高漲支應短中長期資金運用。創業者透過投資評估，做出投資決策時必須考慮到貨幣的時間價值問題。可用貼現現金法、淨現值法評估，一般來說資金的價值，如果長期投資一年利率在1.5%左右來計算，現金投資活動最起碼不能低於（$1+1.5\%$）[5]。

 預測現金流

創業者預測現金流，一開始無法完全掌握實際的現金流入流出，只能先以實際花費累積一年的「經驗值」之後，按經營一年來各種費用與銷貨收入形成的「比例值」推估來年的現金流量的「預估值」，等到來年結束之後，再與經營現況的「實際值」進行比較，如果實際值與預測值之間有差距，則檢討差距的原因，形成新一輪經驗值。

圖5.7現金流預測流程

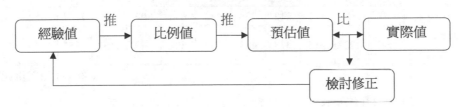

前面表5.7立智公司損益表規劃的的頭一年裡預估現金流量表，估計每月銷貨收入50%當月收現金，剩下50%在下一個月收現金，所以表5.14根據表5.7銷貨收入變動形成一年內現金流量經驗值預測表。

表5.14立智公司現金流量經驗值預測表

收入＼月份	1	2	3	4	5	6	7	8	9	10	11	12
A.銷貨收入	60	135	158	199	219	230	250	267	276	288	309	327
經營費用												
銷售費用	9	12.3	13.8	18	18	18	22.5	23.4	23.4	24.9	27	28.5
廣告費用	4.5	5.4	5.7	7.5	7.5	7.5	9.0	21.0	9.0	10.5	12	13.5
工資薪金	19.5	19.5	20.4	20.4	20.4	20.4	24	24	24	24.90	28.5	30.0
辦公設備	1.8	1.8	2.1	2.4	2.4	2.4	2.7	3.0	3.0	3.6	4.2	4.5
租金	6	6	6	6	6	6	6	6	6	6	9	9
水電費用	0.9	0.9	1.2	1.2	1.8	1.8	2.1	2.1	2.1	2.4	2.7	3.3
保險費	0.6	0.6	0.6	0.6	0.9	0.9	0.9	0.9	0.9	0.9	1.8	1.8
稅務	3.3	3.3	3.6	3.6	3.6	3.6	4.8	4.8	4.8	5.1	5.7	6
利息	3.6	3.6	3.6	3.6	3.6	3.6	3.6	4.5	4.5	4.5	4.5	4.5
折舊	9.9	9.9	9.9	9.9	9.9	9.9	9.9	9.9	9.9	9.9	9.9	9.9
其他	0.3	0.3	0.3	0.3	0.3	0.3	0.3	0.6	0.6	0.6	0.6	0.6
B.支出總額	59.4	63.6	67.2	73.5	74.4	74.4	85.8	100.2	88.2	93.3	105.9	111.6
現金流量（C-D）	1	71	90	125	145	155	164	167	188	195	203	215
C.期初資金	50	51	122	212	338	483	638	802	969	1157	1352	1555
D.期末資金（C+A-B）	51	122	212	338	483	638	802	969	1157	1352	1555	1770

（單位：臺幣萬元）

表5.14註──2月銷貨收入所收現金為（120*50%）＋（150*50%）＝135（萬）

　　從表5.14中可以看到現金流出（期初資金）減掉現金流入（期末資金）得到一個現金流量「經驗值」，對任何創業者而言剛開始營運，現金流量不會太大，正因如此，創業者更要從經驗值中預估現金流量，掌控現金狀況。

表5.15立智公司現金流量比例值與實際值比較表　　（單位：臺幣萬元）

收入 ＼ 月份	1月	1月比例	2月預估值	2月實際值
A.銷貨收入	60	100.00%	135	135
經營費用		0.00%		
銷售費用	9	15.00%	20.3	12.3
廣告費用	4.5	7.50%	10.1	5.4
工資薪金	19.5	32.50%	43.9	19.5
辦公設備	1.8	3.00%	4.1	1.8
租金	6	10.00%	13.5	6
水電費用	0.9	1.50%	2.0	0.9
保險費	0.6	1.00%	1.4	0.6
稅務	3.3	5.50%	7.4	3.3
利息	3.6	6.00%	8.1	3.6
折舊	9.9	16.50%	22.3	9.9
其他	0.3	0.50%	0.7	0.3
B.支出總額	59.4	99.00%	133.7	63.6
現金流量（C-D）	1	1.67%	2.3	71
C.期初資金	50	83.33%	112.5	51
D.期末資金（C+A-B）	51	85.00%	114.8	122

　　創業者可用第一個月各項現金流量與銷貨收入的比例值，如表5.15推測第二個月預估值，待第二個月現金結算之後，比較預估值與實際值之間的差距在哪裡？由於銷貨收入不等於現金，在會計科目上因為銷貨收入可能只是應記收入，可能還拿不到現金，創業初期並不是每一張應收票據都要立即支付，除非是做現金生意，否則預估現金流量銷貨收入必然打折做現金預估。對創業者來說，對現金流量像預估跟利潤預估一樣逐月進行是非常重要的。預估現金流量表中的數據源自預估損益表，但要根據現金可能變化的時間進行適當調整。如果在某個時點出現現金流出大於現金流入，創業者就需要確認銀行帳戶是否有足夠的現金支應，以防將來現金不足，如此創業者就能夠逐漸走出現金流量充足的發展階段。

確保應收帳款的回收

創業要使現金流量充足，除了提高產品毛利率、增加銷貨收入之外，最重要是縮短應收帳款回收時間，從表5.16銷貨收入回收表中，我們可以從半年的銷貨收入累計款、貨款回收累計、現金入帳累計這三個數字，發現應收帳款回收時間的長短。要注意，貨款回收累計不代表現金入帳累計，比如說表5.16貨款回收累計1000萬，但是有400萬是未兌現支票，所以當月至只有600萬現金入帳，所以在現金回收比例上，與銷貨收入數據有一段差距。每一個月的累計，可能是上個月或上上個月的金額加總。

表5.16 銷貨收入回收現金表

	銷貨收入累計	貨款回收累計	現金入帳累計
1	2000	1000	600
2	7000	5000	3000
3	11000	8000	5000
4	15000	10000	7000
5	17000	11000	8000
6	20000	12000	9000

圖5.8銷貨收入回收現金圖

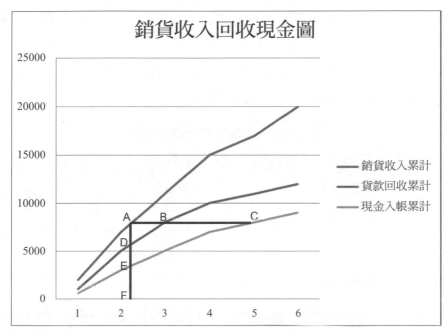

A-F＝銷貨收入累計金額　　　A-D＝未回收貨款

A-E＝未回收現金　　　　　　A-B＝貨款回收時間

B-C＝應收票據變現的時間　　A-C＝貨款現金化時間

　　從圖5.8銷貨收入回收現金圖來看，B至C段應收票據變現的時間，明顯比A至B段回收貨款的時間要來得大，顯示應收票據現金化的時間太久，創業者如果要讓B至C段應收票據回收時間縮短，可借助銷貨收入回收現金圖分析現金化應收票據回收時間是否有擴大，如有擴大應隨時掌握顧客逾期未付款的情況，並及時提醒顧客及早付款。透過簡單的銷貨收入回收現金分析，我們只需要將銷貨收入累計款、貨款回收累計、現金入帳累計這三個數據輸入，這樣，創業者隨時檢視已付款和未付款的名單，並及時催款，以確保應收帳款及時回收。如果客戶不能準時付款，創業者可透過電話或郵寄的方式催收，催收未付，可以考慮委託專業收款公司催收。另外，創業者可跟

信用卡公司合作，鼓勵客戶用信用卡付款，如此可以將應收帳款的風險轉移給信用卡公司。但是創業者還必須支付給信用卡公司佣金，這筆佣金等於是應收帳款的保險費。

　　創業者創業過程中，為確保應收帳款確實回收，貨品、服務銷售前後須有一套明確的措施，防止應收票據變現時間過長。

圖5.9確保應收帳款回收流程圖

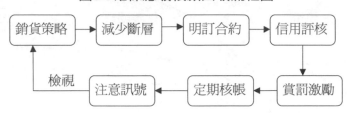

銷貨策略

　　創業者為了增加銷售機會常忽略，應收帳款無法收回風險；如果只跟信譽好的大廠商合作，經營風險雖然降低了，但達不到規模銷售的目標。所以正確、合理的解決產品銷貨策略，對降低應收帳款，保證貨款的安全性是有幫助的。以此創業者可爭對產品不同銷售階段、銷售策略、市場強弱勢而採取不同的銷貨策略。按照各家廠商不同的經營情況，採用貨物批量供應方式，控制發貨周期有效地控制應收帳款回收。1～2次為宜，即每次發貨量為經銷商15～30日的銷售量

減少斷層

　　銷貨過程經過多個廠商轉手買賣，容易形成應收帳款斷層現象，比如說創業者是廠商A買東西給B，B又賣東西給C，只要C付不出款給B，連帶會影響到A，所以儘量直接銷售給付錢的人，單一窗口對應，不要為了完成銷售目標而採取賒銷、代銷的營運模式，一個商品轉經營好幾手，很容易導致應收帳款斷層。

明訂合約

1.明訂價格、付款方式、付款日期、運輸情況等各項交易條件。

2.明訂雙方權利義務和違約責任。

3.明訂合約終止時間。

4加蓋公司章,避免個人簽章。

信用評核

建立信用評核制度,對廠商的銀行信用狀況、口碑、歷史交易記錄,建立評核標準,對不同的廠商給予不同的應收款項期限,如果是跟上市公司合作,可透過正確交易所下載財報,針對廠商資金來源、固定資產、流動資金、還債能力評核應收帳款期限,已確保應收帳款回收。

賞罰激勵

建立應收帳款回收的賞罰制度,比如說在一定期限付現金,可有銷貨折扣,如果超過一定期限付貨款,可能要加計利息或稅金。公司內部方面,對催收應收帳款方面納入銷售人員考核的項目,制訂合理的應收帳款獎罰條例,要將應收帳款利益與銷售人員利益相連,使應收帳款處在合理、安全的範圍之內回收。

定期核帳

每隔三個月或半年就核對一次帳目單據金額,對於產品多,而產品的回收款期限不同,或因經營條件的不同而同種產品回收款期限不同;所產生的現金回收緩慢現象,重新檢視應收帳款的管理,制訂一套規範的、定期的對帳制度,避免應收票據變現的時間缺口變大(如圖5.8B-C段)。

注意訊號

　　從徵兆注意廠商欠款訊號，以做為未來改進銷貨應收帳款回收參考。廠商拖欠款項訊號，包括有跟其他公司的法律訴訟、人員頻繁更換、催收時財務人員相應不理等現象。

加強應付帳款的管理

除了確保應收帳款回收之外，加強應付帳款管理，可讓創業者現金流不致快速流失，應付帳款管理輕、重、緩、急之別。其中重要的應付帳款即為非付不可的稅金、保險費，一般說來，勞健保必須從員工薪資中扣除，並保存起來。創業者必須謹慎預留這筆應付帳款，避免來不及繳納，支付高利息和罰金。

在會計理論中，應付帳款反映的經濟交易中買賣方關係，理論上買方似乎想盡可能地延緩支付貨款。但是，在目前網路資訊發達的供應鏈理論看來，應付帳款不僅包含買賣關係，還包含合作夥伴關係。創業者透過與供應商的應付帳款，形成緊密的運作，讓供應商參與產品設計、生產管理等內部事務，所以加強應付帳款的管理是維護企業與供應商之間良好合作關係的基礎。

- 基礎一「**即時性**」──創業過程中採購發生後，應及時取得單據做帳務處理。如果貨物流轉與單據流轉不一致，必然出現應付帳款處理不及的現象，也會影響整個事業體現金流預測不準確的狀況產生。

- 基礎二「**平台性**」── 應付帳款牽涉到財務、採購、供應商不同角色的資訊交換，有些供應商的買賣資訊由財務部門在財務軟體中紀錄，有的是從採購部記錄。不管由哪種管道得到的供應商買賣資訊，財務、採購、供應商相互之間必須有一個整合平臺將彼此的管道相結合，共同維護管理應付帳款相關的進出事務。

● 基礎三「準確性」——為了增強應付帳款資料分析的準確性，每一筆帳款編號、名稱務必與付款方相合，不要把健保當勞保，勞保當薪資付，這種錯亂性的應付帳款在於登錄帳務資料的條目不準確，造成張冠李戴的現象，比如說創業者對供應商採購，資料記載，包括名稱、供應商簡稱、編號、國別、城市、供應商品類型、轉帳、電匯、信用證、現金、預付等結算方式、首付比例等等，都需準確記載。

● 基礎四「分析性」——創業者付款給供應商依據輕重緩急的順序安排付款，如果從每一個供應商的帳款分析逐個進行分析，速度太慢準確度低，客戶一多就亂了。創業者可利用EXCEL函數自動快速分析，付款之輕重緩急，以維持商業信譽。

● 基礎五「分類性」——將應付帳款付款順序分為三級，第一級大額採購占採購總額的70～80％；第二級採購額占採購總額的15～20％、第三級採購額占採購總額的5～10％。一級供應商完整記錄基本資訊優先處理，並邀請對方參與公司內部生產流程製定建議，二級供應商正常的記錄處理，不參與內部事務，三級供應商簡單處理，可談付款條件。

● 基礎六「結算性」—— 規範雙方的結算流程，明訂款項結算時間，一般來說結帳日期如每月25日，約定為結算期，供應商在這個結算期內的所有交貨金額統一對帳，提高應付帳款管理效率。在此期間集中安排與供應商的帳務核並約定付款期，一般每月集中一、兩次付款，由財務部門根據付款計畫和付款申請單支付。

● 基礎七「格式性」——儘量以同一訂單表格、合約表格紀錄應付帳款資料，以後不管訂貨或付款，雙方往來都有一定的格式標準可遵循。

根據以上七項基礎，建立應付帳款管理系統，這樣能讓創業者該付的錢準時付，能慢一點付的錢，也可以再拉長付款信用期。

14 募資平台

創業者從政府或民間提創業資金的平臺募集資金時，少不了需要準備一份完整有關創業的募資營運計畫書及簡報資料。創業計畫書就是把創業者的想法，藉由白紙黑字最後落實。對於提供資金者而言，一份理想的創業經營計畫書必須具備以下三種功能：

- 簡單穿透：提供投資者想要的資訊，簡單穿透投資者的心，讓他清楚了解創業者的想法。
- 清楚告知：告訴投資者你想要多少資金，做什麼，資金要用在哪裡？
- 回收分析：提供投資者詳細的投資報酬分析，投資者最關心如何回收投資。

現在以政府「貸款創業計畫書」說明創業計畫書簡單的訣竅。這份創業計畫書分為基本資料、產品行業、財務經營三大部分撰寫計畫書，清楚簡單表達想要多少資金，做什麼，資金要用在哪裡？投資可以如何回收。

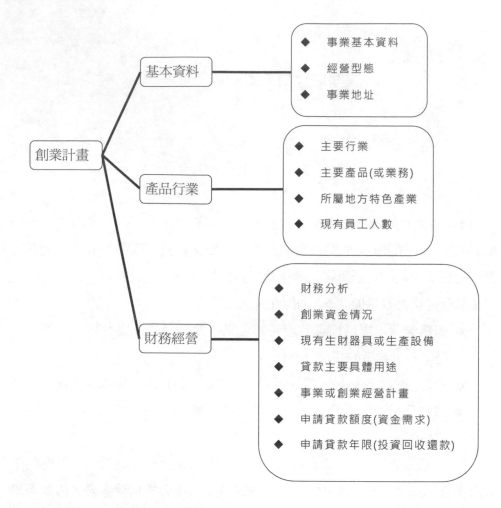

創業計畫書撰寫重點

　　類似政府創業計畫書在撰寫時，在基本資料方面，事業地址請參照登記資料，詳細填入營業場所或工廠地址、電話。並說明營業地點坪數與租金，在產品行業這一方面要寫明主要銷售產品或提供服務之業務以及員工數（不含負責人）。財務經營方面務必詳細說明事業籌設初期至完成公司、商業登記或立案後六個月內各項準備金償還計畫，償還計畫需注意如何還款？用什麼來還款？

創業計畫書範例參考寫法

※基本資料

（1）事業名稱（全名）：立智簡餐店

（2）設立日期：103 年 3 月 20 日

（3）統一編號：12345678

（4）經 營 型 態：獨資

（5）營業地址：臺中市夢想路199-1號

（6）工廠地址：臺中市夢想路168-5號

（7）電話：（04）2738449

（8）其他：租金每月15000元；佔地25坪

※產品行業

（1）主要行業：餐飲業

（2）主要產品（或業務）：午晚餐（義大利麵、焗烤）手做含咖啡

（3）所屬地方特色產業：觀光民宿

（4）現有員工人數：3人

※財務經營

（1）財務分析

初期累積的營業損益及第一年預估營業損益，預估年營業收入，請以帳冊資料預估更有說服力。

項目	第1個月	累積營業損益（9個月）	第1年預估營業損益
A營業收入（＋）	116411	1076802	1396932
B銷貨成本（－）	70000	647500	840000
C營業毛利（A-B）	46411	429302	556932
D營業費用	20800	192400	249600
營業利潤（C-D）	25611	236902	307332

A營業收入：出售產品、服務所獲得的收入

B銷貨成本：銷售的產品的直接或間接成本，扣除進貨退出、折扣。

C營業毛利：A－B

D營業費用：銷售所發生之費用，包括薪資、租金⋯⋯等。

E營業利潤：C－D

（2）創業資金情況

◆ 負責人登記之出資額：新臺幣80萬元，占事業實收資本額100％。

◆ 創業金額需新臺幣165萬元。自備80萬元，尚缺85萬元。

◆ 公司於金融機構無貸款與負債。

（3）現有生財器具或生產設備

名稱	數量	名稱	數量
吧台設備	2組	冷藏櫃	1個
咖啡機	2台	空調設備	1套
POS 系統	2套	廚房設備	1套

（4）貸款主要具體用途

	項　　目	數　量	單　價	總　價
生財設備	木工裝潢		20萬元	20萬元
	水電裝修		15萬元	15萬元
	冷凍冷藏設備		15萬元	15萬元
	飲料機	一臺	3萬元	3萬元
小計				53萬元
	項　　目	數　量	單　價	總　價
周轉金	水電費	4個月	1萬元	4萬元
	營業場所租金	4個月	1.5萬元	6萬元
	薪資	4個月	7.5萬	30萬元
	購買原物料	4個月	3萬	12萬元
小計				22萬元
				85萬元

（5）創業經營計畫

經營現況

創業者寫經營現況說明時，務必將服務、產品名稱、主要用途、功能特點以及現有或潛在客源做一番簡明扼要的敘述。

《參考寫法》

立智簡餐店主要以販售午、晚餐為主，商品以麵包、義大利麵、披薩、炸物、咖啡、茶飲為主，價位在80～200元之間，抓住一般消費者心態，套餐搭配茶飲，提供消費者更優惠的價格。因應親朋好友同事聚會，提供便利、有機健康飲食，訴求均衡營養，吸引25～60歲的消費族群。

市場分析

創業者寫市場分析說明時，務必將服務或產品如何擴大客源銷售方式，以及競爭優勢、市場潛力優勢和未來展望，簡要說明清楚。

《參考寫法》

立智簡餐店，目前利用臉書、關鍵字行銷散發電子優惠訊息，以精緻套餐9折優惠吸引附近消費族群加入，主要客群以公司行號、家庭、單身等一般中低消費客群為主，並積極研究開發新產品，開發潛在客群。面對設備、資金、停車空間不足的劣勢，立智簡餐店正積極尋找適合器具烹調並與附近停車場協調特約停車空間，茲不足部分正利用政府優惠貸款取得創業資金。

SWOT 分析表

優　勢	劣　勢
1. 區域有機健康飲食餐飲店較少 2. 食材均自家農場出產，區隔市場 3. 以顧客角度思考思考健康套餐 4. 利用團聚優惠券提升回購率 5. 店面有專屬團體聚餐的空間	1. 資金不足 2. 停車空間少 3. 設備不足
機　會	威　脅
1. 符合健康趨勢，引起消費者共鳴。 2. 周邊公司學校多。 3. 運用客戶忠誠度，增加顧客。 4. 外帶方便有利營業。	1. 餐飲趨勢改變 2. 消費者嚐鮮心態 3. 同業模仿

償債計畫

　　創業者說明償貸計畫時，務必提出預估損益表（參考表5.15），說明還款來源、債務履行方法等如已有營業稅申報資料，可做為有力證據說服有資金的投資者。

　　《參考寫法》

　　期望可挹注創業資金85萬元，擴充並改善立智簡餐店軟硬體設備，提升用餐服務品質，第一年估計淨利49萬元，第二年起估計淨利65萬元，應可在第六年內本金將加計利息，回收投資資金。

結論

　　主要目的還是為吸引投資者的注意，藉由提供充分資訊與豐厚的投資報酬機會，滿足投資者需求，一份好的創業計畫書一定是以投資者需求為出發，投資者最關心的是市場規模有多大，能賺取多少利潤以及投資報酬與投資風險。如果經營計畫書內容不能滿足投資者關注的這些焦點問題，那麼獲得青睞的機會恐怕就很低，這點請務必多多留意。

Chapter 6

創業贏的策略

01 誠信——
是市場立足之本

「君子愛財，取之有道」、「顧客至上，以誠待人」這些精神標語你可能耳熟能詳，甚至從小聽到大，但到底有誰真正把這些準則運用在實際的生活中呢？在台灣，老一輩的企業家不管是在初創事業或是守成，其實都把這些「誠信」原則奉為圭臬，實踐在個人與企業經營上；關於這點，我們將從台塑企業創辦人王永慶與功學社創辦人謝進忠的經營哲學來做一說明。

王永慶靠著個人信用向海外銀行貸款1500萬美元

一聽到王永慶，台灣人總是對其讚譽有加，並將他視為代表台灣精神的重要領導人物，甚至他的名字就代表著「信用」，在1978年，台塑集團的事業正如火如荼地擴展，當時王永慶極其需要資金來開拓事業，於是就向台灣的銀行申請1500萬美元的貸款，不料卻頻頻受到官僚機關不斷地阻擾。

在向本國銀行貸款不成的情況下，王永慶索性轉向海外銀行申請，很戲劇性的，經過他們一陣子評估之後，包括英國的建百聯銀行、美國運通銀行，以及美國信孚銀行竟然都決定聯合借款給台塑集團1500萬美元，因此還創下台灣企業向外國銀行申請貸款利率最低的紀錄，而最令人訝異的是，這些海外銀行願意借款給台塑，其擔保竟只需王永慶的個人信用，而不需要其他台灣的銀行再做擔保，這不就很清楚地說明了，一個企業領導人如果能建立最高的信用度，做起事來一定圓滿順利。

功學社挑選經銷商，正派人格是重點

台灣的功學社同樣也是符合世界水準的企業，創辦人謝進忠就是以正派的態度來經營生意，他強調，不要把利潤看得太重，只要價格合理，賣出好東西，實實在在地做事業才能做得長遠。因此在選擇經銷商上，謝進忠是以「正派」的標準來評定適合與否，據說他專門挑選單純質樸、安分守己，孝順父母的人，而不是家世顯赫的人。

正派經營──不二價

這樣正派的經營理念，反映在產品價格做法上，功學社實施的是「不二價」政策，這樣的政策曾讓經銷商抱怨，但以謝進忠的想法來說，若賣太貴欺騙消費者，賣太低對其他經銷商也不夠老實，所以不如規規矩矩地照訂價來賣，而且產品品質好，只要不厭其煩地解說，就會賣出好成績來。

由以上的例子來看，功學社不希望使用價格策略來左右消費者購買行為，其實比較在意的是產品的品質，這樣的經營理念，套在台塑集團也是同樣的道理；據說有一次，日本某大機械廠的技術人員向王永慶透露說，台塑生產的耐龍絲不注重品質，不但無法跟日本相比，就連韓國貨也比不上，他進一步地分析說，主要原因不是生產設備不夠好，而是在製成的一些細節沒做好而影響到產品的品質。

王永慶聽到之後，非但沒有生氣為自己的產品辯解，反而是十分感謝日方技術人員的提醒，並且著力改善產品問題；因為在王永慶的心中，他認為，產品的品質關係著企業的商譽，絕不容許以次好的產品來充數。

企業對其產品的價格與品質負責是企業誠信很重要的基礎，但如果要更進一步地提升成為對政府，甚至是為整個社會來負責，我想放諸台灣的企業，功學社謝進忠算是其中做得最徹底的；在民國六〇年代，政府極力鼓勵本土企業能自創品牌，雖然這是一項非常有前瞻性的計畫，但當時功學社的機車是與日本三葉技術合作的，如果要掛KHS的品牌打天下，就必然會與日

方衝突。

配合國家「自有品牌」政策，無怨無悔

結果謝進忠決定還是全力配合政府政策，並邀集所有功學社的經銷商要大家堅強起來，用自己台灣的品牌在市場上銷售，雖然此舉感動了許多經銷商，但還是有許多幹部出走，甚至還成立萬山機械有限公司與日本三葉技術合作，這樣的情勢還一度讓功學社的經營十分危急。

即使面臨如此大的挑戰，謝進忠當時還是向經銷商表示：「相信我，我一定會帶領大家走出困境，一定會照顧你們。」此話一出，這些經銷商頓時安心許多，最主要的原因，在於這些經銷商和謝進忠合作已經有一段時間了，他們知道謝進忠的為人，對他有充分的信心，認為他是個說話算話的人。而事實證明，謝進忠並沒有讓他的經銷商失望，後來功學社就安然地度過這次危機，並且逐步地邁向台灣機車領導品牌的目標前進至今。

其實從謝進忠或是王永慶這些台灣老一輩的創業家來看，他們「個人的誠信」就是整個企業產品的最佳保障，讓他們在企業發生危機時仍然能夠力挽狂瀾渡過風雨，王永慶向海外銀行借款成功、謝進忠自創品牌不畏日本三葉的挑戰，都是最佳的例證。

Integrity──台積電的十個經營理念之首

根據各家媒體雜誌報導顯示，台積電是國內品德形象最佳的企業，因為擁有優良的品德形象，台積電才能在消費者心中建立不可抹滅的優質品牌地位。

台積電的高度職業道德是：

1.不管對客戶、上司、下屬、供應商一律說真話。

2.不誇張、不作秀，有幾分能力說幾分話。

3.不對客戶輕易承諾，一旦做出承諾必定不計代價全力以赴。

4.在合法的範圍中和同業競爭，絕不惡意中傷同業，同時也尊重同業的智慧
　財產權。

5.對供應商以客觀、清廉、公正的態度進行挑選與合作。

　　至於在台積電內部絕不容許貪污、派系、關說的事情發生，台積電這一
套品格管理的方法，徹底摧毀了我們對商人「無奸不成商」的刻板印象，樹
立管理人「正直」的新形象。

　　換言之，對於想要創業的人來說，個人的信用是非常重要的，尤其在企
業草創的初期，個人的信譽可真的不能任意破壞，否則就很難突破重要的關
卡，當然這是需要創業者一步一步地慢慢累積，相信只要大家努力誠信地做
生意，哪一天如果真的遇到企業擴展需要資金或是危機需要周轉時，你個人
的信用或是企業的商譽說不定都能幫上一大忙。

02 逆向思考，何必要和大家一樣？

在六〇年代香港房市崩盤時，華人首富李嘉誠採用逆向操作模式，傾注全部資金收購樓房。當時大家都認為他瘋了，竟然做出這麼不明智的決定，但事後證明他的逆反策略是成功的！

凡投資過股票的人都知道：每當股市到達一個高峰時，儘管新聞媒體、專家名嘴大喊上看幾萬點，前景一片光明，但須知最好的時候也就是最壞的時候。《易經》有言：「物極必反。」凡是大家最看好的時機，就是我們戒心與防禦力最弱的低點，其潛在的危險也就更大。在股價拉抬到較高位置時，主力往往開始拋售，但散戶卻認為時機來臨，亟欲乘勝追擊。當抵達峰頂之時，放眼望去只剩下自己形單影隻，所有部隊早已另外擇地紮營了。

那麼，在詭譎多變的股市交易中，要如何成功地殺出重圍呢？首先，你必須清楚主力的思考模式，也就是懂得善用逆反效應（Antagonistic effects）。聰明的投資者往往在大家驚慌失措地拋售股票時，大量買進，因為這時正是投資績優而低價的公司之最佳時機。你要能抵擋住親朋好友、股市名嘴的不斷遊說，保持心智冷靜，不理會群眾的歇斯底里，固守自己的抉擇──這是件非常困難的事。第一，你必須跟自己的天性對抗。第二，當察覺投資環境樂觀時，你就要勇於說「No」；反之，則要勇於說「Yes」。成功的投資者必須勇敢，在指數過度下跌時買進股票，接著才是考驗的開始，因為你還必須要有強悍的毅力，堅持將股票多留在手上一段時間，等市場行情真正大起時才鬆手釋出。

股神華倫・巴菲特的投資信念就是「在別人貪婪時恐懼，在別人恐懼時貪婪」。由於他擅長運用逆反效應，捕捉事物的本質，因此得以成功致富。環球投資之父，富蘭克林坦伯頓基金集團創始人約翰・坦伯頓（Sir John Templeton）爵士也說：「在別人消極拋售時買進，並在別人積極買入時賣出，這需要極大的堅強意志，也因此能獲取最高的報酬。」亦即當別人瘋狂時你悲觀，別人悲觀時你瘋狂──此即著名的「危機入市」一說。

然而成功的投資過程絕非全部都採用逆向操作，長期的上升或下跌階段還是要靠順向操作。逆向操作只有在某個轉捩點才會發揮最大功效──這個關鍵點就是每隔幾年會出現的退場點、進場點，就像《易經》中的八卦圖從黑變成白，從白變成黑時，所出現的兩個轉折點。

「逆反效應」就是利用對方的弱點、我方的劣勢或在惡劣的環境條件下創造勝利。想要逆轉得勝，先要具備掌握時代大趨勢的原則。

美國聯邦快遞（Federal Express，FedEx）的創辦人弗雷德・史密斯（Fred Smith）剛開始創業時，有人嘲笑他：「如果空運快遞的生意可以做，一般的航空業者早做了，哪還輪得到你！」但是弗雷德始終相信「隔夜送達」在講求時效性的現代，必然有可觀的市場需求，而他的送貨作業模式，也與一般航空公司不同，所以他並不屈服於旁人的嘲諷。果然，在他逆勢操作下，聯邦快遞成為全球規模最大的快遞運輸公司。

培養逆反思考的方法

我根據近二十年的研究發現，若能在日常生活中時時注意以下三點，對提升逆反思維能力會有莫大的助益：

① 逆正常思維

所謂的正常思維，就是我們常接觸到的思考模式，如果將這些思維倒轉，可能會帶來另一種刺激。有位裁縫師不小心將一件極為昂貴的名牌裙子燒破了一個洞，它的價值頓時跌落千丈。一般人只會懊惱埋怨自己，但這位

裁縫師卻突發奇想，在小洞的周圍又剪了許多小洞，飾以金邊，取名「金邊鳳尾裙」。後來一傳十，十傳百，鳳尾裙銷路大開，裁縫師將缺點轉為優點的作法，為他創造了驚人的經濟效益。

❷ 逆一般思維

這是一種與大眾日常認知有別的特殊思維方式。例如，商店經營者通常以「多數本位」分析大眾市場，而具有「逆一般思維」的業者，則開發出「少數本位」專攻分眾與小眾市場，例如只允許帶寵物進入的家庭寵物餐廳、規定用右手者不准進入的左撇子商店等。義大利商人菲爾・勞聳創造的「限客進店」經營方式也是採取這種方法，包括：只允許八歲以下兒童，或由兒童帶領大人才可進入的商店、不准青壯年顧客進入的老年商店、非孕婦不許進入的孕婦商店等等。

美國連鎖賣場好市多（Costco）也是這種逆一般思維的成功應用實例。有別於一般的大賣場，進入好市多消費必須先辦一張會員卡，並且繳納一千兩百元的年費，即使如此，它依舊門庭若市。由於好市多確實有較其他賣場便宜的價格，且多元商品琳琅滿目，再加上會員制帶來的神祕感，一進駐臺灣之後，即以後起新秀之姿，與本土賣場大潤發、全聯、愛買、頂好等並駕齊驅。

❸ 逆流行思維

不追逐潮流，亦即所謂「爆冷門」的創新思維。就一般人的消費習性而言，某種物品價格上升，則需求減少；但具有逆流行思想的人，會隨著商品價格的上升，增加此商品的消費，以顯示自己不同於一般的社會大眾，此即經濟學中的「炫耀性消費」。社會學大師布爾迪厄（Bourdieu），即指出各個階層會透過在食衣住行、消費習慣、休閒活動與生活型態等方面發展出的不同習慣（habit），進而創造出自身的「秀異」（distinction）。例如款式、材質差不多的皮鞋，在高檔百貨公司的售價約是普通鞋店價格的數倍以上，卻還是有人願意掏錢購買。探究其因，消費者購買這類商品的目的並非只是

為了獲得物質享受，更大程度上是為了取得心靈滿足與追求品味。也因此商家採用逆向操作方式，提高售價，營造商品獨樹一格的名貴形象，從而加強消費者對商品的好感。

這種反其道而行的做法，應用在生活上確實衝擊力十足。當人們對常規性的方法習以為常，甚至對於接收過多的訊息感到不耐煩時，適時應用逆反戰術，刻意違背常理地「揚惡隱善」，往往會產生「於無聲處聽驚雷」的效果。

美國墨西哥州高原地區有一座蘋果園，素以盛產高品質的蘋果聞名，但有一年下了一場大冰雹，嚴重損害蘋果外觀，若不能妥善處理這椿危機，將會造成果園龐大的損失。園主楊格苦思之後，索性照實說明蘋果帶傷是來自冰雹之害，而這恰好是高原出產的正宗標記，此種轉劣為優的作法果然贏得顧客廣泛認同，不但避過滯銷之虞，甚至火速銷售一空。

如何善用逆反效應？

近年來麵包市場持續呈現負成長，臺灣每年倒閉的麵包店超過五百家。法國百年麵包店「Paul」卻反其道而行，大張旗鼓落地臺灣，絲毫不改高價的奢華模式，店面裝潢超過三千萬，原物料成本更高達百分之四十五，強調法式庶民文化原汁原味空運來臺，並且每位店員必經嚴格訓練，會講簡單的法語對話，對法國的歷史地理也要嫻熟，忠實打造當地的用餐風情。即使一塊法藍夢麵包就要價六百元，人均消費價位皆在四到五百之間，Paul的買氣依舊驚人，從開始營業一路客滿到打烊，破除了人人為之怯步的不景氣市場。

打破常規、逆向操作是解決問題的「絕招」，但需注意，它是一把雙刃劍，運用得當，將能展示強大威力；若不分時機胡亂運用，其結果將敗得一塌糊塗。以下提醒讀者幾個運用反向操作，化危機為轉機的方法：

❶ 反向操作

從已知事物的功能、結構、因果等關係的相反方向進行思考與操作。比如，過去的壽險是投保人在生前定期繳費，等他去世後才由受益人領錢；但

日本一家保險公司卻率先逆向企劃出「自己才是受益人」的年金保險制度：活得越久，領得越多！去世後反而領不到錢了。這種針對壽險弱點所推出的產品，深受投保人的歡迎，也讓該公司的保險業務大幅成長。

❷ 變換操作

在面臨問題時，若想不出解決方法，試著倒轉一百八十度來思考，也許就能產生全新的發現。曾被村民戲稱為「瘋子狂想家」的中國發明家蘇衛星，研究出「兩向旋轉發電機」，博得聯合國TIPS組織的讚譽。翻閱國內外的科技文獻記載，一般的發電機都是由可旋轉的「轉子」，以及固定不動的「定子」所組成。但蘇衛星卻透過變換操作，讓「定子」也跟著旋轉起來，使他研發出的發電機發電效率，比普通發電機提高了四倍之多。

❸ 缺點操作

將事物的缺點轉變為優點，化不利為有利的解決方式。這種方法並不以克服事物的缺點為目的，相反地，它是將缺點化弊為利，找到處理辦法。例如當弧光焊接的放電頻率超過五萬赫茲時，會發出「嘰」的聲音。一般人都只當它是一種雜音，但是日本三菱重工弧光音響的研發小組主持人卻不這麼認為，他說：「既然一定會發出聲音，這個聲音能不能聽起來更舒適呢？」就是這個針對缺點的想法逆轉，三菱開發出「弧光音響」，在大阪的百貨公司聖誕特展中大放異彩。

逆向思考與反向操作均需要有過人的膽識與勇氣，才能出奇致勝，獲得成功。不妨在生活中也來反轉你的創意，或許會因此發現另一片藍天！同樣地，當身處人生低點時，絕不氣餒，也無須喪志，只要懂得善用逆反效應，將弱點反轉為優勢，就是你要邁向最高點的發軔！

🤝 跳出框架的創造力

在這個知識經濟的時代，幾乎每個企業都強調「創新」，原因無他，無非希望在市場上能夠獲取一席之地，因為現在的科技日新月益，一項新產品

發表或是一項新服務出現，過不了多久就會被淘汰，所以企業的創新能力或是員工的創意，在今天這樣的競爭環境中格外顯得重要，那什麼才叫做「創新或是創意」呢？逆向思考或是跳出框框的能力是否也算是呢？

美國維京航空動感MV，另類宣導安全

最近維京美國航空破天荒製作了一支動感MV，裡面數位美麗的空姐、帥氣的空少跟著搖滾的音樂扭腰擺臀，還唱起歌來；你可別以為這是為唱片宣傳或是企業的宣傳廣告，其實內容是平常坐飛機最需要注意的安全事項，包括氧氣罩如何使用，救生衣如何穿脫、飛機上禁止抽菸、用手機的規定……等等。

一般乘客只要上飛機，心裡就只是想著怎樣以最快速到達目的地，座位上的安全手冊、空服員示範救生衣的穿法，對於旅客來說都是置若罔聞的，然而這些器具與安全指南卻是攸關旅客的生命安全的；於是維京美國航空公司就想出了以MV來包裝這些安全規定的創意，據維珍航空官方Youtube統計，已經有超過800萬的人都還沒搭過飛機就看過這部影片！這實在太有趣了，竟然連沒上飛機的一般民眾都想看看這一部MV的內容，可見這樣的宣傳策略是相當成功的。

我想這裡有幾點是維京美國航空在創新或是創意上的完美展現，首先，他們將枯燥無聊的安全指示內容以很有趣的音樂和舞蹈詮釋出來，讓大家很容易就進入狀況並了解內容；這樣一來也無形地替美國維京航空的品牌打響了名號，讓旅客認為美國維京公司是家注重安全又有創意的航空公司，可以說是一舉數得！

維京創辦人李察‧布蘭森，無懼地創造事業

美國維京航空公司是維京集團旗下的一份子，集團的領導人就是敢冒險、創新，一直不斷超越自己的李察‧布蘭森，對他而言，開展事業就是一

種創意，就像畫畫一樣，選了下筆的一種顏色，接著第二種顏色就必須與第一種調和，再緊接著第三種顏色，一直下去；他鼓勵所有的創業家真正投入事業經營之後，應該將恐懼完全丟到腦後，全心專注在創造對人們生活有益的事物。

維京航空機上貼心創新服務

　　而對於創新的定義，李察・布蘭森則認為必須要滿足某項需求，並創造出競爭對手所沒有的優點；以美國維京航空為例，他們設計出了點餐系統，讓旅客可以自己選擇所要的餐點，而不是制式的機上免費餐點；而且在每個座位上都有鍵盤，旅客如果想跟不同座位的乘客聊天，就可以利用鍵盤進入聊天的娛樂系統進行溝通，此外，與一般飛機上非常刺眼的照明不同的是，維京航空很貼心地為旅客提供情境照明系統，燈光確實柔和了許多。

　　像這些設施與服務都是美國維京航空與其他航空公司最大的不同之處，而這正是符合李察・布蘭森的創新理念；不過如果你覺得李察・布蘭森的創新能力只到這樣的水準，你可真的太低估他了，不然他怎麼能創造出一個影響全球上億人口的企業，在這當中還有一項很厲害的思考模式，就是**跳出框框的能力**。

人人皆可到太空觀光

　　李察・布蘭森所謂的「跳出框框」，竟然是跳出地球之外直接進入外太空，這個很酷吧！維京集團擁有一家維京銀河公司，他們熱切地希望能帶著人類到外太空觀光，建立起「人人皆可到太空觀光」的願望。對此，李察・布蘭森絕不是說著玩玩而已，他為此還特別設計了一個比賽，就是設計者需要在兩個星期內將三個人送上100公里的高空兩次。

　　結果在2004年6月，真的有一位叫麥克・梅爾維爾駕駛SS1飛到100公里以上的高度，這項重大突破同時也代表著非政府機構或是計畫也能做到載

人到太空飛行。接獲此消息之後,李察‧布蘭森與SS1背後贊助的金主一位名叫保羅‧艾倫的公司就合作簽約,並且共同宣布維京銀河的成立,更投資一億美元致力研發商用六人座的太空船原型。

李察‧布蘭森的創意思維簡直可以說是不可思議,但以歷史的進展來說,很多事情本來都被認為根本不可能但還是實現了,包括電腦、行動電話,甚至是飛機的發明在當代都是很新鮮的事物,但沒想到今天都成了人們不可或缺的商品或是服務。

賈伯斯以復古為創新,造就美麗的麥金塔電腦

如果要說到對於產品創新,以及產品市場接受度嗅覺最敏銳的人非蘋果電腦創辦人賈伯斯莫屬了;不過與李察‧布蘭森不一樣的是,賈伯斯除了不斷地研發、展望未來,他還能從古老文化裡面去找出創新的技術,換言之,他的創新能力在時間上是可以回溯從前的,以大家眾所皆知的蘋果麥金塔電腦為例,裡頭的字體擁有多樣多種的形式,就是出自中國的書法。原來賈伯斯當年在里德學院上了一門叫做字形的課,從這課程中,賈伯斯了解了襯線體與非襯線體的字形特色,也發現了不同字形的字母間距會有所不同;後來這些美學發現都在他研發新電腦上起了很大的作用,包括圖形使用介面、麥金塔電腦內的多種字形都是如此。

很有趣吧!像電腦這樣極富理性、科學的產品,竟然在賈伯斯的設計下能同時擁有藝術與浪漫的元素在其中,弔詭的是,對於一般使用者來說,圖形介面讓他們在使用電腦上更容易,而優美的字體更讓他們在學電腦上更有趣;所以有時候創新不一定是怎樣天大的發明,在小地方做改善或是貼心的設計,這樣的做法仍舊能在市場上勝出而成為經典,如果賈伯斯做得到,希望你也能同樣做到。

03 模仿成功的人，複製其成功經驗

「哲人日已遠，典範在夙昔」這句話是中國人用來教導下一輩做人做事的道理，意思是說，一個人雖然離開，沒有在我們身邊，但他所留下來的優良事蹟或是思想卻是不斷地影響我們；如果把這樣的概念套在創業上再做一下轉換，其實當我們想創業時，可以先想想過去的一段時間裡，有哪些人是創業成功，而且事業體不斷地創新至今仍然屹立不倒的，如果找到這樣的企業領導人，你一定要努力地去學習他的創業方法、策略以及其企業經營理念，如此創業才比較容易事半功倍，否則經營企業就如賭博一樣，想事業成功就只能全憑運氣而已。

在直銷行業中，模仿成功的人複製其成功經驗是最被推崇的，所以我們往往看到不管是安麗公司、賀寶芙公司或是如新企業，他們都會邀請直銷業績長紅的頂尖高手在年度大會上分享成功經驗，而且其企業創辦人成功的典範更是直銷商所引以為傲的。

我們以美商賀寶芙公司的企業創辦人馬克‧休斯為例，他個人就是其企業直銷商最想模仿的對象，他所到的地區不管是美國、台灣、香港等地的分公司，人們爭相與他合照並要求簽名，即便後來他因病去世，賀寶芙公司所有的直銷商仍然奉馬克為精神領袖。

「你懷抱多大的夢想，付出多少的努力，決定你將獲得多大的成就。」這是賀寶芙台灣公司大廳牆面上所印著的一段話，同時也是賀寶芙創辦人馬克‧休斯的名言，台灣分公司總經理陸碧函非常喜歡這句名言，也就把它特

別挑出來與夥伴們互相分享、提醒。我們就來分析一下到底馬克擁有哪些成功特質讓其直銷商趨之若鶩。

賀寶芙創辦人的真誠與關懷成為企業典範

首先，馬克有著先知的眼光，在1980年代就已經看到體重管理以及草本醫學的趨勢，而這些當時還真的鮮為人知。再者，他將賀寶芙的企業核心價值簡化為三個基本動作，「使用產品、配戴胸章、與人交談。」而你可別小看這樣的簡單動作，做久了賀寶芙的使命就與自己合為一體。但馬克最讓人稱道的還不是這些企業運作成功的策略，而是其「真誠與關懷」，據說馬克每次上台總是注視著台下的直銷夥伴，關心他們臉上表情快不快樂，而且對於每次合照、簽名，他總是報以最溫暖、誠摯的眼神注視他人，甚至會努力記住對方的名字。

這樣的典範與使命感也傳遞到賀寶芙全球每個分公司總經理身上，當然也包括台灣分公司總經理陸若函，就憑著追隨馬克的作法與精神，陸若函讓即使不是最早在台紮根的直銷公司，而且也沒有很多廣告預算的賀寶芙，竟然在2009年還是拿下全台直銷業的第二名。陸若函深深地認為，創辦人馬克·休斯無私的大愛精神才是凝聚大家往前走的力量。

美商玫琳凱兌現「心靈支票」

企業創辦人成功典範，不僅讓其追隨者事業成功，同時也改變了這些人的生命，以美商玫琳凱的創辦人玫琳凱來說，她創辦直銷事業的目的，就是要幫助許多女性，豐富她們的人生，對其而言，人生最大的回饋並不是金錢或是物質，而是所謂的「心靈支票」。

玫琳凱深深地認為，每位婦女不管在家庭或是經濟上有困難，來到她的事業體中向她求救，都是她兌現「心靈支票」的機會，當支票一一兌現時，同時也成就了一個又一個致琳凱直銷商成功的故事，而這一切都跟玫琳凱

「愛與關懷」的企業經營哲學有關，玫琳凱曾說道：「我們每個人都是只有一隻翅膀的天使，唯有互相擁抱才能飛翔。」

玫琳凱的幹部特別是全國的督導，都把這樣的信念封為圭臬，不管在生活上或是事業經營上都是如此，當一個又一個成功的故事被宣揚起來時，玫琳凱事業的版圖也越來越擴張。

追求成功者的經驗讓直銷事業體的每位創業者都有成功的機會，但如果創業時找不到成功的典範時，這個時候找到適合理想的合作夥伴就變得非常重要，但什麼是理想的夥伴呢？是業界的頂尖好手呢？還是你發展事業最需要的人才，如果以臉書創辦人祖克柏的經驗來說，並不是最頂尖的人才而是最適宜的人才。

祖克柏尋覓最適的創業夥伴

我們來談談祖克柏在創業之初的好友——莫斯科維茲，他就是一位最適人才而非最有能力的人才；他的任務是幫祖克柏弄清楚各大學校園學生、教員和校友的電子郵件是如何設址的，以便完成設定網站的註冊的步驟，甚至他還將使用者的個人簡介和校報文章連結起來。而這些工作並不需要最有能力的人來處理，而是一位願意耗時間與精力的夥伴來處理。

祖克柏另一位事業的夥伴德安傑羅只用了一個晚上的時間就將某個學院4000名本科生中的1700名納入成為用戶，德安傑羅在當時並不如活躍於各大網路公司的網路菁英那麼地優秀，但他絕對是祖克柏最適合的創業事業夥伴。從這些例子我們大致可以歸納出何謂「最適的創業夥伴」：

1. **志同道合**——每個與祖克柏合作的夥伴都有著共同的價值觀或是興趣、使命，就是用網路與電腦改變世界，這才是讓他們能夠真正聚在一起，為一個共同的目標奮鬥的動力；這一點，長榮海運張榮發當初在創業時，就沒有祖克柏來得有智慧，當他初創新台海運公司時就因為與公司的股東之間出現裂痕，彼此理念不合，影響整個公司營運而

被迫選擇離開公司。

2. **要共度難關、堅持「共用共榮」**──宏碁電腦草創時期，創辦人施振榮為了公司生存，在開業前就和股東約法三章；薪水要打折領取、提高決策門檻、必要時股東要外出工作賺錢養公司。施振榮會這樣做主要是因為當時公司資金太少，怕大家初期領不到薪水，要大家有心理準備。由於股東們願意配合，努力節儉、刻苦，最後才有今天宏碁電腦的成就。

而宏碁電腦在市場上佔穩腳步，甚至向海外發展分公司時，施振榮很慷慨地讓海外分公司擁有60%的股權，而宏碁則佔40%的股權，施振榮這種讓「當地股東占較多股權」的做法，後來也成為宏碁國際化的重要策略。

要培養敏銳的
觀察力

宏碁電腦能夠有今天在市場的地位，除了要歸功於股東們願意共體時艱用血汗換取成功的基礎，對市場與產品的開發具有敏銳的觀察力也是很重要的因素之一。宏碁電腦當年初創時因為看準微處理器的市場潛力，賣起了Zilog微處理機，結果讓宏碁電腦在成立公司後的第三年就轉虧為盈。不過真正讓宏碁能夠大發利市的則是代理美國德州儀器公司的半導體，這項創舉不但讓宏碁與電動玩具結緣，更促成了日後宏碁跨入精密高科技的領域。

長榮海運推動全貨櫃船運輸

　　長榮海運公司創辦人張榮發在創業初期也是因為看準「全貨櫃船運輸」時代的來臨，極力打造全貨櫃船，讓物資運送的時間縮短，簡化貨物包裝及搬運的程序，這些作為在當時台灣還是以雜貨船為主的海運市場來說，簡直就是一項革命性的創舉，但事後證明張榮發的想法是對的，也由於他的遠見才讓長榮海運公司能日漸茁壯，甚至掀起了台灣港口現代化的革新。

長榮集團發展國際航空事業不讓華航獨霸

　　一般的公司能在某項產品與服務見長就已經是很了不起了，長榮海運公司在20周年慶祝酒會上竟然正式宣布將籌設國際航空公司，張榮發當時是這樣說：「我決定籌設一家國際航空公司，以建立世界一流的服務水準，讓世人對中國人刮目相看。」張榮發很有遠見地分析指出，利用海運的基礎延伸

航空運輸業務，將海陸空的服務做一整合，才能順應世界潮流，不致落後於外國，而長榮集團這項創新的事業計畫最後終於讓政府在1988年正式發布了緊閉四十年的「天空開放」政策，不讓華航一家獨佔國際航空市場。

鴻海看準電腦神經——連結器市場，異軍突起

　　「在生意場上，要時刻準備好自己的頭腦去挖掘商機，抓住機會。」這點台灣首富鴻海精密公司的創辦人郭台銘先生可說是發揮得淋漓盡致，2004年9月當鴻海土城研發中心動工典禮上，當時的經濟部長何美玥就曾說：「現在我終於了解為何鴻海要叫做『FOXCONN』，因為鴻海做的許多產品，別人看不見，布局很深，策略靈活，就像狐狸一樣。」

　　讓鴻海精密公司創造奇蹟的，並奠定成功基石的，竟然只是個小小的「連結器」，所謂的「連結器」簡單地來說就是所有電子訊號之間的橋樑，就因為郭台銘看準了「連結器」就是電腦的神經，對電腦有舉足輕重的影響，就在鴻海致力發展的結果，鴻海2003年一年就生產了6000萬個「連結器」，約佔全球PC量的1/2。

　　如果光靠「連結器」生意，鴻海的事業版圖還不至於會那麼地龐大，其實鴻海的成長關鍵主要在於不斷地運用「延伸策略」，從模具開發、樣品製造、技術改進、新事業拓展、海外設廠都是從這樣的思維出發，而這些也就是郭台銘先生對未來PC產業變化趨勢敏銳觀察的結果。

郭台巧妙運用延伸性策略，繁榮鴻海公司

　　郭台銘認為，電子商務銷售時代來臨後，決定消費者購買行為的因素，除了價格之外就是PC的外觀與造型，所以鴻海很清楚地就將下一個成長資源全力放在開發設計與生產上。不過這樣的延伸策略還是有一個前提條件，在鴻海公司的作法是「**把一件事做對了以後，如果有足夠的能耐，再去做另外一件事就很容易成功。**」關於這一點，宏碁電腦創辦人也是遵循此法則，一步一步地將公司帶入繁榮與強盛。

宏碁電腦代理德州儀器零件，大發利市

當宏碁電腦成為德州儀器的獨家代理商後，當時台灣正好流行起電動玩具，製造電動玩具的廠商大發利市，有些電動玩具店的老闆為了搶新的遊戲機板，甚至天天拿著現金到工廠排隊，宏碁電腦就這樣順應市場趨勢，與電玩業者合作提供他們電動玩具機板所需的零件，就這樣宏碁電腦因此還賺了不少。

從代理Zilog微處理機讓宏碁轉虧為盈，再進一步地代理德州儀器零件與電動玩具業者合作，大發利市，一路走來每個決策、每項商品都是環環相扣，再次印證宏碁電腦在市場上對產品趨勢敏銳的觀察力。

喜悅美容產品結合電視購物一炮而紅

台灣知名的美容美髮公司喜悅集團，也是因為充分地掌握了市場潮流和專業技術，讓原本以髮型設計為主的產業，竟進一步地跨足SPA、頭皮養護、美容保養品等事業，不僅在產品是如此；在行銷上，喜悅集團發覺如果僅用店面來宣傳銷售產品，光是在人事與店面的租金負擔上就相當地驚人，所以如果可以開發熱銷產品，不就能同時解決人力和店租的問題，於是創辦人黃瑪琍在一個偶然的機會下，在一個叫做《圓滿計畫》的電視節目中，專門教導民眾如何健康瘦身，並以保健產品搭配「抗老整腹」課程來說明，結果節目一播出馬上受到購物台製作人的注意，希望能在購物台中銷售，而該項產品，果然在第一次購物台現場直播就賣到翻，業績好到所有工作人員都嚇一跳，因此電視購物還為喜悅集團帶來很大的營收。

開發保健產品、與電視購物業者合作，這些都是讓喜悅集團過去以店面經營的策略產生了極大的革命，也由於黃瑪琍看到瘦身健康產品的需求市場，以及電視購物時代的來臨，這一搭一唱之下，讓喜悅集團的產品通路大開，連帶地營收也節節高升，這全都是企業領導人獨具眼光，對於市場敏銳的觀察結果。

要有膽識與勇氣，
越挫越勇的意志力

在上一單元，我們看到不管是黃瑪琍、郭台銘或是張榮發，都是因為洞燭機先看到市場的趨勢再加上自己的創新努力，得以讓自己的企業不斷地成長茁壯，但成功背後所付出的犧牲與努力，卻是常人所無法想像的，一般人可能遇到困難就打退堂鼓了，但他們不畏艱難地、遇挫越勇的堅持精神之下，終於突破難關收穫豐碩果實，在這一單元我們就要來看看他們這一段努力的過程。

黃瑪琍靠著信仰常保喜樂，度過生命危機

黃瑪琍自創業以來，每天不斷地辛勤工作，不辭勞苦地打理公司大小事，雖然讓她的企業得以不斷壯大，然而在這樣長年長時間的工作情景下，終究身體健康還是出現問題，就在黃瑪琍五十七歲的那年，在一場企業尾牙的場合，黃瑪琍正要在台上致詞不料竟當場昏倒，立即送醫急救。甚至還一度發出病危通知，幸好在親友不斷地祝福禱告以及醫生的照料之下，才脫離鬼門關；但即使脫離死亡的危險，身體可能癱瘓而導致終身都要坐輪椅的陰影卻還是隨之而來，還好黃瑪琍靠著基督教信仰與醫生的強力救治之下，讓她在三個月後逐漸康復過來。

事後黃瑪琍深深地覺得，「喜樂的心乃是良藥」，當她面對身體可能癱瘓時，選擇正面積極思考，於是當她的手指、腳趾一個接一個可以動的時候，她就滿懷感謝並且喜樂地去面對接下來的發展，這才是讓她能比一般人

更快地恢復健康的原因。現在黃瑪琍仍然繼續地帶領著她的企業往前衝，不過她更懂得注意身體的健康，而且常保持感謝與感謝的心，這正是她能越挫越勇的祕訣。

宏碁電腦經歷侵權與IC遭竊事件

創業者不但要面對身體的健康問題，最讓他們擔心的還有財務的危機；宏碁電腦在1984年連續發生兩件重大事件，一度讓企業的財務與經營上面臨極大的考驗；第一件事是「MPF個人電腦」在美國被扣關，第二件事是位於新竹工業園區的廠房，價值四千萬的IC被偷走，尤其後者對於宏碁的財務與生產甚至可能造成斷炊的危機，但經過這兩次危機之後，反而讓宏碁越挫越勇，不但建立起了「智慧財產權」觀念，同時也提升了宏碁企業的市場知名度。

其實早在1983年，宏碁「小教授二號」就被控是仿冒Apple II軟硬體設計，在出口美國時被美國海關扣押，1984年同樣的「MPF個人電腦」也被IBM電腦指控有模仿、盜用之嫌而被美國海關扣押，當時施振榮就在公司特別成立法務部門，專門研究智慧財產權以及防範侵權的問題，並積極地與國際企業做談判協商，這個機構後來果然在與IBM談判專利授權上扮演了極重要的角色。

另外，IC失竊事件更成為1984年台灣重大的社會新聞之一，當時街頭巷尾無人不知無人不曉；1984年3月18日宏碁電腦新竹科技園區的廠房價值4000萬的IC遭竊，在當時宏碁電腦確實有被銀行抽銀根的可能，甚至因此還必須立即補交700～800萬元的稅額。

就在人心惶惶之際，施振榮召開了記者會，希望藉由媒體的傳播，阻止竊賊出脫贓物，他在記者會上信心喊話指出，宏碁不會有財務的危機，更不相信是自家人所為；而記者會隔天，警方也馬上成立的專案小組追緝，事隔一個月之後，施振榮接到秘密證人的檢舉電話，並將線索傳給警方，在警方

根據線索不斷地抽絲剝繭後，果然找到主嫌與共犯並加以逮捕、搜出失竊的IC，讓這整件事情落幕。

出人意料之外，宏碁電腦因此事件頻頻在報紙和電視媒體曝光，竟無形中大大**增加公司知名度**，再加上施振榮在記者會上的信心喊話，相信自己的員工並不會做出這種事的態度，更獲得公司員工的讚揚與信任，**提升不少員工的向心力**。經過這兩件事後，宏碁益發地強大，甚至到1988年宏碁的股票正式掛牌交易。

 長榮航空申設過程備受惡言攻擊

上一單元，我們談到長榮集團創辦人張榮發在公司20周年慶時意氣風發地宣布將發展國際航空事業，結果申請案是拖延了六個多月的時間才在1989年三月通過，甚至有人認為長榮是透過李登輝總統向民航局、交通部施壓才能獲准籌設的。其實在整個申請過程中，問題就出在民航局裡面，清一色都是擁護華航的人，據說民航局許多高級官員退休之後都到華航任職高階主管，所以反而這些民航局的官員都要稱這些華航的主管為「長官」，甚至交通部官員還向張榮發反應是因為飛安的問題，希望長榮只要申請航空貨運就好了。

不過這些杯葛還是沒辦法阻擋張榮發向航空事業發展的決心，張榮發鉅細靡遺地分析當時國際間的航空業趨勢、長榮的營運規劃和成本考量一一地向交通部陳明，並指出爭取開放客貨航空運輸的必要性，希望政府能夠體諒長榮的用心。後來，交通部真的允許長榮同時開發航空客運與貨運的業務，讓長榮航空在1991年7月1日如期飛航。

對於創立長榮航空事業一事，張榮發曾說，他一旦決定做了，就一定會全心全力把它做好，同時會以長年經營國際海運的用心精神來經營航空事業，他事後回憶說，這一切的風風雨雨似乎是上天在考驗他，要讓他知道唯有**先通過困難與磨練，才有資格去經營服務人群的行業**。

策略要因地制宜

　　「全球化是資本、技術和資訊超越國界的結合，這種結合創造了一個單一的全球市場，在某種程度上也可以說是一個全球村。」這是《世界是平的》作者湯瑪斯・弗里德曼在書中的一段趨勢看法；在今天，有一些公司規模越來越大，甚至成為了跨國企業，當他們要掌握當地的人才、資源以及市場時，往往並不是把一個地區成功的模式複製到另一個地方即可，事實上要先完成本土化的動作，才能真正實現全球化的戰略。

　　這一點宏碁電腦公司在1992年做到了，施振榮在檢討宏碁過去幾年的虧損，發現**庫存太多**是主要問題關鍵，在當時的宏碁北美總公司的庫存卻多達四～五個月，原因是擴充經銷點，拼命向台灣工廠下單，結果經銷商賣不出去，貨全都堆在倉庫裡。同時施振榮也發現，宏碁的庫存增加與百克貝爾和戴爾兩家公司所引起的產銷革命有關，他發現這兩家公司的生產做法，是向各國的大型進口商分散採購零組件，然後在當地組裝成系統，這麼一來不但能達到降低成本的效果，而且競爭力還因此大增，在市場上大有斬獲。

　　於是施振榮在衡量得失之後，決定採用類似戴爾電腦的生產做法，將體積最大、價格做低的電腦外殼，先以海運方式出口，至於價格高的硬碟機及CPU則向外商採購後，請其直接配送至裝配點，而價格高且不斷更新的主機板則留在台灣，等到訂單確定之後，再以空運的方式，五～七天內運到裝配點。

 宏碁「速食式」的產銷模式挽救企業危機

果然這樣的作法，讓宏碁的北美總公司的庫存數量得以減低，同時也縮短了接單到交貨的時間，讓宏碁的競爭力開始有了起色。其實這樣的因地制宜生產策略，速食業界的龍頭麥當勞就是採用這種「當地組裝」的做法，麥當勞在各地販售的漢堡並不是由美國總公司出貨，而是在各地採購原料，由當地員工依照麥當勞的規定烹製而成，如此一來非但不會影響既定的口味，反而因為販賣新鮮而大受歡迎。而施振榮還將他的電腦組裝改革做法稱為「速食式」的產銷模式。就在這樣的速食式經營模式下，宏碁電腦的產銷模式就從原先的系統發展模式改成零件式發展模式。

很明顯的，宏碁電腦將分散在不同國家的零組件，運輸到最鄰近市場組裝然後銷售的做法，就是一種因地制宜的策略，否則什麼地方出貨都要由台灣總公司組裝然後配送到世界各地，不管在生產效率與運送的時間成本一定會大打折扣。

宏碁股權分配在地化

不僅在產銷制度上因地制宜，宏碁電腦在分公司人事管理上也是採取「在地化」的策略，這一點我們可從總公司與分公司股權的分配上就可以看出端倪；當年施振榮在創業初期，為了方便採購重要的零組件以及拓展美國市場，就與他的交大同學張國華合資宏碁美國公司，張國華佔六成股權，宏碁佔四成，結果如此的做法，不但讓張國華全心全力經營美國公司讓業績鼎盛，同時施振榮與張國華也合作得十分融洽。

宏碁電腦這種結合地緣，讓分公司領導人共同創業的策略，不僅運用在美國分公司奏效，在台灣台中、高雄分公司也如法炮製，讓當地的員工入股，並讓他們擁有過半的股權，以台中分公司的例子說明，當時台中分公司的領導幹部，不但在白天衝業績，晚上還在宏碁的關係企業——「宏亞微處理機研習中心」上課，而這種白天晚上都貢獻給公司的精神，是早期宏碁公

司得以快速成長的主要原因，而這一切都要歸功於「因地制宜」策略管理方式。

宏碁電腦「全球品牌，結合地緣」

在九〇年代宏碁電腦發展出「全球品牌，結合地緣」的國際化模式，基本上也是繼續延續創業初期「地緣策略」的延伸，1992年宏碁電腦投資墨西哥Computec公司19%股權，加強開拓拉丁美洲市場，經過兩年的努力，宏碁電腦自有品牌自1993年在墨西哥和拉丁美洲市場的銷售量都高居第一，這樣的成績讓施振榮在1995年大膽地與墨西哥Computec公司合併，雙方各擁有50%的股權，循此模式，宏碁陸續在印度、中東、非洲等地成立了子公司，讓宏碁國際在1995年營業額更高達六億美元，股票還在新加坡上市交易，這都是宏碁電腦「全球品牌，結合地緣」策略的成功。

郭台銘總結：全球化就是人才的當地化

同樣是為了開拓美洲市場，鴻海精密公司在2008年也投資了1800萬美元，買下了墨西哥的摩托羅拉廠房，很特別的是，郭台銘並沒有用台灣人來管理當地公司，而是大膽地聘用墨西哥人來管理，同時郭台銘還向墨西哥員工承諾，他不會裁員，而且還要增加工作機會、兌現獎勵。結果就在這種「尊重地方，大膽任用當地人才」的管理制度下，讓這家墨西哥工廠取得了每年30%的成長率，對此，郭台銘總結指出，全球化就是人才的當地化。

其實跨國公司採取本土化的戰略，除了因應企業全球化的趨勢之外，更重要的是，減少成本的支出，如果企業每到一個國家開設分公司就要使用空降部隊管理，在成本上就會提高許多，基本上，要維持他們工作和生活上的各項巨大支出，就為數可觀了。而且當地人才通常會比外來者更了解當地的市場、文化，對於提供顧客人性化、個性化、差異性服務會更周到。

 面對問題，
要有解決問題的能力

二十一世紀，是一個沒有標準答案的時代。日本管理大師大前研一在名著《即戰力——成為世界通用的人才》中，將「問題解決力」置於新世代菁英必備能力的首位，即能從錯誤的結果，推導出形成錯誤的鎖鏈，從中抽絲剝繭看穿問題核心，進而清除形成問題的根源，在沒有標準答案的前提下「創造答案」。

數位科技的誕生如同雙面刃，既營造日常生活的便利與效率，卻也同步攜來更多毫無前例依循的問號。正如大前研一所言「舊道路再也無法通往新的成功」，若能超脫紙本理論與昔日經驗的根基，掌握「問題解決力」的精髓，即可將種種不確定性逐一攻破，墾拓出自己獨一無二的成功捷徑。

成立於二○○二年的巨騰國際，目前已躍居全球最大筆記型電腦機殼生產商，不僅出貨量世界第一，產品良率更是無與倫比，以後起新秀之姿向稱霸一時的機殼王鴻海大下戰帖，在短短五年之內，讓同業排名重新洗牌，登上塑膠機殼產銷之巔，成為鴻海集團郭台銘最大的敵手，箇中關鍵就在於董事長鄭立育高度的「問題解決力」。

二○○三年，根據鴻海旗下團隊握有的「巨騰SWOT分析」，鄭立育勇於面對敵手的批判，積極針對W（Weakness）與T（Threat）進行大刀闊斧的改革。例如對於「財務彈性低」這項問題，他以全面性的低價策略橫掃市場，果然迅速拔得市佔率頭籌；在此之後，他又於二○○五年在香港上市爭取集資，以過人的魄力與速率填補企業弱點。

此外，為了解決當時筆記型電腦的外觀瓶頸，鄭立育採取多色彩策略，挹注高達八億元的資金發展彩色機殼，創造高度產品差異化，成為巨騰機殼成功的關鍵。美國競爭策略學者麥克·波特（Michael E. Porter）曾說：「企業要維持競爭優勢，一定得靠差異化。」發現可能的「答案」，就毫不手軟地往「問題」的模板填塞，不僅碰撞出驚人的火花，更碰撞出飽和市場中的嶄新藍海。

「發現問題」是一門藝術，「解決問題」則是更為深層的功夫，在問題當前保持從容沉著，剝除繁瑣的知識外衣，透過傑出的邏輯思考、創新的方案發想，生產出能與問題百分之百契合的鎖鑰，就能在既有的荊棘叢間，開啟一扇通往藍天的大門。

找答案，不只找問題

隨著網路資源唾手可得，幾乎只要問題一拋，就會有無數答案如雪片般紛飛而來。然而，省卻了尋找答案的訓練，形同啃蝕問題解決能力的鍛鍊，將在無形之中削弱自身邁向成功的資本。

Youtube創辦人陳士駿，在不到三十歲的年華，透過這個全球共享影音平臺的魅力，狠狠擊敗搜尋引擎龍頭Google，一夕之間從債臺高築變成百億身價，這一切的根源，即是他曾在伊利諾數學與科學學會附屬高中（IMSA）與伊利諾大學香檳分校受過的「問題解決」教育，以及他後來為了解決問題而實踐在行動上。

在一次陳士駿與友人的聚會上，與會者拍攝了許多活動短片，卻在會後發現沒有合適的影音平臺得以分享，其中不外乎是上傳功能的限制、或是網站審查機制，讓影片分享步驟繁瑣、資訊無法即時交換。陳士駿本是主修電腦科學出身，面對眼前的技術問題顯得躍躍欲試，決定與同事攜手建構一個便利的影音分享平臺，克服這個全世界都可能遇到的障礙。

為了解決當時影片分享的困境，陳士駿經由「換位思考」，他將自己假

想成消費者，推出了「嵌入式服務」這項創舉，讓上傳影音的使用者，可以輕易在自己的網頁上瀏覽畫面。除此之外，上傳影片不需使用特定軟體、不需經過審查機制，甚至還有會員專屬的片單管理與訂閱系統……等，不僅為消費者遇到的分享「問題」提供了一個完美的「答案」，更率先解決了許多消費者尚未提出的問題。

二〇〇六年，Yahoo!奇摩以七億高價收購了無名小站，無名小站的創辦元老簡志宇也順理成章地進入Yahoo!奇摩，擔任無名小站事業部總監，然而他當下的身價，早已遠遠超過七億這個數字！那是一個數位相機剛開始流行的時代，雖然拍照變得簡單又方便，但是卻嚴重缺乏分享相片的平臺，當時全臺灣最大的網路相簿，是官方提供的臺北市鄰里社區聯網（Taipeilink），但是每個帳號只有二十張照片的容量，操作介面也不甚便利。

當時正在就讀交通大學資訊工程系的簡志宇，發現了這個分享相片的廣大需求市場，於是善用自身的資訊專長，創立了「無名小站」，並於二〇〇三年成立公司，利用網路使用者愛看漂亮女生分享照片的心態，到Taipeilink連結許多美女照片，進行「挖角」動作，隨著年輕女孩一傳十、十傳百，紛紛註冊成為無名會員之後，無名小站的聲勢一路水漲船高，至今已擁有將近七百萬名會員，平均每三個臺灣人，就有一個人擁有無名小站帳號！從找到問題為出發點，進而找到答案，無名小站就在這樣的契機之下，迸發出無可遏止的力量。

找問題，就像在前往目標的旅程中，先行勘測出路面的起伏與窟窿，預見未來可能遭遇的顛簸；而找答案，則是用智慧的結晶填補這些坑洞，鏟平所有通往成功的阻礙。

我們常聽人說：「家家有本難唸的經」或是「清官難斷家務事」，言下之意，大概指的是，每個家庭都有其很困難的問題沒辦法為人所道，或是經由旁人來解圍；其實經營企業的景況也是如此，每家企業也有本難唸的經，與沉重的負擔問題，在這個單元我們極力地希望透過長榮海運以及宏碁電腦

在面對問題、解決問題的策略說明，幫助所有創業家也解開各自企業的問題密碼，讓每個企業體都能朝向更卓越的頂尖企業來邁進。

長榮海運打破遠東運費同盟的獨占

首先，我們就先來看看長榮海運是如何面對「遠東運費同盟」的獨占與壟斷市場，進而開拓遠歐海運航線；在1970年代末期，遠歐海運航線是一條貨源多、價格高的「黃金航線」，但是這條航線卻長期為「遠東運費同盟」所壟斷，他們在旺季時，特別挑選運價高的貨物承攬，至於運價較低的貨品，隨時都有可能被退關，而且在價格的製定與收取上，經常任意調高，若貨主不從則運盟就取消其裝船的權利，以往台灣的幾家船公司都曾試圖以聯營的方式行駛這條航線，但台灣業者處處受到其抵制，在歐洲重要港口根本攬不到回程貨物，最後只好退出這個市場。

長榮海運在當時航線已經遍及美國、中南美洲以及地中海各國之間，已經在業界以及貨主建立起相當不錯的口碑了，於是張榮發就訂下開闢遠東到歐洲全貨櫃定期航線的發展目標，然而當時的遠歐航線已經被總部設在英國倫敦，由歐洲大型輪船公司所組成的百年歷史組織，要脫離其組織試圖以聯營的方式行駛這條航線，簡直是難上加難；不過當時張榮發還是信誓旦旦地宣示：「我們既然要做就要有破釜沉舟的決心，不能半途而廢。」

張榮發可不是說說就算了，他立即展開市場調查，並且辛勤地訪問貨主；張榮發派遣數批市調小組前往德國、英國、法國、荷蘭、比利時、西班牙、義大利等地，對當地貨源分布與港口設備進行徹底的了解，同時也馬不停蹄地拜訪貨主，他發現貨主如果一年裝貨超過一定的數量，運盟都會退佣金給貨主，如果貨主裝了盟外船公司的船，不但退佣拿不到，還會被列入運盟的黑名單，拒絕再承運他們的貨物，所以貨主都不敢與盟外船公司接觸，當然也包括長榮海運在內。

張榮發了解到貨主的主要疑慮與問題之所在，如果長榮海運沒有做好萬

全準備，存著試探的心態，哪天長榮海運就撤出這個市場，這些貨主屆時會被運費同盟修理得更慘。為此，張榮發指示長榮海運的營業人員，要向這些貨主擔保說，長榮海運一定會堅持到底，即使虧錢也會繼續派船行駛，請大家放心使用長榮海運的船。

長榮海運在完成周延的市場調查後，為了配合新航線的需要，馬上在國內建造兩艘新型全貨櫃輪——長生輪、長強輪，開航日期選定在1979年四月，以每十五天一航次服務貨主。雖然開航之前遇到遠東運費同盟的抵制以及韓國朝陽海運取修聯營的計畫，但還是阻止不了長榮海運「長生輪」在1979年4月10日首航遠東至歐洲全貨櫃定期航線的行動，雖然第一次航線並沒有載滿，只達到70%的水準，但經過4～5次的航次，船就開始載滿，並且一直維持穩定的成長，讓長榮海運一躍躋身世界七大貨櫃輪船公司。

施振榮取法電腦主從架構 成功解決「內部移轉價」的問題

在1990年代，個人電腦崛起，成為小型企業或家庭的最愛，但如果與大型電腦相比，在運算能力和儲存容量上卻不如大型電腦，針對這個問題，電腦業界就推出了以工作站和個人電腦為主軸的主從架購的電腦系統，這個「主」可以是高階個人電腦，「從」是中、大型電腦，甚至是超級電腦。主「主」平常各做各的事，當遇到不能解決的問題，就透過網路交由「從」來處理，有趣的是，「從」的能力雖然比「主」還要強，但扮演的不是指導的角色，而是服務的角色，主導權在「主」電腦身上。

宏碁電腦創辦人施振榮就是由「電腦主從架構」得到企業革新的靈感，像是解決宏碁關係企業「內部移轉價」的問題，就是由此「電腦主從架構」而來的。在1990年代初期宏碁所生產的主機板主要是供應給自己的關係企業，由於訂單有保障、生產效率不高，成本更是居高不下，造成宏碁關係企業的一大負擔，因為宏碁的關係企業必須以高於市價的「內部移轉價」買入

這些主機板，於是宏碁所生產的個人電腦成本增加，市場競爭力就跟著降低。

為了打破這種不合理現象，施振榮成立了一個新部門生產主機板，並賦予它完全自主的採購、營運權，更沒有義務一定要像宏碁關係企業購買原材料，但同時也沒有特權以高於市價的產品賣給關係企業。結果在這樣完全自主的管理制度之下，這個新部門很快地就達到與市場價格競爭的實力。

施振榮從主機板生產業務轉型成功的經驗獲得了一些心得，他發覺，宏碁電腦公司總部對子公司和關係企業照顧太多，養成他們依賴的個性，反而造成企業的包袱，「內部移轉價」的問題就是一個很好的例子。他強調，如果讓子公司和關係企業自己當家做主，不必事事聽命於企業總部，也不必承擔其他關係企業的包袱，就能提高生產效率，靈活應變市場變化。

於是，施振榮就把電腦系統中的主從架構運用在企業管理上，他讓分散在國內外的關係企業與子公司全都當作「主」，要求他們自行做決策、經營，企業總部則扮演「從」的角色，不再對子公司和關係企業發號司令，只扮演協調和諮商的角色。果然在這樣的「電腦主從架構」管理制度下，原本奄奄一息的宏碁，自1993年開始轉虧為盈，在1995年以晉身為美國市場第八大品牌，全球第七大個人電腦廠商，同年更躋身台灣第三大製造業廠商。

經營危機的主要原因

針對經營失敗原因的分析顯示,有百分之九十八的失敗主因是由於管理上產生嚴重失誤所致。它主要包括了不能正確評估自身的創業構想、實施注定失敗的創業計畫、缺乏基本的管理知識與經驗、專業知識不足、無法處理事業與家庭的平衡關係等等,因素很多,但其主要原因如下:

進貨不慎

生意買賣離不開貨物,而進的貨物品質如何、價格如何、運輸過程是否順暢等等,均是決定成敗的關鍵。如果進的貨物樣品不對,便注定要虧本,或是運輸過程中貨物損壞變質,則會造成得不償失的結果,要是事先沒有對市場進行調查,盲目進貨,導致貨物最後成了滯銷品,其後果更是不堪設想。

某貿易公司的CEO在十多年的經商生涯中,曾經有三次因進貨不慎導致血本無歸的慘痛經驗:首次是在一九八四年,他進了一批進口服飾,購買前對方給他看的樣品品質很好,於是他決定進貨,但後來等貨到了,打開包裝一看,裡面竟全是又破又髒的劣等品,害他血本無歸;第二次是在一九八八年,他從中國蘭州買了兩車哈密瓜,當時在蘭州上貨車的全是新鮮的極品,誰知運到廣州後卻爛了大半;最後一次是一九九三年,他進了二噸的鋼材,購買前的市場價格是每噸三千八百元,沒想到進貨後,市價卻滑落到每噸二千八百元,立刻虧損了約二十多萬元。

綜觀造成進貨不慎的原因有:

1. **盲目相信別人**——對別人（特別是熟人）傳遞的信息不做信用調查及市場分析，一味盲目地聽從與相信。一般人通常對熟人的介紹不會起任何疑心，當然熟人的介紹，有時是真、有時是假，有些是無意、有些卻是有意的欺騙，因此進貨時都該認貨而不認人，凡事一定要認真謹慎地調查，仔細核對，鑑別真偽，以防上當受騙。

2. **貪小便宜**——奸詐之徒為了讓你上鉤，會先讓你嚐到甜頭後，再對你下手。例如，在你們還沒開始談生意前，他會先請你大啖一桌美食，試想酒足飯飽後的你能不上鉤嗎？當他晚上提著禮品到你家，收下禮物的你能不手軟嗎？或者是他知曉你想處理什麼事，便對你許下承諾，滿口答應要幫你辦到，等你上鉤後，他就把偽劣商品賣給你，不是數量不夠，就是短斤缺兩，等你發現自己受騙時，對方早已帶著你的錢，遠走高飛了！

3. **求財心切**——某些剛學做生意的人，看見別人生意興隆，財源滾滾，也希望自己能賺大錢、發大財，而且心急得彷彿是要在一夕之間成為大富翁，所以也就不管這批貨好不好賣便盲目進貨，但這樣的下場往往是資金付了出去，貨物卻無法順利售出，甚至還可能血本無歸！雖然說希望發財致富是人之常情，但千萬不能魯莽而行。

4. **對市場行情不了解**——有些人以為做生意很容易，不過就是出錢進貨的買賣而已，但事實上做生意是門高深的學問，特別是如何進貨、何時該進什麼貨、什麼地區又適合進什麼貨尤為重要，而我們可經由深入的市場調查，準確地掌握到市場行情。凡是生意失敗的人，大多數是因為事前沒有做好市場調查，只憑一時的心血來潮，或是道聽塗說後就盲目進貨，將導致經營上嚴重的虧損。

用人不當

如果把工作交給不負責任的人去執行，他必然是成事不足、敗事有餘；

如果把錢交給靠不住的人管理,那更是有去無回。以上兩點是用人時千萬要注意的部分,諸如採購、會計,都要認真挑選,如果是品行不佳、素行不良的人,即使其能力再好,也寧可不要任用。

創業者在招募人才時,除了注重專業能力和才華之外,人才的忠誠度和責任感一定要列入考量。如果管理者在面試時不留心應徵者的品德,日後也沒有培養出忠誠度,那麼在企業危機發生之時,那些公司培育出的優秀但忠誠度欠佳的同仁就會紛紛另謀高就,尋找自己的第二春,沒有和公司共存亡的團隊意識。

亞都麗緻大飯店前總裁嚴長壽在擔任運通公司總經理一職時,對公司中「國際領隊」一職的篩選特別嚴格。常常兩、三百名應徵者中只有十二個可以接受職前訓練,而通過職前訓練後可以成為正式員工的只剩下二到四人。在應徵的最後一關,嚴長壽總是誠懇地和面試者說:「國際領隊職務上的條件要求非常多,它不僅考驗你的語文能力、旅遊經驗和世界地理常識,在任職當中會碰到的每個問題都是在考驗你待人處世的能力。」所以,除了口試、筆試之外,嚴長壽更重視人格上的觀察,如果一旦發現受訓者個性、態度上有嚴重的缺失,就會立即在週末發出解聘通知書,同時結算該員工受訓期間的薪水,立即終止培訓計畫。就是這麼嚴謹的人事任用態度,才可以確保員工的品德沒有問題。

除了謹慎挑選新進人員之外,創業者應該對自己公司的現職員工時時進行再教育,時時加強員工的團體意識和忠誠度。

用人的過程中往往會遇到的問題是,靠得住的人沒有能力,而有能力的人卻又靠不住。此時應將問題具體分析,也就是說需要可靠的人處理的事,就選擇靠得住的人去執行,至於需要有能力的人去辦的事,就交託給有能力的人去處理,同時再想辦法監督或約束他。

決策失誤

古人有云：「棋差一著，滿盤皆輸。」經營決策是否得當，直接關係到生意的成敗。如果在投資、生產、進貨等方面考慮不夠周延，將會造成決策上的嚴重失誤，故而，在決策前要做好以下的準備工作：

1. **切忌人云亦云**——進行投資決策前，要對當前的社會狀況、政府政策、對方的實際財力、人力、物力，以及當地儲運、原材供應、能源、水電、銷路等等做好深入調查，並隨時掌握第一手資訊，切忌人云亦云、道聽塗說外，也要避免或者、可能、大概等等不確定的意見或答覆。一就是一，二就是二，有多少就說多少，否則將會為決策埋下隱憂。

2. **留有餘地**——投資前要有充分的心理準備和物質準備。比方在開支方面的估計要準確些，而收入部分則要估計少一些（對盈利方面不要過度樂觀，因為常常會有意想不到的事情發生）。例如，開一間商店、經營一家工廠，你原來的預算雖然是五十萬元，但你隨時都要有可能透支的心理準備，否則到時超出預算而無法收尾時，你就束手無策了。

3. **隨時檢查修正**——任何決策在開始時，未必就能盡善盡美，或多或少總會存在一些問題，重要的是要留意決策的實施過程，只要發現問題就要隨時予以糾正，以便能挽回敗局，避免更大的損失。

地點欠佳

如果經營的地點選得不夠好，也會使生意做不起來的。開設商店離不開顧客，要是顧客寥寥無幾，門可羅雀，那麼即使你的店面再大、陳設再豪華，也是於事無補。經營商店要支付房租、稅捐、水電費、工資等等，若營業額少得可憐，營收利潤自然就無從談起。生意狀況入不敷出，赤字上升，時間拖得越久，虧本也就越大。

勾心鬥角

凡是公司內部有勾心鬥角的情況發生，其結果通常都是很不樂觀的。諸如管理階層之間的勾心鬥角，管理者與員工們之間的勾心鬥角，甚至是董事們之間的勾心鬥角等等，都會導致公司的失敗。

管理不善

如果高階經理人的經營管理能力欠佳，即使是有龐大資本的公司，也會面臨失敗的命運。例如，管理者不善於領導統御員工，賞罰不明、計畫不周，或是員工素質差卻未進行在職培訓，以及員工對顧客態度惡劣又不採取改善措施，甚而是財務狀況混亂等等，都會導致公司倒閉或破產。

09 對的員工

相信讀過三國歷史的人，對於劉備「三顧茅廬」的故事一定耳熟能詳，在故事中，劉備極力想拉攏已經隱居的諸葛亮出來當官為蜀漢效力，就在劉備鍥而不捨地努力後，諸葛亮才同意出山；果然不負眾望，諸葛亮分析天下情勢之後，提出了「隆中對策」讓蜀漢得以與魏國、吳國三強鼎立，否則以蜀國當時的國力來說，要與這兩個國家抗衡簡直是不可能的事。由此可見，國家得到棟樑之才可以讓君主立於不敗之地，同樣的，企業得到有用之才也可以讓企業主高枕無憂。接下來，我們就來看看幾個比較知名的企業，像是鴻海、長榮公司的用人標準在哪裡，以及在他們理想中「對的員工」又必須具備怎樣的條件。

鴻海需要創新、善應變人才

　　提起鴻海，大家可能第一印象不是速度，就是成本、品質；然而這些只是一些表象而已，對總裁郭台銘來說，企業能否不斷地創新才是其最關心的課題，因此在人才的選用上，郭台銘最青睞的是創新型人才，他認為，這樣的人才有能力、善應變、敢做敢當，而且思想新穎、意識強烈，是開拓市場、打開通路所必須要的。

　　郭台銘提出這樣的人才選用條件絕非僅是口頭說說而已，在鴻海，郭台銘對於「創新人才」的訓練更是有其獨到的方式，這包括「工作中訓練、挫折中教育、競爭中思考。」換言之，鴻海要的是一個人能夠在工作中訓練自己，從失敗中總結教訓，並勇於在競爭中提升自己；他認為，這樣的人才才

能獨當一面，足以應對複雜局面，完成創造性工作。

以鴻海集團旗下最大的一塊事業版圖——富士康控股公司成立手機製造事業部來說，2001年，郭台銘聘用的總經理戴豐樹，不但擁有日本東京帝國大學博士學位，還曾在豐田汽車工作八年，不過有許多人還是質疑一位做車子的人可以把手機做得好嗎？對此，郭台銘很有信心地表示，車子零件有兩千多種，手機只有兩百多種，所以他有信心戴豐樹能夠勝任得很好；結果，戴豐樹不負郭董以及大家所望，五年後為鴻海創造出兩千億新台幣的營收，成為2006年鴻海成長最快速的部門。

長榮集團、鴻海精密重視員工的道德素養

對於長榮海運來說，創辦人張榮發常常對於公司新進人員勉勵說，若是能夠自動自發、督促自己學習、成長，並藉由工作的磨練來提升自我，這才是正確的工作態度，而不是因為拿了公司的薪水，才把工作做好；換言之，長榮海運需要的是能夠主動學習，而且在工作中訓練自己的人才，這一點與鴻海的選才條件是一致的。

此外，長榮公司在用人上，道德觀念的原則一直也是張榮發堅持不變的，像長榮航空雇用飛航人員時，個人操守是評鑑的重點，張榮發認為，道德操守良好的人，生活規律正常，工作時才能全神貫注，這對於飛航安全才是一大保障。而且長榮徵才原則，一律公開招考，絕不接受人情關說，甚至在招募啟示中，還特別註明「託人關說者，恕不錄用」，張榮發認為，這就是要避免聘用不適任的人，阻礙公司的管理和發展。

這樣的道德價值，看在鴻海企業郭台銘的眼中也是同樣佔有絕對的地位；以鴻海公司來說，每年採購金額都相當的驚人，因此他對於採購人員的品格特別看重，因為資金安全比什麼都重要，他要求，手中掌握資金的採購人員必須站在公司的立場考慮問題，以最低的價格購買品質有保障的原料。

不僅對於採購人員是如此要求，郭台銘對於其他工作人員的道德素養也是非常重視。郭台銘認為，鴻海在招聘員工，首先應把品格放在第一位，因

為一個人品格出現問題，加上能力越大，他帶給公司的損害就越大。此外，在郭台銘的想法中，人品就像是一艘船的舵，而能力就是它的馬達，馬達決定行船的快慢，船舵則是控制船行的方向，只要你方向正確沿著航線前行，並且開足馬力，很快地就能到達目的地，但如果人品不好，導致開行的方向錯誤，即使馬力十足終究還是到不了目的地。因此，郭台銘對於有才有德者一定重用，至於有才無德者則堅決不用。

高學歷在長榮、鴻海集團不一定管用

另外，在台灣家長們辛苦地工作努力把孩子栽培到大學畢業，甚至是碩士畢業，希望孩子以後可以靠著高學歷找到好的工作，進到理想的企業當中，不過這樣的想法，對長榮企業與鴻海企業來說，他們並不是最看重學歷。

以長榮企業來說，他們並不會一味地崇尚高學歷，而是著注重新進員工的可塑性、工作態度。張榮發表示，一個在校成績傑出的人，可稱它為學校的秀才，但進入社會卻不得能成為社會的秀才；因此，長榮企業建立起了「師徒制」的傳承方式，由部門資深人員負責帶領新人，教導他們正確的觀念和工作內容，只要一有偏差就立刻導正，讓新人能朝正確的方向前進，而在工作的調動上，也會針對每個員工的個性和專長來安排適合的職務；例如：長榮海運新進的男員工二～三年的訓練，公司藉以觀察每個人的性向與潛力，再分派到適宜的部門工作。

鴻海企業用人標準，實際能力永遠比學歷更重要，今天鴻海集團裡面許多管理人員在早期也都是普通的小職員，由於他們的能力過人，經由郭台銘提拔、培養，才一步步地升到主管的位置。至於文憑，對於鴻海企業來說，可能只在招聘的時候發揮作用，充其量只是參考而已，甚至如果遇到高學歷的人做事馬馬虎虎，比不上學歷一般卻很有責任感的員工，郭台銘還會很感嘆地說：「**有時候文憑就是一張廢紙**」。所以郭台銘不喜歡錄用那些自以為聰明的人，更不會迷信高學歷。

多聽他人經驗，
勿獨斷獨行

在這一章中，我們曾談到長榮集團創辦人當年在公司成立二十周年慶時，信誓旦旦地宣布長榮集團將發展國際民航事業的計畫，而且將之定位為中國人的驕傲，於是就極力朝這個目標邁進；以當時的時空一九八〇年代末期，台灣的交通民航主管機關其實對於這樣的新創事業並不熟悉，甚至無法理解長榮集團所提出的計畫書，於是長榮的人員常常向政府相關機關建議符合潮流的修法內容，結果此舉引來反對者以接受特權關說，或意圖牟取自我利益等等傷害長榮集團的言論。

👏 張榮發適時地聽取年輕幹部意見挽救航空計畫

這些排山倒海的批評其實一度讓張榮發非常地傷心沮喪，甚至已經做好最壞的打算，不過在真正決定停止任何有關國際航空的投資計畫之前，張榮發還是召集了長榮航空籌備小組會議，向幹部門宣布這項計畫停止的決定，據說當時這些年輕的幹部個個淚眼潸潸，心有千萬個不甘，甚至在會議過後兩天，向張榮發央求說：「讓我們年輕人繼續完成吧！」他們一致認為，在這項計畫中每個人已經投入很大的心血而且該讀、該看、該學習的都已經非常清楚了，如果真的就這樣放棄實在太可惜了，而且這些參與的幹部也表明願意來承擔所有的責任。

當時張榮發聽到這些年輕幹部的意見之後，就向他們表示，會再考慮衡量看看，於是他回到家時向妻子說了這件事，不過當時妻子並沒有贊同年輕

人繼續做下去的建議，而是勸張榮發停止這項航空事業計畫，她認為，既然有這麼多複雜的因素就不要再做下去了，況且人生的光陰有限，實在不必為這樣的事情一直折磨自己。

在聽過公司年輕幹部的意見以及妻子中肯地勸告後，張榮發最後還是做了一個再拚拚看的決定，於是長榮集團才又開始積極地進行航空事業的各項計畫，最後也才能在1991年7月1日如期的開航，並在今日成為國際著名的航空公司。

人家說萬事起頭難，不僅客觀的環境，像是經濟情勢、政治氛圍、自然環境的變化要注意，人心的詭譎也需要防範抵擋，尤其在競爭的商業市場上，競爭對手的攻擊與恐嚇常常會讓創業家裹足不定，這時候做決策者，其實更需要智慧與勇氣才能超越這一切。

以長榮發展航空事業差點胎死腹中的經驗來說，還好張榮發的身邊有一群滿腔有理想有抱負的年輕人願意繼續堅持不放棄，再加上張榮發願意傾聽他們的勸告沒有真的一意孤行，否則今天台灣的航空界就缺少了一家具有世界水準的航空公司，讓人們有機會享受到長榮航空優質的服務水準，這也再次證明了，其實凡事要放棄很簡單，堅持反而要更大的勇氣，不過同時所得到的回饋報酬將會是十分豐碩的。

宏碁電腦第二代接班VS空降部隊威脅

聽取他人的意見而成功的例子，不僅運用在市場競爭上行得通，在對內管理策略上，多聽聽他人的意見也是非常重要的，尤其身為企業領導人位處高位，常常大處著眼，但小處卻常看不清楚，這對公司的治理以及工作效率而言更是一大傷害；我們就以宏碁電腦創辦人施振榮在處理企業第二代領袖與空降部隊的衝突過程來做一說明。

宏碁電腦初創的十年，第一代創業夥伴像是施振榮、黃少華、林家和、邰中和等人是帶著第二代的幹部，像是林憲銘、施崇棠、王振堂……等人一

起奮鬥的，就像師傅帶著徒弟一步一步地闖出天下的。但就在施振榮為了讓企業朝向國際化發展，曾經引進了大批的「空降部隊」在各事業單位中，而且所擔任的職務都還是協理級以上，甚至比這些第二代幹部還高階。

在過去，這些第二代的領袖可以直接向第一代的創業元老報告請益，但自從空降部隊進入宏碁之後，他們沒辦法像從前一樣，反而要透過這些空降部隊的管理階層報告才能上達第一代創業元老，很多的時候他們似乎一直在做報告給這些空降部隊的主管，但這些空降主管又常常未能做出決策，致使計畫一再地耽擱。

在當時，其實就連施振榮本身在主持會議時，也是刻意優先採用這些「空降部隊」主管的意見，這讓過去與第一代創業元老一起奮鬥過來的第二代宏碁領袖們心裡很不是滋味，私下抱怨施振榮迷信「外來的和尚比較會念經」，忽視他們的貢獻與努力，還好施振榮在一次與第二代領袖一起餐聚時聽到他們的心聲，施振榮馬上安撫他們的情緒，同時也調整自己的作風，不再片面只聽空降部隊的意見，並且綜觀第二代領袖的觀點，甚至到了一九九○年底，宏碁面臨營運虧損的危機，準備進行裁員時，施振榮當時還主動勸退許多他當年所引進的空降部隊。

在空降部隊主管先後離開宏碁電腦之後，第二代領袖漸漸地接下宏碁各關係企業的責任，一九九○年施振榮派王振堂擔任宏碁科技副總經理，不久又升上總經理；一九九一年施振榮派莊人川前往美國擔任高圖斯電腦事業群總經理，明碁電腦總經理職務則是由李焜耀擔任，施崇棠出任系統事業處群總經理，林憲銘出任個人電腦事業群總經理，呂理達出任宏碁歐洲公司總經理。

施振榮這樣的人事安排，讓第二代陸續接班，果然很成功地讓宏碁電腦在一九九三年轉虧為盈，在一九九五年已經成為全球第七大個人電腦廠商，並且還帶動了宏碁第三代、第四代的人才在各事業群裡當家做主。

做一位企業的領導者，在創業時與一起工作的夥伴通常都有革命的情

感，大家一起奮鬥努力、感情融洽，意見也很容易彼此交流，但當事業有一定規模，特別是需要力求突破時期，常常就會在人事上做擴充，這時候新舊幹部之間的衝突多少都會發生；這時做一位領導者一定要客觀地分析整體利弊得失，而不能偏袒任何一方，否則就會出現像宏碁電腦在進行國際化的過程中，空降部隊與第二代領袖的衝突，還好施振榮願意聽取不同的聲音，做最客觀的分析，才使得今天宏碁電腦能成為台灣的世界品牌，甚至是國人的驕傲。

Chapter 7

創業成功案例分析

手作創業實現你的老闆夢！

有句話說：「藝術源自於生活。」對於以「手作物」作為創業選項的人來說，手作商品不僅可以是生活用品，也能是深具質感的藝術創作品，許多看似不起眼、可以自己動手製作的生活物品，只要經過一番巧思，妙手一揮之下，就能化為兼具個人特色與實用性的獨特商品，其中隱藏的商機與迷人之處自然不容小覷。

舉例來說，日常生活中每天都會使用到的香皂，雖然經常被視為是尋常小物，但仔細研究一下，不難發現從個人沐浴到居家清潔，香皂的分類之廣、品項之多，令人難以想像，而隨著環保意識的深入人心，越來越多人開始選用對環境無污染、成份安全天然的香皂，特別是敏感膚質族群對於化學添加物避之唯恐不及，乾脆試著針對自身的膚質需求學習自製香皂，這不僅掀起了一波DIY動手做香皂的熱潮，也逐漸造就了手工皂市場的蓬勃生機。

時至今日，手工皂仍被列為手作創業的熱門選項，每個選用手工皂的人能說出一籮筐的好處，每個投身手工皂事業的人也都有「皂化」的理想與抱負，但理想越是熱情美好，現實便越是殘酷，無論你是從手工皂愛用者還是作皂玩家轉換成經營者角色，真要把一手作皂技藝發展成事業經營，除了知識與技術上的要求外，還必須確實掌握消費顧客的需求，力求將自己的手工皂商品化、價值化，以便順利闖過市場的殘酷考驗。尤其手工皂市場的進入門檻並不算高，當市場規模逐漸擴大成熟、商品同質性日漸升高的時候，唯有開發出商品的獨特賣點，準確做好商品區隔與市場定位，才能在「皂山皂

海」中爭得生存之地，而這也是大多數手作創業者都會歷經的市場考驗。

　　一般而言，多數手作創業者在進行市場調查時，會發現因為市場進入門檻低而競爭者眾多，有些人一想到自己要與滿坑滿谷的同行搶生意便心生退意。事實上，無論是處於創業初期還是已經有了成熟品牌，市場上永遠存在著競爭者，與其擔心對手太多、太強大，不如思考如何讓自身的手作商品別樹一格，以及商品是否具備量產化、客制化的條件，與此同時，也要選擇最符合經濟效益的銷售通路，為自己創造出獲利模式，而當逐漸建立起自身品牌優勢後，如何滿足大量客戶訂單、延續並深耕品牌，則是另一道重要的市場課題。換言之，面對競爭最不需要的是恐懼與退卻，最重要的是，依據商品特性與市場發展擬定經營策略。

　　以手工皂知名品牌「阿原肥皂」來說，從草創初期的小規模經營、打響品牌知名度後的規模擴張，直到品牌成熟後的深耕與營運走向轉型，一路走來的經營歷史堪稱是手工皂市場的先驅範例。而做為後起之秀的「G's Life 居事生活」，即便面臨許多新舊品牌的夾殺，也能以打造外觀可愛討喜的「甜點手工皂」作為競爭新亮點，另闢出市場蹊徑，可見競爭不是問題，實力策略才是關鍵。透過了解他們的創業實例與成功要點，有意投入手作創業的人或許能從中獲得啟迪。

誰說台灣品牌手工皂賣不過進口貨？

　　阿原肥皂創立於2005年，從第一塊手工皂委託有機商店寄賣開始，兩年內的營業額便達四千萬台幣，而隨著品牌價值的提升，海內外的銷售據點也陸續遍佈台灣、中國、新加坡、日本、馬來西亞等地，年營收更高達上億台幣。一塊小小的手工皂能創下如此輝煌的年營收，或許很多人會感到不可思議，但只要了解阿原肥皂背後的經營關鍵點，就能深刻明白這樣的成功絕非僥倖。

❶ 商品結合在地生活文化，不只賣品質，還傳承文化價值

愛用手工皂的消費者當中，有不少人是敏感肌膚族群，阿原肥皂創立者江榮原也是其中一員。由於嚴重的皮膚過敏問題，在飽受含有化學成分清潔品的荼毒之後，江榮原開始學習製作手工皂，並且憑藉著來自父執輩的中醫知識傳承，試著加入台灣本土藥草當原料，繼而有了以天然藥草手工皂創業的想法。

「藥草」是阿原肥皂最鮮明的商品特色，也是不容忽視的成功要素。提及藥草，許多人隨口都能講出幾種生活常用藥草，例如艾草、甘草、抹草、山藥、當歸等等，對於全台青草藥最大集散地萬華青草巷也不陌生，有時天氣熱、火氣大更會喝上一杯青草茶消暑降火，這意味著藥草不僅早已融入日常生活，也是一種深富傳統的生活文化。正因為多數人對藥草的熟悉感，在面對阿原肥皂的藥草手工皂時，無形中就會投射平日使用藥草的經驗，因此往往不需要繁複解說就能引起情感共鳴，商品的好感度、接受度自然也就大為提高。

更進一步來說，藥草是在地生活文化的一環，當阿原肥皂運用藥草作為手工皂原料時，不僅完成了同類商品的特色區隔，也實現了提高消費者接納度的目標，而隨著商品的廣受歡迎、海內外銷售點的增加，阿原肥皂不僅樹立起親民的品牌形象，藥草手工皂儼然也成為推廣台灣在地生活文化的特色商品，進而使得品牌價值呈現出另一種高度。

當你計畫投入手作創業的時候，無論手作商品屬於何種領域，不妨思索阿原肥皂的商品定調之道，讓自己從中構思出穩健的市場第一步。以市場競爭來說，具備鮮明特色的商品，除了能與同類商品做出區隔外，也能讓消費者留下深刻印象，而在消費者購買決策過程中，商品光是具有吸人眼球的特色並不足以讓人掏出荷包，如果商品特色能巧妙融入親切的生活文化元素，引發消費者情感上的認同感，才能進一步觸動消費者的購買欲望。

換言之，打開消費者的心門才是成功銷售的第一步，當你銷售商品時，別忘

了販售的不只是特色與品質，也可以是生活文化的情感價值。

❷ 藉由有機商店切入市場，通路策略準確而有力

手作創業者在選擇手作品的銷售管道時，考慮的不外乎是：商品要賣給誰？有沒有主打商品？在哪裡賣？該怎麼宣傳與販賣？成本與利潤又要如何拆算？不管最後是選擇網路平台、文創市集擺攤、開設實體店鋪、找尋店家寄賣、進駐百貨專櫃，或是透過其他管道作為銷售通路，最終目標都是希望增加產品的曝光度與銷量，而阿原肥皂初期之所以能快速培養出忠實客戶，必須歸功於準確、有效率的通路策略。

由於資金問題，阿原肥皂選擇了以有機商店作為進入市場的主要銷售通路，一來藉由寄賣效果試探市場水溫，二來有機商店的消費客層具有重視養生、謝絕化學成分、願意以較高價格購買天然無毒商品的屬性，因此對於以有機藥草作為原料的手工皂比較容易接受，在化解消費疑慮與銷售障礙方面自然就輕鬆多了，因為在有機商店上架，最有可能接觸到兼具購買意願、購買能力的消費者，很快地，市場反應也證明了這樣的通路策略可行而正確。隨著鋪貨訂單與有機商店販售點的穩定增加，維持手工皂品質、確保原料供應穩定自然成為了重要課題，為此，阿原肥皂除了承租土地種植藥草外，也積極地與有機農產者相互合作，時日一長，阿原肥皂與原料供應商、有機商店經銷商便建立起一種共榮互利的聯盟機制，這不僅為日後的品牌化增添助力，也累積了進軍百貨專櫃、開設直營店的實力。

面對市場競爭，能夠準確掌握銷售通路的人才是贏家。阿原肥皂的例子無疑給手作創業者帶來一股激勵能量，尤其當創業資金不足時，與其憂心商品滯銷或是漫天灑網找銷售通路時，不如從商品特點、目標對象、可用資源等面向構思通路策略，有時找尋可以一起合作的聯盟伙伴，也能擺脫一人打拚的窘境，提升市場戰鬥力。此外，實體通路與虛擬通路雖然各有利弊，但有時可以雙管齊下，只是一般要走入實體通路時，手作創業者或其他領域的創業者都要先經過說服通路方這一關，往往積極主動的態度、加值互利的合作

方案，有助於雙方達成協議，這也意味著創業者在市場籌碼相對較少的情況下，必須先拋開追求「利益最大化」的想法，試著從通路方的角度去了解對方的擔憂與需求，進而從中找出「利益最滿意化」的合作方案。總之，創業者在經營銷售通路的同時，也在經營人際關係，唯有保持耐心、學會做人，發揮自身優勢，力求兼顧實質利益與合作關係，才能讓銷售通路變成品牌進駐市場的康莊大道。

❸ 以品牌意識主導擴張策略

許多人剛創業時都是勇往直前的「衝組型」老闆，但當業績長紅、經營規模日漸增大時，衝組型老闆們就得適時進入緩衝階段，依據營運狀況調整經營策略，以免辛苦創建的事業在擴張時期反而動搖根本，甚至讓品牌價值受到損傷。這就好比經營攤位、店鋪、連鎖門市所要投入的各項資源有所不同，在營業額日漸成長的同時，即便市場佔有率有所提升，但並不代表通路、服務人員、商品品質、經營管理制度等面向能同步成長，因此如果盲目地追求業績成長，忽略了事業長遠發展的基礎建設，亮眼的報表很可能只是曇花一現，而阿原肥皂在業績猛爆時期的「踩煞車策略」值得手作創業者引為借鏡。

當阿原肥皂迎來商品熱銷、營收增多的成長初期時，不可避免地也碰到了許多手作創業者會面臨的擴張問題，比如手工皂量產、通路鋪貨、銷售人員訓練、成本管控、技術研發等等，而在處理這些問題的過程中，老闆江榮原的因應決策都是以「品牌意識」為考量點，進而奠定了日後其穩健發展的堅固基礎。

例如解決手工皂的量產問題，其實只要透過機器運轉，就能完成量產化、自動裁切包裝的目標，如此一來，不僅省時省力，皂身外觀還能更為精緻，然而，江榮原最後仍選擇沿用人工作業流程，因為從品牌本身去思考的話，阿原肥皂要給人的感覺就是濃重的自然手作的樸實感，所以皂身外觀古樸、手工切皂導致的切痕不規則、透明封膜的簡單包裝，既是商品特點也是品牌精

神的呈現，機器自動化固然能帶動產量的效率，卻會抹去阿原肥皂最重要的特點，以長遠眼光與品牌價值來看，反而得不償失。

同樣的，基於維繫品牌的概念，在面對通路鋪貨上，儘管手工皂越賣越火熱，通路經銷商躍躍欲試，江榮原並沒有選擇讓經銷點無差別地遍佈八方，而是提高篩選門檻，選擇真正兼顧品牌形象與實質利益的合作對象，藉以讓通路效益最優化。事實證明，以品牌意識為導向、有所堅持亦有所捨棄的經營策略，不僅讓阿原肥皂的品牌形象日益清晰而強大，在市場營運的道路上也會走得更穩、更遠。

任何事業的經營規模要由小變大並不容易，尤其擴張時期的體制改變經常要承擔一定風險，有時擴張過程中成本急遽上升了，回收效益卻跟不上節奏，結果便導致營收不升反降，甚至出現負債，而對於以小額資本起家的手作創業者來說，阿原肥皂的案例無疑提供了另一種思考路徑。當你的手作生意越來越好，並且有擴大經營規模的條件時，進行市場調查與客戶滿意度調查，將有助於分析當前事業營運的優勢點、弱勢點、潛在機會與可能威脅，如此一來在擬定擴張策略時也能進退有據，避免盲目擴張；此外，以長遠眼光與品牌意識有效整合資源，發揮並強化自身優勢，投入技術研發、提升服務，才能穩健地繼往開來，往往這也是品牌永續經營的重要關鍵。

創意甜點手工皂，另闢市場新路徑！

當手作創業者要進入的市場具有一定的成熟度，唯有找出自己的核心競爭力才能創造立足點，以手工皂市場為例，在許多手工皂商品的製作技術、用料配方、皂身外觀、訴求要點漸趨同質性時，浸淫作皂樂趣多年的陳宛格把研發目光投注於皂身外型，並於2012年以「甜點手工皂」作為自創品牌「G's Life居事生活」的創業代表作，而由她的甜點手工皂不僅外觀仿真到讓人看了垂涎欲滴，精緻討喜的皂身造型也打動了不少消費者的心，甚至還獲得在電視戲劇中亮相的機會。為什麼以創意翻新了手工皂的外型，就能讓

「G's Life居事生活」擄獲消費者的喜愛，從而成功開闢出一條市場新路徑呢？

❶ 商品兼具創意、實用性、觀賞性，客制化服務很貼心

造型可愛討喜的商品經常能增加使用者的心情愉悅指數，當許多作皂人紛紛在手工皂的賣相上推陳出新時，陳宛格也不斷鑽研作皂技術，試圖讓手工皂在外觀上能獨樹一格，因此諸如瑞士捲、馬卡龍蛋糕、心形巧克力、棉花糖、棒棒糖等具有立體感、層次感、精緻感的甜點手工皂也應運而生，與此同時，她也巧妙添加了薰衣草、玫瑰、檸檬等植物精油，這便讓成品不僅色彩繽紛，還散發著怡人香氣，整體外型看起來也更像是縮小版的甜點蛋糕。

無論消費者是否為手工皂愛用者，在面對做工精緻、用料天然、可洗又能當擺飾的甜點手工皂，一眼的瞬間便能發出會心一笑，不管自用或是送禮，它們都是既實用又富有生活情趣的可愛小物，尤其陳宛格還能接受客戶的委託訂製，例如用來表達愛意的巧克力禮盒組、象徵幸福浪漫的婚禮蛋糕，不僅充分傳遞了送禮者的心意，也讓收禮人能感受到貼心與溫馨，即便作為居家擺設也是相當特別的紀念品與收藏品。從消費心理來看，G's Life居事生活的甜點手工皂不僅擺脫了一般手工皂的造型窠臼，同時也兼具了實用性與觀賞性，這使得客戶的情感與理性都獲得了雙重滿足。此外視覺效果極佳的創意造型、作皂技巧的不易複製、客制化服務的提供也成為了強勁的市場競爭力。

當手作創業者企圖在競爭者眾的市場中打開生路，「創意」可說是九轉大補丸，陳宛格的創業實例更是最直接的證明，而不管你的創意運用在哪個部分，有時仿效者與山寨版的問題免不了令人苦惱，因此找出不易被「破解」的競爭優勢點、建立無法取代的市場價值至關重要，此外，在經營過程中，立足於你的優勢競爭點，與時俱進地「自我提升」將是長久存活的關鍵，例如投入技術研發、改良事業體制、完善服務或銷售通路等等，不僅能讓你的自創品牌持續保有市場熱度，也有助於事業發展的每一步走得更穩健踏實。

❷ 鎖定禮品市場，區隔經營，創造利基

手作創業者進入市場之前，通常可以藉由市調掌握市場發展現況，並且從中思考創業計畫的可行性與成功率，而其中直接影響事業發展與營銷策略的部分，莫過於自家商品與其他同質性商品的區隔點，以及市場獲利模式的規劃。以手工皂市場來說，當G's Life居事生活以「天然的香氛甜點手工皂」完成了商品區隔化，緊接而來的問題便是如何在手作皂的大池塘中找到消費者，有別於一般手工皂業者普遍把事業發展目標鎖定在護膚保養的路線上，G's Life居事生活將自身品牌的發展根基定位在「禮品市場」，進而創造出自己的市場利基。

事實上，自從手工皂熱潮風行後，不少人常與親手分享手工皂，甚至小巧迷你的手工皂還常常是婚宴裡的感謝小物，可見以手工皂作為禮品漸漸成為一種生活常態，而G's Life居事生活把甜點手工皂定位成禮品的同時，也把自家商品的優勢最大化，除了企業主、一般消費者的客製化商品之外，例如中秋節的和菓子月餅禮盒、以台灣經典十景為主題的伴手禮系列等等，都讓手工皂禮盒系列的創意開發更具多樣性，這不僅滿足了送禮者的需求，也讓品牌形象與品牌價值留駐人心。

對於手作創業者來說，喜愛手作商品並且願意購買的消費者是維繫生存的基本奧援，而在吸引客戶登門之前，商品的獨特性、目標客層的鎖定、品牌印象的建立都必須仔細考量，換言之，你的商品擁有哪些足夠動人的獨特性？哪些消費者可能是你鎖定的開發對象？你希望商品與品牌給人何種印象？往往這些基礎問題攸關著事業經營的動向，並且決定了你的事業是否具備長期發展的潛力，假使你發現自己的商品對於特定消費者才能散發強大吸引力，與其急著擔心小眾市場規模太小，不如換個角度想想它是否就是你的利基市場？許多時候，目標針對性強的有限市場看似客戶群受到限制，卻也可能潛藏著商機無限的市場動能！

雙手撐起一片天！手作小事業也能是你的財富專案！

在介紹完上述兩則手作創業的市場案例後，有意投入手作創業的人不妨重整思路，檢視一下自己的創業計畫，而由於手作創業的類別精彩多元，我們約略歸納出最為基礎的要點如下：

❶ 不要害怕競爭

不管你要投入的手作市場是否競爭者眾多，找出你能搶佔市場的商品特點、給出扣人心弦的賣點，甚至提出一個有樂趣、有價值、有個性的主張，才是致勝王道！例如特別的商品製作素材、別具巧思的創意設計、富有故事性的創作理念等等，都是可以嘗試的發想方向。

❷ 思考你的商品可以賣給誰，目標對象在哪裡

如果你腦中對客人在哪裡還沒有頭緒，有時透過把手作小物送給身邊親友可以收集到相關的市場資訊，當然你也可以把自己的手作品「曬」到網站上，尋求廣大網友最直觀的意見、最真實的批評，往往這些意見能反映出某部分的市場反應，有利於你完善自己的創業計畫。此外，參與文創市集擺攤也是收集市場資訊、建立客情的另一種務實管道。

❸ 學習整合並運用資源

有時別讓創業路上一個人單打獨鬥，志同道合的朋友、相互協作的伙伴都能成為創業團隊的一員。好比當你對手作創作品有好點子，但其中某些製作環節卻不擅長時該怎麼辦？除了自學補足技術外，你也可以找尋同盟合作，例如創立「簪簪自囍」品牌的林喬如負責手繪髮簪設計圖，再委由木雕師傅完成製作。值得一提的是，如果你評估自己的手作商品小量製作沒問題，一旦要衝向批量製造有困難點，或是不傾向走上流水生產的路線，那麼採用聯合手作工坊的形式將是一種解決方案，例如創立「小陶器」品牌的金金和鏡子，由於強調每一個手作陶瓷商品都是獨一無二，便以「吸引夥伴投入開發新品」的對策來解決量產化的問題。

❹ 仔細選擇你的商品通路

當手作物商品化之後，最好能依據商品特性與營運計畫去選擇通路，許多時候，人人爭搶的通路雖然有集客效應卻不一定適合你，也未必能對你的目標客層投出「直飛球」！此外，不管你選擇了實體或虛擬通路，永遠別忽略了與通路搭配的文宣策略，無法傳遞商品重點與品牌特色的文宣，很容易讓好東西變成庫存品，尤其當你自建網站或是利用網拍平台時，準確、清晰、詳實的介紹圖文往往能為商品與品牌加分不少。

　　總結而言，手作創業是微型創業中十分具有前景的選項，其多元性、精彩性、活躍性光從文創市集的活絡度便可窺見一斑，而由於手作市場普遍進入門檻低、投資金額可小可大，加上現今消費者對手作商品具有很高的接受度，手作市場儼然具有廣大而開放的發展空間，因此如果你擁有一手好手藝，以及細數不完的設計創意，運用手作品創業將會是一個大有可為的創業選項！

02 善用你的知識技能創業

以往人們總認為唯有生產實體商品才能販售獲利，但自從「知識經濟」的經濟型態出現後，運用知識資訊促進經濟成長、推動市場發展便成為了常態，隨之而來的，便是創業市場上出現許多以知識或技能為導向的事業形態，好比擅長整理物品的人出售自身的收納知識，提供他人關於空間佈置的服務諮詢，又如精通木工的人以改造舊家具的「舊翻新」技藝招攬客戶上門，這意味著知識與技能可以販售、可以獲利，只要它們滿足了市場需求，無論最後成品是有形商品還是無形服務，都能創造出利潤空間。

當你試圖自行創業時，不妨想想自身的知識或技能是否能提煉出「市場價值」？又有哪些人可能因為這些知識技能的協助而滿足需求、獲得益處？有時檢視自身既有的知識技能資源，將能從中挖掘出隱藏版的致富之路！正如以下提及的四個創業實例，不僅彰顯了知識經濟創業型態的活力與前景，也突顯出只要知識技能與實務經驗、市場需求妥善結合，它們就有可能爆發出意想不到的經濟能量。

複合性的知識技能就是你最大的創業資產

每個選擇創業的人都有自身的動機與原因，比如追求理想的實現、證明自我能力、積極累積財富、建立符合自我期望的生活模式等等，但在談及創業的心路歷程時，你一定聽過有些人坦言自己一開始根本沒想過創業，直到許多事件的累積與思緒震盪之後，意外地認知到自身的學經歷堪為大用，這

才啟動了創業計畫,而杏一醫療用品公司創立人陳麗如就是一個例子。

　　身為護理本科生的陳麗如在畢業後就進入了大型醫院當護士,儘管多數人認為這是一份穩定性高的工作,但基層護理人員工作時間長、身心壓力大也是不爭的事實,因此當長年的工作疲累影響到陳麗如的身體健康後,她不得不開始思考自己是否該轉換職場跑道,而最終幫助她找到事業出路的人恰好是病患家屬。一般說來,護士不僅要協助醫生照料病人,也要向病人家屬說明患者返家後的日常照護事宜,然而當時常令病人家屬感到苦惱的問題是:護士,你說的那個器材要去哪裡買?在資訊流通不如今日發達的七○年代,想要購買醫療器材的管道就是翻找黃頁廣告本,購買過程不僅耗時費力、欠缺效率,有時還未必能一次買齊所需用品,這便讓陳麗如萌生了開設醫療用品專賣店的想法。

　　對於護理人員來說,諸如氧氣瓶、輪椅、血壓計、抽痰機、尿壺等醫療器材用品天天都能接觸到,可是一般大眾若不是找不到門路購買,就是要四處奔波尋貨,最重要的是,器材買入後還必須懂得正確使用,那麼如果有一家位於醫院附近、醫療器材品項眾多、銷售人員具備護理知識的專賣店,這些令人困擾的問題不就都迎刃而解了嗎?於是憑藉著多年的實務護理經驗與專業知識,陳麗如利用醫院周邊地區的地緣之便,開設了第一家杏一醫療用品店,並且逐年發展出門市直營連鎖體系,而鄰近醫院周邊、駐店服務人員均具備專業醫護背景、對於醫療用品的使用與搭配提供諮詢服務,自然也成為杏一相當鮮明的特色。

　　在過去沒有人能想像到護理人員走出醫院後,搖身一變成為醫療用品的銷售服務員,同樣能學以致用、大放異彩,甚至還打下醫療用品市場的一片江山,而陳麗如的創業經歷無非說明了「知識加值」的可行性!換言之,如果你具備某種專業知識,你除了能在特定領域中發展之外,也可以利用知識與經驗的延伸、發散與移植,另行尋找出潛在的服務與需求對象,繼而開創出一條市場出路。但假使你不打算在與自身學識相符的領域中發展,又或者

沒有特別專精的知識技能，只有一身在社會大學中打滾摸爬所累積的工作經驗呢？別擔心，你依然可以加入知識經濟創業團的行列！

有句話說：「沒有用不到的工作經歷。」往往從實戰工作中獲得的知識與技能不僅寶貴、具有實務操作性，也能在融會貫通後彙整成「複合性」的知識技能，只要懂得加以綜合運用，在面對市場、創造需求時，它們就是最有力的創業武器。

例如設計公寓DesignApt創立人邱裕翔就是從工作經歷中洗鍊知識技能，進而逐步完成了轉職發展、自行創業的過程。在決定創業之前，邱裕翔做過房屋仲介、影視店副店長、半導體工程師，其中半導體工程師是他任職最久、最如魚得水的工作，但遺憾的是，當時的公司因為金融海嘯決定裁員，而部門內資歷尚淺的他便被列入了裁員名單，這讓他意識到職場裡的小螺絲釘有太多的「身不由己」，於是自己創業當老闆、掌控自我事業的想法也應運而生。

談及創業，自然要做市場調查，邱裕翔發現在文創市場中有不少設計師的作品極具創意且做工細膩，但礙於設計師不擅長市場行銷、難以兼顧設計與經營等因素，導致許多設計師的自創小品牌始終慘澹經營，而這個現象也讓邱裕翔開始構思「設計師之通路經紀人」的創業計畫；他認為如果能運用業務行銷、企劃談判等能力幫助設計師推廣商品，不僅設計師可以無後顧之憂地全心投入商品研發，透過集結眾多設計師的作品也能產生集客效應，創造多贏局面。

儘管創業目標清晰，邱裕翔仍抱持謹慎、不盲動的心態評估自我實力，並且了解到自己必須補足業務行銷能力，同時累積相關的市場人脈，因此他選擇以「做中學、學中做」的方式，歷時三年從廣告AE、行銷企劃、產品企劃這三份工作中，有計畫性地提升、精進創業所需的知識與技能，而後才正式於2012年將設計公寓DesignApt「掛牌上市」。在協助設計師將商品鋪貨上架、經營通路行銷、推廣業務、參與設計展的過程中，邱裕翔從說服設

計師同意代理品牌銷售、打入虛擬與實體通路到媒體行銷爭取曝光率，完全把自實務工作中所學到的知識能力與經驗值發揮到極致，因此創業頭一年的月營業額便突破三十萬台幣，這不僅顯現出「創業機會是給有準備的人」，也證明了即便沒有雄厚資金與工作團隊的奧援，懂得善用自身知識與技能的創業者，就算是單槍匹馬一樣能夠創造出亮眼的經濟效益。

一技傍身不用愁！善用自身技術開發利基市場

透過上述兩個創業實例，我們不難發現將自身的知識技能化為有效資產可以替個人的創業計畫加分，同樣的，如果你有一門技術在身，比如修繕水電、烹飪、縫紉、園藝、撰寫電腦程式、汽機車維修等等，只要能善加運用並且找出利基市場，你所提供的技術服務就能展現出經濟能量，例如「犬輪會社」創立人傅凱倫便是將自身的知識技術運用於寵物輪椅的研發製作，從而在寵物輔具市場中成功地佔據了特殊位置。

在成立「犬輪會社」之前，傅凱倫曾兩度面臨愛犬因傷病而無法自主行動的沈重打擊，第一次是從小陪他成長的愛犬出了嚴重意外而重度癱瘓，基於寵物本身的生命品質、長期照護、經濟負擔的諸多考量，獸醫建議他讓愛犬安樂死。事隔兩年後，他的另一隻愛犬也因為先天遺傳問題無法正常行走，但這一次他選擇以犬用輪椅幫助肢障的愛犬盡可能維持生活品質，只是沒想到購買輔具時，他發現台灣並沒有專門生產寵物輔具的業者，而市面上的犬用輪椅也因為製作者稀缺、經濟規模小，不僅售價不便宜，製作與用料也十分簡易，更別說是使用過程中的輔助效果與保護作用，影響所及也導致不少飼主在發現無法減輕肢障犬貓的痛苦後，往往只能忍痛讓飽受折磨的寵物安樂死。

為此，擁有機械設計工程師背景的傅凱倫決定自己動手製作狗輪椅，無論從選材、支架、輪子、坐墊、避震功能、動物體態工學等相關設計，完全不假手他人，最重要的是，他時常觀察愛犬使用後的日常行動，並且從中不

斷進行調整與改良，力求達到實用、安全、貼心的目標，而在一次狗友委託製作輪椅的因緣際會下，他意識到寵物輔具不僅僅是幫助犬貓恢復行動能力的工具，也是提升飼主與殘疾寵物生活品質的關鍵，如果他把自己的製作技術「發揚光大」，除了能滿足飼主的需求之外，也能給許多老殘傷病的犬貓繼續生存下去的機會，因此專為犬貓量身製作行動輔具的「犬輪會社」就此成立了。對於家有肢障犬貓的飼主來說，傅凱倫提供的技術服務有效地解決了寵物的日常照護問題，而講求專業、安全、客製化的製作技術，以及貼心的到府服務、平價實惠的收費，也讓「犬輪會社」在寵物輔具市場上有了叫好又叫座的口碑。

傅凱倫的創業實例說明了「技術人員」若能運用同理心、善於發掘生活中隱藏的需求市場，由此開發、提供的技術服務將能締造出個人事業的春天，而相較於傅凱倫鎖定特殊目標客層的創業路線，同樣是運用個人技術知識創業的張元溢則是以「線上比價軟體」進軍網路消費市場。

由於現代人對網路科技的重度使用，無論是電腦、手機或其他行動裝置的應用軟體（Application program，簡稱App）不斷推陳出新，許多和日常生活相關的應用軟體更是數不勝數，這也導致軟體開發者必須隨時面臨衝高下載人數、提升經濟獲益的殘酷考驗。而紅門互動創立人張元溢憑藉著自己對電子商務、資訊軟體開發以及兩度創業失敗的經驗，以「SaveBar省省吧」比價服務軟體成功贏得了網購族、購物平台與通路賣場的青睞。

在紅門互動成立之前，張元溢的自創事業都與網路行銷有關，即便經歷過負債五百萬台幣、尋求資金挹注、重整營運團隊的艱困考驗，他仍然致力於從網路中尋找商機，而隨著網購市場的經濟規模逐年成長，他也把目光投向了網購族群，進而從其消費模式中獲得了靈感。大多數習慣網路購物的消費者都有拚命刷網頁的比價經驗，不管是出於貨比三家不吃虧的慣性心理，還是秉持搶折扣省荷包的精神，只要能以最低價格買到中意的商品，就算要在數個購物商城網頁中往返穿梭也甘之如飴，當然有些人也選擇了使用比價

網站進行價格篩選，但假使有更具效率、更一目了然、更具交易信用的比價方式呢？

　　張元溢認為上網購物一定要開啟瀏覽器，如果設計一款比價軟體直接外掛於瀏覽器，當使用者進入了希望購買的網路商品頁面後，比價軟體就於頁面下方列出同樣商品在其他商城的資訊，並且主動按照低價位到高價位進行比價，使用者便不必再手動開網頁比價到頭昏眼花，直接就能知道誰家有贈品、誰家有限時優惠，而且整個比價過程花費不過十秒，大幅縮短了下單購買商品的時間與流程，這對於網購族來說簡直就是強而有力的比價利器！有了這樣的構想後，張元溢開始著手進行軟體開發，並且與大型網路商城、知名大賣場合作，同時也設計了使用者回饋金機制，而自2011年10月軟體上線後，持續穩定的下載人次與交易量，不僅讓張元溢對紅門互動的營運前景充滿信心，也讓他對於未來公司在電子商務、App手機應用程式等相關領域的發展更有把握。

　　近幾年來App市場分外活絡，越來越多人以設計開發各類App應用軟體作為創業基石，張元溢的創業實例說明了軟體開發者如果想在競爭力度高漲的市場中打下一片天，除了自身程式編寫技術的精進之外，往往從生活經驗中洞察可能的市場需求，繼而連結開發創意、商品設計與行銷規劃，才有可能長期吸引消費者的目光，為自己的事業開創獲利榮景。

🤝 知識經濟創業的最大特點：資源整合再創造！

　　透過上述介紹的創業實例，我們可以粗略歸納出知識經濟創業型態的最大特點，就是將既有的知識技能加以重整、揉合、再創造，繼而將之拓展、擴散、應用於產出服務或商品，這意味著即便你最擅長的是拿著抹布與拖把整理居家環境，也可以試著把家事清潔的相關知識技能轉化成生財資源，而在運用自身知識技術創業時，如果你能掌握以下的基本關鍵點並且「舉一反三」，不僅有益於構思創業計畫，更可以提高成功創業的機率！

❶ 突破思維定勢，替自身知識技術找尋利基市場

許多時候人們會以制式思維運用自身的知識技術，從而導致它們潛在的市場價值被低估。換言之，你所擁有的知識技術在A市場或許表現平平，但經過轉移、重組、揉合的過程之後，卻很可能在B市場滿足了某些人的需求，甚至是開發出潛在商機，比如「犬輪會社」創立人傅凱倫運用機械設計的知識技術投入寵物輪椅的研發製作、設計公寓DesignApt創立人邱裕翔善用複合性的知識技能代理行銷設計師品牌，都是突破思維定勢、為自身知識技術挖掘出利基市場的成功創業案例。事實上，任何類型的交易都是「互通有無」的經濟行為，請以彈性思維檢視自己的知識技術資源庫，思考你能提供的服務或商品具有哪些優勢點，並且能幫助哪些對象解決問題、滿足需求，只要你握有他人願意用金錢交換的服務或商品，即便最後目標對象落在小眾市場，你仍然有機會打造出屬於自己的主流品牌。

❷ 善用專業背景與人脈資源

對於消費者來說，專業象徵著可信度，因此當你的知識技術歸屬於專業級別，尤其還領有某些證照時，將之運用於可供發揮優勢的市場，並且替自己營造專業人士形象，往往能讓消費者對你提供的服務或商品產生信任感與忠誠度；此外，務必妥善經營並累積你在專業領域內的人脈，因為通常經由他們拓展出來的相關資源能助你一臂之力，最重要的是，他們日後很可能會以某種形式成為你的事業合作伙伴。比如杏一醫療用品公司創立人陳麗如便是以駐店服務人員皆具有醫療背景作為事業經營特點，不僅有效網羅了有意轉職發展的醫護人才，也成功地讓事業品牌鍍上「專業級別」的市場形象，進而獲取可觀的市佔率以及進軍海外市場的能量。

❸ 從生活經驗中洞察市場需求，快速連結目標對象

不要將挖掘市場需求想得太過艱難，最快速又最有效的方式，就是從你自身的生活經驗中去探索商機！特別是當你掌握了某些知識技術時，務實地思

考它們能夠幫助哪些人解決生活問題，或是可以用來讓哪些事情變得更為便利，避免讓自己的創業發想變成象牙塔中的理想，例如杏一醫療創立人陳麗如以專業護理知識滿足了一般人對醫療器材的購買需求、紅門互動創立人張元溢以線上比價軟體幫助網購族解決比價煩惱，都是因為從最實際的生活需求中提供服務與商品而獲得成功，這意味著無論是滿足既有的市場需求，還是開發潛在的市場客層，知識經濟創業者所提供的服務或商品永遠都不能脫離消費者的渴望。

除了以上的三大重點之外，一般而言，當你考慮運用自身的知識技能創業時，通常要思考的基礎問題還包括：你的知識技能可以用來提供何種服務或商品？你認為誰會需要這樣的服務或商品？你計畫提供的服務或商品能否滿足現有市場的需求，或是另外開發出潛在市場？有什麼方式能將你想提供的服務或商品與客戶聯繫在一起？你提供的服務或商品是否容易複製？假使市場上已經出現了競爭者，你要如何做出區隔，並且發揮優勢之處？你是否能尋求到與自己有共同利益的合作對象？往往隨著這些問題的思考與發想，你的創業方向會越發清晰明確，創業計畫也越能趨近完善。

此外，知識經濟創業型態講求資源整合能力與高度彈性的思維模式，這代表著對於生活潮流與某些社會現象的變化要保持敏感度，因為儘管隨著文明科技的持續發展，人們的生活型態經常發生變化，進而從中衍生出新需求，但這些新需求很可能藉由既有知識技術的重組或整合就能獲得滿足，所以當你嘗試創業卻茫然於不知從何著手時，不妨回頭檢視自己的知識技術資源庫，或許它們就將引領你邁向開創事業的坦途。

善用商業創意，
開鑿市場金磚！

面對經濟全球化的浪潮，大從跨國企業小到個人經營的事業體都在追求服務與商品的創新，因為當市場競爭上升到一定熱度後，只有發揮創意找出新亮點、突破僵化框架，才能在趨同市場中延續競爭優勢、提升戰鬥力，這也使得「創意」一詞經常與市場生存機會綑綁在一起，而對於創業者來說，創意更是開展事業的重要推手。

在構思創業計畫時，創業者都會經歷一段創意發想的腦力激盪期，但儘管各種想法、主張或概念經過打磨拋光後轉化成完整的創意，也不代表創業者從此一帆風順。有些人會執著於原始創意的不可動搖，導致忽略了消費者的實質需求，又或者過度迎合市場，造成原始創意的特色分崩離析，這意味著所有創意的成敗最終都是以市場表現作為評斷標準，一旦失去了消費者的支持，創業者再引以為傲的創意好點子也無法散發光芒。

換言之，當你想發揮創意為自己打造創業優勢時，你的創意可以大膽有趣甚至帶有顛覆性質，卻仍必須顧及市場反應，做出適度的取捨，那麼如何在原創性與市場性之間取得平衡點，讓創意顯現真正的價值呢？透過以下的創業實例，或許將能幫助你從實務面檢視自身的創業計畫與商業創意。

創意不僅能於發想商品與服務，
也能構思出商業模式的創新

創意的發想通常來自思緒活躍的頭腦、善於觀察探索的心靈之眼，以及

豐富的生活經驗，所以創意可能發源自一種主張、一種概念、一種態度，而創業者將創意實質化的方式多半有兩種，一種是將既有元素重新組合成新事物，另一種是利用既有基礎創建新事物，於是市場上就出現許多創意設計商品、新型態的服務，乃至於某種商業模式的創新。例如楊弘毅、張芷芸成立的「獎金獵人」網站，就是以主打匯集各類比賽活動資訊，成功地在競賽類服務領域中建構起獲利模式。

眾所周知的，無論是打工賺學費、兼差累積業外存款、為學經歷加分，還是闖蕩江湖提升自身知名度，參加比賽賺取獎金都是一個好管道，不過比賽資訊往往要靠自己在茫茫網海中動手查找，假如不幸碰到比賽主辦單位的宣傳管道只限於官方網站，很容易就會發生錯失比賽資訊的情況，而這個現象正巧給了楊弘毅、張芷芸創業靈感：建立一個專門匯集各類比賽資訊的網站，而且一站服務到底，讓有意參加比賽的人不用再跑來跑去標記網頁，更不用手動評估比賽的條件與獎金多寡！

由於楊弘毅具有資訊工程背景、張芷芸擁有網站設計技術，架設網站的技術層面對他們來說並不難，重點在於如何行銷網站吸引到目標對象的關注。有鑑於網站的特色就是收集大小比賽的資訊，並且分門別類區分出至少二十一種競賽項目，又依照獎金價值劃分出五種等級，使用者只要根據自身需求進行查找，就能按圖索驥把相關比賽資訊盡收眼底，因此網站的資訊呈現形式便成為訴求賣點，而楊弘毅、張芷芸也從中發想網站的行銷創意，繼而賦予網站猶如賞金獵人集散地的形象，並將網站命名為「獎金獵人」。當使用者進入網站後，首頁的故事性描述馬上映入眼簾：「這是一個冰天雪地的小酒吧，牆上貼滿比賽資訊，獵人們群聚於此找尋獵物。」網站如同幻化成小酒吧，使用者則成為來到此地找尋任務，賺取賞金的獵人，其他諸如比賽資訊稱為「懸賞單」，上傳作品的區域稱為「後花園」，群組交流心得的討論區稱為「獵人學院」等等的設計，在在都傳遞出獎金獵人的網站特色與精神。

儘管獎金獵人網站自2009年上線後，憑藉著活潑生動的設計創意、龐大而規劃有序的資訊彙整機制吸引了不少獵人進駐，並且入選過國際知名投資風向雜誌《紅鯡魚》（Red Herring）所公布的年度全球創新100強名單，但嚴苛的市場考驗仍讓網站營收成為棘手問題。所幸隨著網站的集客效應日漸增強，不少比賽主辦單位開始上門委託比賽事宜的規劃與宣傳，楊弘毅、張芷芸意識到網站做為比賽資訊流通的平台，既然能滿足賞金獵人們的需求，那麼同樣也能為發起比賽的主辦單位提供服務，因此網站便逐漸為比賽主開發出客製服務模式，從比賽的線上報名系統建立到規劃、執行、宣傳等流程一手包辦，不僅提供賽事的完整打造服務，還能確保活動比賽人數達標，一場比賽辦下來，比起外包給整合行銷公司來說，比賽主既能有效運用預算，又可以達到預期效益，至此，獎金獵人網站終於解決纏鬥近三年的收益問題，正式宣告進入了獲利時代。

　　獎金獵人網站的創業案例提醒了創業者：創意除了能發揮於商品或服務的設計，也可以運用在商業模式上的改良或創建；好比Pinkoi設計師商品購物平台，就是以專賣設計師商品為訴求，在這裡設計師可以創建自己的設計館上架作品，消費者則除了選購商品外，還能追蹤支持自己喜歡的設計師商品，而設計師與消費者雲集的互動社群，不僅讓各類創意商品異彩紛呈，也讓Pinkoi擁有了活絡、熱度不退的利基市場。此外，每個創業者都希望自己能兼顧創意的原創性與市場性，假如碰到創意廣受歡迎而市場獲利卻仍有待努力時，不要急著放棄，思考你的創意特點並且延伸相關優勢，或許就能從中挖掘出可以「增價」的部分，進而豁然開朗找到出路，邁步迎向事業的獲利階段。

商品創意由文化底蘊、生活品味、實用功能三大方向入手

　　創業者構思創業計畫時，無論要銷售的是有形商品還是無形服務，為

了滿足消費者需求、凸顯品牌特色、提高收益，各種相關環節總要發揮創意巧思，到了事業開始營運的階段，仍要為市場行銷與經營策略絞盡腦汁，由此可見，在創業過程中，創意擔負的任務並非只是為商品或服務設計「新梗」，還包括了尋找生存機會、提升競爭優勢、增加營收獲利等面向。

更進一步來說，運用於商業的創意必須以現實市場為發想基礎，而非出於創業者自我感覺良好式的臆想，這便意味著創業者必須站在更務實、更全面的角度發想創意，盡可能讓商品或服務在協助消費者解決問題之外，同時滿足他們的心理需求，因為往往消費者的購買決策十分複雜，他們除了會理性評估商品或服務的功能性之外，也會帶入個人的情感評斷，尤其在面對實質商品時，這種反應更為直接。舉例來說，你把一塊蛋糕放在素白紙盤上展銷，另一塊蛋糕放在金邊瓷盤上銷售，消費者的第一眼印象就會自動劃分兩者高下，哪怕它們根本是製作配方完全一模一樣的蛋糕。

正因為消費者對實質商品的第一眼印象非常直觀，市場上的商品創意設計也越來越五花八門，如果你苦於無從發想商品創意，或是不確定自己的構想方向是否正確，不妨從以下三大簡要方向彙整思緒：

❶ 善用文化底蘊，提升商品的情感認同指數

飽含文化底蘊的商品，總是容易勾起情感共鳴，提高對商品的心理認同感，思考你的商品能否融入文化元素與人文精神，繼而賦予商品更飽滿的意象。例如林昇、劉諺樺所創立的品牌「花生騷WasangShow」便是藉由原住民文化發想商品創意；有別於一般印象中常見的原住民商品，花生騷所設計的商品是以原住民文化為基底，再融入時尚潮流元素，因此飽含意義的部落圖騰不再被侷限於傳統原住民服飾，反而出現於木作手機殼、T恤、毛巾、背包上，而詳加說明圖騰意涵的商品吊牌則直接傳揚了原住民文化，好比印有白鹿圖騰的T恤，講述的便是白鹿引領邵族祖先翻山越嶺定居於日月潭的故事。諸如此類的文化時尚融合，不僅讓商品增加了細膩的人文精神，從中傳遞出的原住民文化歷史感更深受國際觀光客的喜愛，無形中，品牌的印象與

價值也直接提升了不少。

❷ 增添生活品味，讓商品傳遞愉悅體驗

隨著時代與生活形態的演進，現今消費者對於商品或服務不再只是要求實用性與功能性，並且漸漸有轉進到講求生活品味的趨勢，這代表著消費者購物的同時，也在追求一種情緒上的愉悅感，思考你的商品能否增添具有品味或富有生活情趣的設計元素，藉以提高商品質感，吸引目標消費者的關注。舉例來說，台灣自創品牌「一杯創意」極力打造兼具傳統與現代元素的創意茶品，其中「茶包有喜系列」便以雙喜字樣、古禮新人與西式新郎新娘圖卡作為茶包的立體吊牌，並且選用帶有吉祥慶賀意味的茶種作為茶品，傳遞出奉上囍茶的濃厚幸福感，進而成為廣受新人青睞的婚禮小物。

❸ 鎖定目標對象，開發更為貼心實用的商品功能

每條魚都有愛吃的魚餌，正如不同的消費族群有不同的商品需求，思考你的商品具備了哪些特點與競爭優勢，你又能否因應特定客層的需求開發出更具實用性的商品功能，往往這將能幫助創業者明確又快速地切入利基市場。例如「Sunza」創立人戴杏珊從工作經驗中領悟到女性上班族總是希望能有漂亮又可搭配服裝的商務包，因此她鎖定粉領族開發系列包款，從筆電袋、公事包、手機包甚至到登機箱，都以兼具機能性與流行時尚感為訴求，繼而讓自創品牌名列粉領族購買商務包時的首選名單。此外，「喜舖C-PU」創立人周品妤針對媽媽族所開發的多格層、大容量、輕便防水、可揹可提的空氣材質媽媽包，同樣也是成功的商品創意開發案例。

　　值得一提的是，如果你想將某種技術、某種技能轉化為可販售的商品或服務，更必須發揮創意將其商品化。舉例來說，同樣具有視覺傳達設計背景的夫妻檔韋志豪與林欣潔，一度因為資遣與減薪坐困經濟愁城，所幸兩人都有繪畫才能，轉而從彩繪自家牆面的經驗中獲得創業靈感，成立了「幸福藤彩繪藝術設計坊」；他們以手工彩繪牆面、提供客製化服務作為市場訴求，無論是私人住家還是營業場所，只要客戶提出需求與想法，就能從專業設計

角度提供建議與現場施作，繼而在成功完成「技術商品化」的同時，也創造出自身的市場生存優勢。

挺進市場、深耕品牌的法寶：「創意戰鬥力」！

總結來說，創業者闖蕩市場要仰賴許多要素的配合，商業創意則猶如一把過關斬將的寶劍，尤其隨著環境因素與生活形態的改變，選擇自主創業的人數正逐日攀升，各類市場競爭也越發激烈，如何發揮巧思、創造生存優勢儼然成為了重要的創業課題，而無論你現在正要發想創業靈感，或是已經構思出創業的相關創意，請檢視以下關於商業創意的基本要點，將有益於你完善創業計畫。

❶ 創意可以自由奔放，但不要脫離現實市場

關於創意發想的思考方式有非常多種，不管你偏好選用哪一種方式讓自己腦力激盪，最終都應讓創意奠基於現實市場。換言之，對著筆記本、電腦螢幕憑空發想創意是一回事，創意商品化的實際操作又是另一回事，哪怕你的創意再新穎、再有賣點也必須經得起市場考驗，因此事前透過市場調查、剖析市場發展趨勢至關重要，與此同時，檢視實現創意所需的技術、資金與其他所需條件，也能幫助你調整創意方向，提高可行性。

❷ 市場效益不如預期時，全盤檢視，做出調整

當你滿懷壯志，用盡創意推出商品或服務後，假如發現市場效益不夠亮眼，甚至隱然出現坐吃資金的趨勢時，與其盲目堅持、咬牙苦撐，不如客觀地全盤檢視營運情況，找出缺失點做出調整。好比創意投入市場後，出現了事前沒預期到的衍生問題，這些問題能夠被解決嗎？不能解決的話，能否在維持創意精髓的情況下，進行微幅調整或從他處補強？當然了，有些時候問題可能不在創意本身，而是相關的營運方式，比如是不是因為獲利模式還沒有建構起來，導致創意「叫好不叫座」？還是因為行銷策略有誤、通路無法觸及目標客層等環節沒有跟上節奏才造成收益慘澹？由於市場具有高度變動性，

消費者反應又即時迅速，唯有掌握創意的原創性與精髓，做出相應的營運調整，才能讓事業經營有道。

❸ 創意被人搶先一步怎麼辦？找出差異化的特點

創業者發想創意時，有時候會碰到市場上已經出現先行者的情況，但你不必急著在第一時間選擇放棄，正如同樣的食材可以炒出不同口感、不同菜色，想想你的創意能否深化出不同特點？你與市場先行者的目標客層是否重疊？你能不能從對方的經營狀況中找到「同中存異」的發展機會？總之，讓創意深化、展延、擴散，從中找出自己的競爭優勢，或許商機無限的利基市場便就此出現。

多變的消費市場促使創業者必須以更具創意的方式提供商品與服務，但難免會遇到創意原創性與市場經濟收益有所落差的階段，然而一時的市場挫折並不代表最終結果，最重要的是讓自己保有「創意戰鬥力」，這不僅有助於創業者、經營者妥善因應市場變動，也有助於事業的長久營運。換言之，在事業經營的過程中，各類商業創意發想都要經過市場浪潮的一番淘洗，陷入瓶頸期時，唯有保持耐心、客觀評估、適度調整，甚至精鍊原始創意，為持續完善行銷流程、回應市場需求做出努力，才能於穩健中積極進取，逐步累積自創品牌的市場實力。

立足事業基礎翻新招，
翻出市場新天地！

創業者都希望自己的事業能永續經營，但正如商品有其市場週期性，事業經營也可粗分為草創、成長、成熟、衰退此四大階段，而有時外界因素會導致事業衰退階段的提早發生，例如國際局勢、市場環境、產業政策與生活形態的變動，乃至於不可抗力的自然災害因素，都有可能讓經營者面臨收攤熄燈的營運危機。這意味著創業者在經營事業的過程中，不管事業體的規模大小與營運時間長短，都要設法持續提升競爭力、延續生存優勢，才能避免事業發展陷入停滯或衰退，特別是在市場變動快速的今日，若是僅憑著一招功夫走遍江湖，很容易就被市場淘汰。

更進一步來說，「與時俱進」、「後出轉精」永遠是市場生存法門，無論現在你的事業發展處於何種階段，一旦出現事業發展受阻的狀況時，就應思考如何「升級」或「轉型」，這就好像為了運算更加繁複的資料，你必須升級電腦系統，甚至更新軟硬體配備，因此當市場情勢改變、競爭對手增多、生存空間壓縮，與其坐困愁城，不如主動在既有的事業基礎上創造競爭籌碼，好比研發新品、改善服務、重新配置資源、擴大利基、深化品牌影響力等等，而透過以下事業升級轉型的市場實例，創業者不僅能學習到如何處理營運危機，也能有效掌握市場營運策略的規劃要點。

整合資源、品牌再造！

21世紀是經濟全球化的時代，也是市場競爭異常激烈的時代，儘管各領

域的產業發展環境不同,面對的現實問題也有所不同,但能夠存活下來的經營者都有一些共同特點,像是,懂得適時改變、擁有迅捷的市場回應能力,以及善於整合資源,其中資源的合理運用又往往影響著事業體的生存空間,因此,當事業發展陷入停滯、面臨衰退時,為了避免競爭優勢與市場生存機會的持續流失,除了要全面檢視內外形勢,更應盤點既有資源,找出優勢點與弱勢點,以便重新擬定因應市場現況的發展策略。舉例來說,一度因為外部競爭而飽受衝擊的「興隆毛巾」,便是透過既有資源的有效整合重建市場優勢,進而在解決利基市場萎縮問題的同時,成功地讓事業升級轉型。

興隆毛巾成立於1979年,它曾經見證了傳統產業的興盛與沒落,也幾度沉浮掙扎於大環境的變革浪潮,而隨著時代遷移與產業政策的改變,當外部競爭者以價格戰、傾銷策略陸續搶佔市場後,興隆毛巾創辦人林國隆也開始著手事業的轉型規劃。有鑑於興隆毛巾擁有毛巾生產技術、廠房與品牌基礎,但卻欠缺了令人耳目一新的毛巾商品,因此如何開發新品、提升商品附加價值至關重要,而在家族成員的集思廣益下,將毛巾折疊成蛋糕造型的商品創意,不僅為興隆開拓了商品精緻化的市場新路,也為事業轉型帶來了契機。

蛋糕毛巾的推出可說是興隆擺脫市場困境的第一步,緊接著,為了擴大利基市場、強化品牌影響力,興隆乾脆化被動為主動,運用廠房資源吸引消費者登門參觀,因此修整後的廠房不但規劃了商品導覽區、造型毛巾手作教學區,消費者更能隔著透明玻璃門窗實地觀看毛巾的生產製作過程,而隨著融合觀光旅遊、教育、娛樂等元素的「觀光工廠」型態確立後,興隆轉虧為盈的腳步更加快速,其成功的轉型經驗更帶動許多觀光工廠的競相成立。

興隆毛巾從逆境中翻身的案例,說明了當舊有的市場獲利模式失去競爭力時,創業者必須接受現實,順應改變,調整自身事業的市場定位,而突破事業瓶頸除了要將既有資源有效運用外,商品或服務的創新也是不可或缺的一環。例如以塑膠原料起家的山暉實業,在創辦人林瑞慶的掌舵之下逐步投

入塑膠製造,而當事業傳承至第二代林挺申、林挺傑兄弟手中時,考量到經濟情勢的改變加上塑膠製造業的技術門檻較低,兄弟兩人便萌生了變革創新的迫切感,因此不僅引進了百萬機器改善商品製作過程,更在研發新品、設計商品外觀上推陳出新,好比切菜板不再是清一色的白色方形,反而有了水果、動物等彩色造形可以選擇,令人驚嘆的是,光是切菜板這個品項的創新改變就為山暉實業創造了年營收三億元的市場。

透過上述兩個案例,我們不難發現事業營運面臨挑戰時,若能活用資源、尋求變革,就有機會扭轉頹勢,而更重要的是創業者應隨時保有品牌管理意識,及早預防品牌的老化問題。舉例來說,和氣藥品旗下的「十八銅人行氣散」在八〇年代是家喻戶曉的明星商品,然而隨著創辦人黃新桐的驟逝、主要消費客層的老化,以及保健中藥市場的萎縮,第二代接班人黃熙文意識到若不加快自我改變的腳步,即便品牌歷史再悠久,事業營收也只會逐年節節衰退,因此他決定從品牌形象、產品線、行銷通路這三大方向進行「品牌再造」工程。

以品牌形象來說,儘管「十八銅人行氣散」歷來是和氣藥品的主力商品,但新生代的年輕人要不是認為那是老一輩才會服用的保健中藥品,就是誤以為商品早就已經停產,尤有甚者,根本就對商品毫無印象,有鑑於此,黃熙文捨棄了過去用真人扮演銅人的廣宣策略,轉而推出銅製機器人的3D動畫廣告吸引年輕族群,並且把舊商標打上18 COPPER MEN字樣,巧妙地讓商品與品牌形象融入了現代化、科技感,就在引起市場關注的同時,拉抬了三成以上的業績。

隨著搶佔年輕消費市場的廣宣策略奏效後,為了擴大和氣藥品的商品市場涵蓋面、提升品牌影響力,黃熙文推出了十八銅人系列商品,無論從潤喉丸、止痛油膏到酸痛貼布,除了強調功效外,也以新穎包裝作為訴求,其中酸痛貼布更印有豹紋、迷彩等多種圖樣,使用者如果自行剪裁,還能讓貼布具有擬真刺青貼紙的視覺效果,因此這款兼顧舒緩酸痛與時髦外觀的貼布

推出後，立即受到年輕族群的歡迎；至於行銷通路部分，黃熙文不僅主動寄送新商品的樣本給通路商，也致力於開拓更多銷售據點，也由於廣告帶動的市場迴響，以及商品新包裝的討喜賣相，各大連鎖藥妝店紛紛打開了合作大門。至此，和氣藥品的品牌再造工程初步達到了振衰起敝的成果，未來的事業營運規劃也將積極與文化創意進行連結，繼續耕耘新一代的年輕消費市場。

　　每個創業者都將打響自創品牌的市場知名度視為是一件值得驕傲的事，而和氣藥品的案例則再次證實了經營事業應「與時俱進」的重要性，往往在時日推移之下，當市場情勢發生了改變，為了避免流失舊有客層，同時吸納新的消費群族，唯有重新改良商品、調整品牌定位，才能回應當前的市場需求，特別是對已經擁有市場基本盤的品牌來說，深耕、擴散品牌影響力更是不容忽視的營運課題，這也意味著創業者無論何時都應牢記品牌的市場活力往往必須透過改良商品、研發新品、完善服務流程等方式加以延續，而品牌價值的日益提升將是事業永續經營的保證！

牢記市場生存王道：繼往開來！

　　總結來說，創業者在經營事業的過程中，隨時保持迅速回應市場需求的能力至關重要，千萬別以為有了好成績就能長久坐穩市場江山，而當事業發展出現停滯、衰退的警訊時，與其坐吃老本或者病急亂投醫，不如保持冷靜檢視局勢，並從以下三大方向構思因應策略：

❶ 整合資源，挖掘競爭優勢

一般而言，創業者可以把自身的事業資源劃分為三類：有形資產、無形資產和組織能力；有形資產是指可以羅列在資產負債表中的具體資源，例如生產設備、生產原料、廠房等等，無形資產則包括品牌影響力、組織文化、商品專利、核心知識技術等等，至於組織能力則是指資產與人員統合之後，在市場上所產生的總體效率與效能，往往組織能力越高，市場回應能力也越強。

當業績下滑、客層流失時，檢視並整合你擁有的事業資源，不僅能從中找出欠缺之處加以補強，利用可用資源突破當前事業瓶頸，最重要的是還能將資源集中運用於未來的發展目標，重建起市場競爭優勢。

② 改良商品或強化服務，回應市場需求

不少創業者常因為事業初期的營運模式大有斬獲便因循守舊，時日一長就導致商品或服務既不能因應市場發展情勢，又無法滿足消費者需求，而最直接的影響便是讓事業發展空間萎縮，因此當事業營運出現衰退警訊時，思考如何改良或研發商品、改善服務流程也就成為了關鍵點。就商品策略而言，由於市場商品同質化的競爭日趨激烈，所以從商品的設計、製造、包裝以及附加功能上，除了要尋找與同質商品的差異點之外，有時透過挹注人文精神、文化創意藉以提升價值感，也能成功建立起獨特的商品優勢，值得注意的是，改良或研發商品的過程往往需要投注額外成本，因此對於成本與末端售價的估算要保持機動性；此外，藉由強化服務的品質與效率，提供更貼心便捷、更符合消費客層需求的服務流程，也是創造市場競爭優勢的途徑。總之，創業者應時刻關注市場情勢的發展和消費者需求的變化，以便因需而動、適時改變，確保事業營運得以穩健成長。

③ 維繫並提升品牌的市場影響力

創業者在事業營運初期總是對建立自創品牌的知名度不遺餘力，不過在追求事業持續發展的同時，如果忽視了對品牌價值的維護與提升，將會導致品牌失去活躍性與市場影響力，甚至漸漸流失客層，而有鑑於現在的消費者日益趨向「品牌消費」，當品牌影響力迅速提升後，業績經常會同步大幅成長，因此當事業發展陷入衰退或停滯時，藉由廣告行銷策略再造品牌影響力也成為解套模式之一。儘管現今的廣告宣傳手法五花八門，然而在擬定廣宣策略時，仍應衡量能否以最少的投資獲取最明顯的效果，並且重視品牌建構的整體性與長遠性，以及呼應市場需求打動消費者，千萬不要迷信高昂的廣宣預算才會有好效果，一來重金打造的廣宣策略很可能要花很多時間才能回收成

本，二來消費者如果並不認同你的商品或服務，最終只會讓事業發展面臨雪上加霜的窘境。

　　對於創業者來說，事業營運的每個階段各有其艱辛與甘甜，面臨業績下滑、發展停滯的時刻，不要輕言放棄，在既有基礎上根據客觀環境變化與市場需求構思因應之道，也能翻轉出一番新局面，而無論最後採取了哪些變革創新策略，都應謹記：創業者雖然是以商品或服務開創了市場，但最終仍是以「品牌」奠基市場，唯有對商品、服務、銷售、品牌形象等面向投入持久性的規劃和投資，才有可能構成品牌的市場強度與影響力，也才有可能讓事業穩定成長、持續發展。

兼職創業也能轉正當老闆！

根據一份調查報告的結果顯示，上班族會因薪資過低萌生兼職念頭，不過不少人雖然有兼職意願卻沒有採取行動，原因除了不知道自己可以做哪些兼職外，還包括下班時間不固定、正職工作量太大無法分心兼職、擔心身體健康無法負荷等因素，至於兼職者則有四成多比例的人打算慢慢將兼職轉為正職，甚至是藉此累積個人的創業資本。

這份報告凸顯出一個現象，在經濟不景氣、薪資不如預期的時候，多數人會希望透過兼職增加收入、尋求出路，而對於有意創業的上班族來說，兼職不僅是賺取創業資金、累積實戰經驗的途徑，有時透過接觸消費者的「田野調查」也能收集到具有建設性的資訊，進而有效完善自身的創業計畫。事實上，無論是上班族、學生或是家庭主婦，如果想創業當老闆卻苦無資金與時間，那麼「兼職創業」將是一種可以利用有限時間累積資金與資源，並且逐步打下利基市場基本盤的創業模式。

一般說來，選擇兼職創業的人，多半會以正職為主、兼職為輔的狀況下，利用下班時間或空閒時段從事兼職，但如果做事漫無章法、無法將時間安排得當、忽略體能負荷等問題，到最後很容易變成只是單純賺取額外收入，無法有步驟性地實踐創業計畫。有鑑於每個人兼職創業的情況不同，透過以下兼職創業的案例介紹，你將能從中事先了解兼職創業應掌握的要點，繼而在投入兼職創業之前做好完善規劃。

兼職創業者不可不知的三大基本觀念

對於有意以兼職作為創業起點的人來說，在採取行動之前要先建立以下三個基本觀念：

❶ 劃分好主次順序，先求兩者兼顧，再講兼職轉正

兼職創業者首先要考慮的，絕對不是如何榨乾時間從事兼職，而是如何避免兼職影響到學業、工作或家庭生活，比方有正職工作在身的人，就必須區分出正職工作與個人兼職的主次順序，並且不要在上班時間從事自己的兼職事業，或是私下利用公司資源圖利自己，一來這能避免勞資糾紛，二來也能兼顧正職與兼職，等到時機成熟、創業條件備齊、事業基礎穩固之後，再全力衝刺個人事業，反而能大幅降低創業失敗的機率。

舉例來說，專營流行服飾的JOYCE-SHOP創立人楊安婷便是利用下班時間兼職網拍而創業成功，她先是透過網拍二手衣物，一邊從中觀察網路購衣族的消費偏好，一邊逐步確立自己的創業方向，直到半年後累積了足夠的網拍經驗、品牌知名度與創業資金，這才辭去工作全心投入個人事業。由於前期的市場營運經驗與消費者基礎，楊安婷在兼職轉正之後得以放開手腳，除了自創服飾設計款之外，也與供貨廠商建立合作關係，確保新款服飾能定期上架，此外，她更憑藉著對流行資訊的敏感度，以及對消費者心理的掌握度，清楚地將商品定位在實用實穿的基本款服飾，同時利用大量進貨壓低成本，滿足網路購衣族追求物美價廉、好穿好搭的需求，從而創下平均月營收三百萬的營運佳績。

楊安婷的兼職創業實例說明了，在你選擇以兼職創業踏出經營個人事業的第一步時，顧好正職工作，並為自己的創業計畫做足準備，將是保守穩妥的低風險做法。尤其當正職收入是重要的經濟來源，但你的創業條件還未備齊、對於即將投身創業的市場也不夠熟悉時，與其貿然辭去正職工作，隨即面臨可能發生的經濟壓力與創業挫敗感，不如一邊上班賺取穩定收入，一邊兼職了解市場趨勢、摸索營運模式，累積創業需要的人脈、資金與市場經驗。

❷ 做好個人時間、健康與資源的規劃

兼職創業者必須妥善管理時間、健康與資源，無論是運用下班時間或空閒時段從事副業，都應從整體效益的角度做好相關規劃。舉例來說，有些人認為利用每天下班後的時間兼職可以發揮創業效益，但如果副業工作必須消耗大量的勞力或精力，甚至經常要犧牲睡眠時間，往往就很容易在白天精神不濟，直接影響到正職的工作表現，並且埋下拖垮身體健康的隱患，而從長遠的創業效益來說，這類看似有效益的做法卻潛藏著高風險、高成本，結果只會讓人得不償失。因此，兼職創業之前，應先思考你有哪些時間可以用來兼職，以及如何依據正職工作量、兼職工作的性質內容與總體精力消耗程度規劃出適當時段，避免因為急於求成，導致在兼職事業未上軌道之前，就落入了正職因工作表現不佳被辭退而身體健康又亮起紅燈的窘境。

由於兼職創業者不像全職創業者能夠完全投入經營時間，對於可用時間、可用資源的規劃更應具有效率與效益，例如廣受PTT鄉民推薦的「張先生自助搬家」便是善用時間與個人資源兼職創業的最佳例子。張先生原先是從事貨運業，由於發現搬家費用對於學生族群是一筆不輕的負擔，許多學生族群為了省錢，有時只是需要一台貨車加上司機協助運送物品，剩下的搬運工作通通可以自己搞定，因此他開始利用閒暇之餘，以「1.9噸專業貨運車配備司機」的形式提供學生族群自助搬家服務，計費方式採取一價到底，如果只是搬運物品上下車、地點相距也不遠的話，出車一趟只需要七百元，如果貨車有空間，還能幫忙免費托運機車，有需要還能免費幫拆冷氣，如此便宜又實惠的服務果然受到學生族群的歡迎，而有鑑於利基市場逐漸形成基礎，以及學生族群的口碑行銷，張先生最後也全職投入了自助搬家事業。

值得一提的是，類似自助搬家以及其他提供個人化的專業服務，現今被不少人視為是兼職創業的選項，然而，兼職創業要考量的並不只是市場商機，還包含了長遠經營的可能性、相關法規的了解、獲利模式的建立等等，所以在兼職創業之前，最好能讓自己清楚擬定未來的事業發展方向，避免原先想要

兼職創業，最後卻變成了是在兼差打工。

❸ 培養「老闆思維」，並以「全職心態」看待個人事業

兼職創業者要讓自己做好戰線拉長的心理準備，因為礙於有限的經營時間和兼職事業的類別，許多時候兼職創業的成果未必能馬上顯現，若是欠缺犧牲享樂時間經營副業的決心、耐性不夠、抗壓能力低落，一旦遭遇挫折很容易就半途而廢，而一般來說，兼職創業者選擇未來要發展的事業時，如果挑選的是符合自身興趣專長的事業類別，通常有助於激發動力與續航力，當然最重要的是兼職創業者必須以「全職心態」看待個人事業，並且逐日培養自己的「老闆思維」，往往這也是提高兼職創業成功機率的關鍵之處。

舉例來說，「花巷花意」花藝店的創立人張哲嘉自小就喜歡蒔花弄草，國中時期便開始到花店打工學藝，儘管他不到十八歲就考取了花藝基礎證照，家人們卻不看好他從事花藝的工作出路，於是在選讀電子科系之後，他開始利用課餘時間執行自己的兼職創業計畫，除了透過積極參加花藝大賽累積經驗外，也充分把握畢業典禮、校際活動的機會一展花藝長才，力求讓會場佈置或花束設計都能產生深遠效益，而隨著打出市場口碑，以及接連獲得幾座花藝大獎，他終於在2006年成立了花巷花意，一圓創業夢。花藝店開張後，年僅二十二歲的張哲嘉立即面對了嚴苛的市場競爭，但他憑藉著以往接案與參賽的實戰經驗，以鮮明的「主題式花藝設計」確立了經營風格與走向，而無論是擺脫傳統制式花籃花束的創意設計，還是因應客戶與場地需求提供貼心、專業、藝術感的花藝服務，在在都讓他的花藝事業深獲青睞，而這一路走來，現今他更成功跨足婚禮市場，獲得不少新人們的肯定與支持。

從兼職創業到成功開業，張哲嘉花費了六年時間，期間不僅遭遇來自家庭、學業、事業的多重壓力，對於自我理想的實現也飽受考驗，而正由於有了長達六年的磨練，面對正式營運事業之後的諸多市場考驗，他才能走得穩健而從容。事實上，張哲嘉的兼職創業案例無疑凸顯了一個重點，無論兼職創業者的創業歷程時間長短，過程中都應確認自己是否混淆了兼職創業與兼差打

工的界線；換言之，當你能以經營事業的角度思考事情時，你將不會迷失於眼前的短暫收入，而會站在更高的局勢位置，投入精力去設想怎麼做才能為日後的自主創業排除困難？如何有效學習市場經營、財務控管、行銷策略乃至於品牌管理的知識經驗，如此不僅能真正減低創業失敗的風險，也能有效累積個人的創業籌碼。

以兼職的方式創業，用全職的心態經營！

　　透過上述三個兼職創業案例以及三大基本觀念的介紹，我們不難發現成功的兼職創業者有一個共通特點：以兼職的形式創業，用全職的心態經營！這也意味著在完全自主創業前的準備期間，兼職創業者就應體認到自己已經是個老闆，對於時間和資源的規劃、營運知識的學習、商業模式的摸索等等都必須具有規劃性，而如果你正準備開始兼職創業，那麼以下所羅列的三大要點將能幫助你構思創業計畫的相關方向：

❶ 別忙著計算額外收入！設定並關注對於未來發展有益的目標

一般而言，多數兼職創業者會先從小額資本、不需添購過多生財設備的行業類別開始邁出第一步，而在初期除了計算投資報酬率之外，你更應該設定並關注那些具有未來發展性的目標。例如，假使你打算販售實體商品，無論商品單價高低、銷售通路為何，都應記得觀察客戶對商品的評價與喜好、了解目標客層的消費特性、尋找最優化的行銷模式，往往從「做中學、學中做」所獲得的實戰經驗，不僅能幫助你逐步養成商業靈敏度，也將有助於擬定個人事業的營運方針與品牌策略；此外，如果你計畫以自己的知識技能投入兼職創業，建立專業形象、強化客戶服務流程、培養忠實客戶將是第一要務，因為通常口碑式的行銷能吸引目標客層逐漸形成利基市場，當你越能獲得目標客層的信任與支持，越能替未來自主創業打下堅實的市場基礎。

❷ 運用人脈資源，創造兼職創業的助力與優勢

兼職創業要投入的心力絕不亞於自主創業，必要時你甚至必須尋求他人的支

援，因此在正職工作中所建立的人脈資源若能妥善運用，有時也能成為兼職創業的優勢，而如果你對未來要發展的事業類別與市場環境並不熟悉，藉由兼職創業過程中培養並累積業界人脈便至關重要了；好比零售商、通路商、批貨商等業內人士經常能提供務實的市場建議，若能建立長期的合作互惠關係，對雙方來說都是一件好事，尤其在自主創業之後，他們將會是一股強勁的助力。值得一提的是，當你有意找尋合夥人一起兼職創業時，固然多一個人能多一份助力，但若雙方沒有良好的溝通模式與合作默契，未來將很有可能花費太多時間在化解內部矛盾上，所以選擇合夥人時，務必慎重考慮人選，並且要仔細評估雙方合作的可行性，至於相關的「責、權、利」更應劃分清楚，以免衍生合夥糾紛。

❸ 建立兼職創業的風險控管機制

兼職創業者所付出的一切努力，皆是在為自主創業做好充足準備、提升創業成功的機率，而放下正職工作專心衝刺個人事業的時機點，至少應符合兩項條件，一是兼職部分的收入已經能因應辭掉工作後所損失的薪資，二是副業已經擁有利基市場的基本盤，而且業務量仍呈現穩定成長，通常當收益與事業發展前景明確可期時，兼職創業者再全力經營自己的事業，不僅可以確保創業後的營運立即步上軌道，也能有效降低創業失敗風險。此外，當你碰到兼職創業的發展情況不如預期時，與其埋頭咬牙苦撐，不如找出問題點做出調整，也許是你對自己選擇發展的行業類別評估有誤、錯估了自身兼職創業的能量，或是實際營運方式不夠成熟等等，唯有釐清問題根源，做出明智的應變措施，才能避免矇著頭走了冤枉路，讓自己的兼職創業計畫草草收場。

　　總結而言，兼職創業需要熱情、耐性與衝勁，更需要時刻充實自身的創業能力、做好自我管理，當你藉由工作經驗、自身專長、興趣嗜好、市場商機交叉評估出適合自己發展的行業後，除了應掌握正職與副業的平衡發展外，也應把握兼職創業過程中所遇到的各種學習機會，努力補強當老闆該具備的知識與技能，只要能從實戰中獲取市場經驗，累積創業籌碼，即便創業時程拉長，也終將以安穩而紮實的步伐邁向創業成功之路！

創業適性評量——你是做生意的料嗎？

　　花10分鐘做完下列測驗，檢視自己是否具有創業的先決條件，依照你的個性、人脈、專業、資金等四大方面來評量你是不是做生意的料。每部分有10題，每題有A、B、C、D四個答案，答完後，請對照分數評量，看看你是否具備創業者條件？或適合往哪方面創業。

性格方面：

1. 你願意一星期工作60小時，甚至更多？

　□A. 只要是有必要，當然甘之如飴。

　□B. 在一開始創業，或許可能。

　□C. 不一定，但我認為還有許多事情比工作重要。

　□D. 絕對不能，我只要一天工作下來就會腰酸背痛。

2. 你對於你的未來，規劃如何？

　□A. 已經可以看得到十年後的目標。

　□B. 只規劃好五年以內的道路。

　□C. 只做了一年的規劃。

　□D. 從來都不做生涯規劃，走到哪裡就算哪裡。

3. 在沒有固定收入的情況下，你和家人可以維持生計嗎？

　□A. 可以，如果有這種情況的話。

　□B. 希望不會有這樣的情況，但我了解這可能是必要的過程。

　□C. 我不確定是否可以。

　□D. 我完全無法接受這樣的狀況。

4. 對於下決心要做的事，是否能堅持到底？

　□A. 我一旦下定決心，通常不會受到任何事的干擾。

　□B. 假如是做我自己喜歡的事，大部分的時候都會堅持到底。

　□C. 一開始可以，但一碰到困難，就想要找藉口下台。

　□D. 經常自怨自艾，覺得自己什麼事都做不好，完全不能堅持。

5. 你是一個自動自發的人嗎？

　□A. 是的，我喜歡想些點子，並加以實現。

　□B. 假如有人幫我開個頭，我絕對會貫徹到底。

□C. 我比較寧願跟著別人的腳步走。

　　□D. 坦白說，我很被動，甚至不喜歡想事情與做事情。

6. **對於常常必須一個人孤獨地工作，你的看法是？**

　　□A. 很好，工作效率可因不受干擾而提高。

　　□B. 偶爾會寂寞，不過大致覺得自由。

　　□C. 挺無聊的，會想辦法找機會排遣。

　　□D. 會活不下去，只要一天不跟人說話就會發瘋。

7. **你是非常個人主義，還是寧可安於現狀呢？**

　　□A. 我喜歡自己發想，照自己的方式做事。

　　□B. 我有時很富有原創性。

　　□C. 只求交給專人負責就好，比較沒有個人主義。

　　□D. 我一直認為個人主義者有點怪異，甚至討厭。

8. **你是否能妥善地處理壓力方面的問題？**

　　□A. 可以在幾分鐘之內回復原來的狀態，不致影響工作情緒。

　　□B. 必須要等半天以上才能自己回復。

　　□C. 必須找別人傾訴才能解除壓力。

　　□D. 即使和別人交換意見或是發洩之後，依然久久不能釋懷。

9. **如果客戶當面給你難堪，你會如何？**

　　□A. 還是笑臉迎人，覺得無論如何客戶都是對的。

　　□B. 雖然還是扮笑臉，但是一轉身就罵個不停。

　　□C. 當場垮下臉來，強自忍耐，不過不會回嘴。

　　□D. 當場回嘴，和客戶爭個長短。

10. **喜不喜歡你所選擇的創業行業？**

　　□A. 非常喜歡，覺得這個事業是這一輩子最想做的事。

　　□B. 喜歡，但是換別行做做也無所謂。

　　□C. 還好，只是因為一出學校就做這行，所以別無選擇。

　　□D. 不喜歡，不過看在錢的面子上勉力苦撐。

專業方面

1. **你是否能夠勝任多重商業任務：會計、銷售、行銷等？**

　　□A. 我對自己很有信心，一定可以的。

　　□B. 我可以試一試。

　　□C. 我不確定。

　　□D. 我沒什麼專長，應該不能。

2. **曾經被挖角的次數有多少？**

　　□A. 至少在5次以上。

□B. 3～4次以上。

　　□C. 1～2次。

　　□D. 從來沒有。

3. **擁有多少張專業證書或執照（專長或才藝均可）？**

　　□A. 3張以上。

　　□B. 2張。

　　□C. 1張。

　　□D. 完全沒有。

4. **你曾憑著專長參賽得獎或獲得表揚的次數有多少？**

　　□A. 3次以上。

　　□B. 2次。

　　□C. 1次。

　　□D. 完全沒有。

5. **你是否從事過你想要創業的這個行業？**

　　□A. 是的，且非常熟悉。

　　□B. 有過幾次經驗。

　　□C. 不太確定，但以前學生時代有學過。

　　□D. 完全沒有。

6. **你看得懂財務報表嗎？**

　　□A. 完全沒問題。

　　□B. 簡單的還可以。

　　□C. 惡補一下就可以。

　　□D. 完全沒概念。

7. **你懂得很多生意技巧嗎？**

　　□A. 是的，我非常擅長做生意。

　　□B. 還滿懂的，至於欠缺的部分我也樂意學習。

　　□C. 大概多少懂一些吧。

　　□D. 不，我不太懂。

8. **你每月平均花多少時間看財經相關雜誌或書籍？**

　　□A. 14小時以上。

　　□B. 6～13小時左右。

　　□C. 偶爾才翻。

　　□D. 完全沒有。

9. **你是否參加過有關財務或做生意相關的教育訓練？**

　　□A. 5次以上。

　　□B. 3～5次。

□C. 1～2次。

□D. 沒參加過。

10. 你覺得自己很有競爭力嗎？

    □A. 天質聰慧過猶不及。

    □B. 當然，還不錯。

    □C. 不一定，看哪方面。

    □D. 很差。

資金方面：

1. 如果從現在開始創業，是否有資金？

    □A. 目前資金不是問題。

    □B. 可以撐上一～二年。

    □C. 只能準備一些預備金。

    □D. 可能連一個月都撐不了。

2. 若你是藉由貸款而創業的，是否想過還款來源？

    □A. 我沒想過，因為我不會用貸款創業。

    □B. 有，我本身對於還款計畫很有概念。

    □C. 我曾經想過，但目前沒有很具體。

    □D. 還沒想過還款計畫，只想先創業。

3. 你是否有多重投資管道？

    □A. 是的，我本身很會理財。

    □B. 我只有部分投資管道。

    □C. 我正在學習如何投資。

    □D. 我完全沒有概念。

4. 你的債信紀錄如何？

    □A. 我認為我的債信良好，經得起檢驗。

    □B. 我沒有向銀行借過錢，所以沒有此方面的紀錄。

    □C. 有過幾次遲交貸款的紀錄。

    □D. 曾經跳過票，或曾被銀行列為拒絕往來戶。

5. 如果你現在有一個很好的創業計畫，你有很多管道籌資嗎？

    □A. 很多，因為平常我就定期找資料。

    □B. 還好，但是我相信可以找到管道的。

    □C. 只找到一些，但不確定是否可行。

    □D. 完全沒有。

6. 若為合夥生意，你目前的股東的經濟狀況如何？

    □A. 全數的股東都是拿多餘的錢來作投資，完全不在乎虧損。

□B. 有半數以上的股東，可以容忍一年以上的虧損狀況。

　　□C. 有半數以上的股東可以容忍幾個月的虧損。

　　□D. 多數股東都還是必須靠這份事業生活。

7. **你的周轉金可以因應多久的虧損？**

　　□A. 至少一年以上。

　　□B. 半年以上。

　　□C. 三個月以上。

　　□D. 頂多只能容許虧損2個月。

8. **除了銀行存款外，你還使用幾種投資工具？**

　　□A. 4種以上。

　　□B. 2～3種。

　　□C. 1種。

　　□D. 沒有。

9. **如果你現在缺現金，你第一時間最先可以立即找到誰幫你？**

　　□A. 父母。

　　□B. 親戚。

　　□C. 朋友。

　　□D. 完全沒有。

10. **如果有急難發生，你可以調到多少頭寸（指向親友或是銀行借貸，不含地下錢莊）？**

　　□A. 上千萬元。

　　□B. 數百萬元。

　　□C. 幾十萬元。

　　□D. 不到十萬元。

人脈方面：

1. **自學校畢業後，你曾經參加過幾個社團組織或讀書會活動？**

　　□A. 5個以上。

　　□B. 3～4個。

　　□C. 1～2個。

　　□D. 從來沒有參加過。

2. **你在幾家公司任職過？**

　　□A. 5家以上。

　　□B. 3家以上。

　　□C. 1～2家。

　　□D. 無。

3. **你平均多久可以發完一盒名片？**

□ A. 一個月。

□ B. 一～三個月。

□ C. 三～六個月。

□ D. 超過半年以上。

4. 假設你現在是業務員，你覺得你目前擁有多少潛在客戶？（請翻閱你所交換來的名片，參考作答，含所有親朋好友）

□ A. 50人以上。

□ B. 30～49人。

□ C. 差不多10幾20來個左右。

□ D. 不及10人。

5. 目前手頭上擁有的名片數有多少？

□ A. 超過200張。

□ B. 超過100張。

□ C. 超過50張（含50張）。

□ D. 不及50張。

6. 你擁有的名片中有多少是客戶、潛在客戶與上、中、下游協力廠商的名片？

□ A. 30張以上。

□ B. 20張以上。

□ C. 10張以上。

□ D. 不及10張。

7. 你每週花費在交際活動的時間有多少？

□ A. 每週至少5～6小時。

□ B. 1週4小時。

□ C. 1週2～3個小時。

□ D. 從不參加。

8. 萬一今天你接到很趕的案子，你覺得你有多少人可立即動員支援？

□ A. 5人以上。

□ B. 3～4人。

□ C. 1～2人。

□ D. 只能靠自己獨撐大局。

9. 你是否願意和客戶應酬？

□ A. 當然，可以每天應酬維持交情，大力推銷本公司產品。

□ B. 看情況，如果有必要的話，我可以試試的。

□ C. 我比較不喜歡應酬，因此頻率不要太高。

□ D. 獨來獨往，我不喜歡應酬。

10. 與潛在合夥人（含上司、親友、同事、上下游廠商）相處的狀況如何？

□A. 只要有合作的機會，他們一定會第一個想到我。

□B. 只有和其中幾個人比較熟，但是多數合作機會都是由我主動促成。

□C. 合作經驗還算愉快，但還是比較喜歡獨自行事。

□D. 之前的合作經驗並不愉快，所以日後可能不會再合作了。

計分方式

□A：4分／□B：3分／□C：2分／□D：1分；每部分10題滿分40，全部總滿分為160分，請每部分加總後再計算最後分數。

合計：性格＋專業＋資金＋人脈＝　　　　　　　　　分。

【評測結果說明】

▸ 總分131～160分（創業評比：★★★★★）：

哇，你兼具了創業的特質與技巧。一定是位好老闆，你不創業真的浪費人才了。可以說是「萬事具備，只欠東風」，你目前所欠缺的就是金錢了，趕快利用本書所介紹的創業資金哪裡來，挑選出最適合你的管道，尤其是政府的創業資源，這能讓你的新創事業如虎添翼！

▸ 總分111～130分（創業評比：★★★★☆）：

你並非天生的創業人才，大致具有獨當一面的雛形，或許創業初期會有些波折，但創業是可以學習的，當你真正花時間去了解這個市場、了解你的競爭對手、和會計師談過、和其他已經創業成功的人談過、開始找人、找通路……經過時間的鍛鍊，一定能成為成功的老闆。

▸ 總分90～110分（創業評比：★★★☆☆）：

其實你很有潛能創業，但離自立門戶還有一段距離要努力，建議先上班一段時間累積經驗，你可以在上班時好好的觀察一家企業的運作方式，例如去哪裡找到經營團隊、怎麼設計產品、怎麼行銷產品、有哪些協力廠商、怎麼帶領團隊、怎麼節省開銷……等徹底了解如何經營一家公司之後，再依照你的專業與性格，找到適合你創業的領域，才不至於冒過大的風險。

▸ 總分90分以下（創業評比：★★☆☆☆）：

創業並不如你所想像的那麼簡單，除了眼睛所能見到的買賣過程以外，還需要培養許多其他的能力，如創新、不怕失敗、找到好人才、說服別人、管理資源的能力……你最好先做一些自行創業以外的事情，請多多學習別人的創業經驗，或參加相關教育訓練，再重新思考創業的可能。

（資料來源：勞動部）

創業諮詢網站

臺北市創業資源網

http://www.startup.taipei.gov.tw/tvca/Home.aspx

中華民國居家及小型企業協會——SOHO甦活創業網

http://www.soho.com.tw/

財團法人台灣中小企業聯合輔導基金會

http://www.sbiac.org.tw/

中華民國中小企業總會

http://www.nasme.org.tw/front/bin/home.phtml

創業資源分享平台

https://zh-tw.facebook.com/ZhengFuZiYuanFenXiangPingTai

中國青年創業協會總會

http://www.careernet.org.tw/

台灣連鎖加盟促進協會

http://www.franchise.org.tw/

青年創業圓夢網

http://sme.moeasmea.gov.tw/sme/index.php

阿甘創業資訊網

http://www.ican168.com/

婦女聯合網站——女性創業資源

http://www.iwomenweb.org.tw/Content_List.aspx?n=659D60199359DC39

台灣婦女展業協會

http://www.twdc.org.tw/

創業研習課程

臺北市創業課程

臺北市身心障礙者創業經營實務課程

http://www.fd.taipei.gov.tw/mp.asp?mp=116053

臺北市政府產業發展局——臺北企業充電讚

http://www.tpehouse.org.tw/

臺北市中小企業知識學苑系列課程

http://www.doed.taipei.gov.tw/MP_105007.html

臺北市身心障礙者自力更生創業補助

http://www.fd.taipei.gov.tw/ct.asp?xitem=40608637&CtNode=67084&mp=116053

TYS 臺北青年職涯發展中心創業發想平臺
http://tys.okwork.gov.tw/News/News-Content.aspx?KEY=29
臺北市文化創意產業扶植計畫
http://www.taipeicdd.org/%28X%281%29S%284olyqbzrmvmc33ezphbpzc3f%29%29/Index.aspx?AspxAutoDetectCookieSupport=1
臺北市中小企業輔導服務中心
http://www.doed.taipei.gov.tw/MP_105007.html

中央局處創業課程

勞委會職訓局職業訓練數位學習網
http://www.vtu.nat.gov.tw/index.do;jsessionid=EB9E62CF4111FFFA874619E83463133E
勞動部微型鳳凰創業課程
http://beboss.cla.gov.tw/cht/index.php?code=list&ids=6
經濟部中小企業處創業知能養成計畫
http://www.learningup.tw/index.php
經濟部中小企業網路大學校
http://www.smelearning.org.tw/
行政院青輔會青年創業育成班
http://bpclass.careernet.org.tw/rigister.php

其他課程

國際青年創業領袖計畫
http://www.entrepreneurship.net.tw/activity-announce/2420
促進中小企業數位學習計畫
http://www.moeasmea.gov.tw/content.asp?CuItem=8643
中小企業經營領袖研究班
http://open.moeasmea.gov.tw/moeasmea/wSite/mp?mp=00501
數位鳳凰計畫
http://womenup.ispa.org.tw/Pages/%E9%A6%96%E9%A0%81.aspx

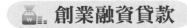 **創業融資貸款**

臺北市

臺北市中小企業融資貸款
http://www.doed.taipei.gov.tw/np.asp?ctNode=26800&mp=105006
臺北市中小企業策略性及創新升級融資貸款

http://www.doed.taipei.gov.tw/np.asp?ctNode=34217&mp=105006

臺北市青年創業融資貸款

http://www.doed.taipei.gov.tw/np.asp?ctNode=42019&mp=105006

中央

行政院原住民微型經濟活動貸款

http://www.apc.gov.tw/portal/docDetail.html?CID=23DD6FC526F7465A&DID=0C3331F0EBD318C264BFF992F9BBF989

行政院促進服務業發展優惠貸款

http://www.ndc.gov.tw/m1.aspx?sNo=0000549&ex=2&ic=0000153

行政院農委會農業發展基金貸款

http://www.boaf.gov.tw/boafwww/index.jsp

經濟部工業局促進產業研究發展貸款

http://investtaiwan.nat.gov.tw/matter/show_chn.jsp?ID=44&MID=3

經濟部中小企業處中小企業品質管理提升計畫

http://www.moeasmea.gov.tw/content.asp?CuItem=8647

經濟部中小企業處青年創業貸款

http://sme.moeasmea.gov.tw/SME/main/loan/ARM01.PHP?op=1

經濟部中小企業處青年築夢創業啟動金貸款

http://www.moeasmea.gov.tw/ct.asp?xItem=10412&ctNode=609&mp=1

經濟部中小企業處婦女創業飛雁計畫

http://www.sysme.org.tw/woman/internet/competition/competition_introduction.asp

勞動部微型創業鳳凰貸款

http://beboss.cla.gov.tw/cht/index.php?code=list&flag=detail&ids=4&article_id=38

文化部文化創意產業優惠貸款

http://cci.culture.tw/cci/cci/invest_one_level_detail.php?sn=4408&ddlSearchType=&p=

經濟部小店家貸款信用保證

http://www.iwomenweb.org.tw/cp.aspx?n=AD9F0314002A21B1

經濟部火金姑專案

http://www.smeg.org.tw/general/firefly/introduction.htm

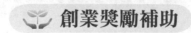

創業獎勵補助

臺北市政府

臺北市產業發展獎勵補助計畫

https://www.industry-incentive.taipei.gov.tw/index.aspx

臺北市績優生技單位參與海外國際生技展申請補助

http://www.taipei.gov.tw/lp.asp?ctNode=26813&CtUnit=14798&BaseDSD=7&mp=105006

臺北主題電影製作補助

http://www.native.taipei.gov.tw/ct.asp?xItem=1253311&CtNode=40998&mp=121041

臺北市政府原住民族事務委員會原住民貸款利息補貼計畫

http://www.native.taipei.gov.tw/ct.asp?xItem=1253311&CtNode=40998&mp=121041

臺北市身心障礙者自力更生創業補助

http://www.fd.taipei.gov.tw/ct.asp?xitem=40608637&CtNode=67084&mp=116053

原住民族事務委員會原住民貸款利息補貼計畫

http://www.native.taipei.gov.tw/

臺北市藝文補助

http://www.culture.gov.tw/frontsite/art_index.jsp

行政院

行政院國家科學委員會提升產業技術及人才培育研究計畫

http://host.cc.ntu.edu.tw/sec/all_law/9/9-24.html

行政院國家發展基金創業天使計畫

http://www.angel885.org.tw/

行政院國家科學委員會臺灣科普傳播事業發展計畫

http://www.scicommtw.com/

教育部

教育部大專畢業生創業服務方案

http://ustart.moe.edu.tw/picpage.aspx?CDE=CGF20090519101140JR5

經濟部

經濟部工業局-中小企業即時技術輔導計畫

http://proj2.moeaidb.gov.tw/itap/index.php

經濟部工業局-主導性新產品開發計畫

http://www.moeaidb.gov.tw/external/ctlr?PRO=project.ProjectView&id=905

經濟部工業局-市場應用型發展補助計畫

https://www.moeaidb.gov.tw/external/ctlr?PRO=project.ProjectView&id=925

經濟部工業局-生物技術研發成果產業化技術推廣計畫

http://proj08.ekm.org.tw/cb/Web/default.aspx

經濟部工業局-協助傳統產(工)業技術開發計畫CITD

http://www.citd.moeaidb.gov.tw/CITDweb/Web/Default.aspx

經濟部工業局-傳統產業ICT共通性加值計畫

http://ecos.jfishdesign.com/02.php?controlNo=2

經濟部工業局-資通訊安全產業推動計畫

http://www.isecurity.org.tw/

經濟部工業局-數位內容補助產業發展補助計畫

http://dcp.itnet.org.tw/index.php

中小企業創新服務憑證補(捐)助計畫

http://www.moeasmea.gov.tw/ct.asp?xItem=10094&ctNode=613

中小企業創新研究獎

http://hyweb.moeasmea.gov.tw/moeasmea/wSite/mp?mp=00203

中小企業數位關懷計畫

http://e98.sme.gov.tw/

ITDP業界開發產業技術計畫

http://innovation1.tdp.org.tw/index.php

SBIR小型企業創新研發計畫

http://www.sbir.org.tw/SBIR/Web/Default.aspx

ITAS創新科技應用與服務計畫

http://itas.tdp.org.tw/index.php

CDIP提昇商業設計計畫

http://96.cdip.org.tw/

協助服務業研究發展輔導計畫(業者創新研發計畫補助)(ASSTD)(SIIR)

http://gcis.nat.gov.tw/neo-s/Web/Default.aspx

商業服務設計發展計畫

http://www.cdip.org.tw/

優化商業創新與網絡發展計畫

http://gcis.nat.gov.tw/ecpp/

The Psychology of Consumer Behavior.

沒有銷售不了的產品，
其實是你對客戶還不夠了解！

成交寶典

《保證成交的客戶心理操控術》

世界華人八大明師亞洲首席 王擎天 博士著
定價：320 元

世界第一的銷售大師喬·吉拉德說：
「我不是在銷售產品，而是在銷售一種感覺。」

銷售只賣兩件事： ☑ 問題的解決 ☑ 愉快的感覺
客戶不會因你的產品有效果就決定買，
要讓他們甘心按下購買鍵，「感覺」很重要。

讓客戶都聽你的銷售攻心計，教你——
緊緊抓住客戶「芳心」，讓他主動找你買！

How to enhance the problem solving skills by improving yourself.

總覺得工作戀愛不順？日子過得不如預期？
夢想不如放棄？危機處理

《問題解決術》
NLP 微心機個人改進技巧

亞洲八大名師首席 王寶玲 博士著
定價：300 元

這些盲點都在於你有沒有發現問題？能不能解決問題？
多數人會遭遇到的困境是——
不能發現問題是因為沒有能力；無法解決問題是因為不得要領！
但是，沒有解決不了的問題，只有不願面對的自己。

你需要的是一本教你抓對要領的處理問題 SOP 手冊
只要 **強化 5 大關鍵力 × 立即見效 NLP 技巧**
就能讓你逆轉現狀、順利達到個人目標！！

國家圖書館出版品預行編目資料

一開始創業就做對 /王擎天 著． -- 初版. -- 新北市：創見
文化, 2014.07　面；公分 (成功良品；74)
ISBN 978-986-271-509-3 (平裝)

1.創業

494.1　　　　　　　　　　　　103009630

成功良品 74

一開始創業就做對

創見文化 · 智慧的銳眼

本書採減碳印製流程
並使用優質中性紙
（Acid & Alkali Free）
最符環保需求。

作者／王擎天
總編輯／歐綾纖
文字編輯／蔡靜怡、徐欽盛、蔣立智
美術設計／吳佩真

郵撥帳號／50017206 采舍國際有限公司（郵撥購買，請另付一成郵資）
台灣出版中心／新北市中和區中山路2段366巷10號10樓
電話／（02）2248-7896　　　　　　傳真／（02）2248-7758
ISBN／978-986-271-509-3
出版日期／2017年最新版

全球華文市場總代理／采舍國際有限公司
地址／新北市中和區中山路2段366巷10號3樓
電話／（02）8245-8786　　　　　　傳真／（02）8245-8718

全系列書系特約展示
新絲路網路書店
地址／新北市中和區中山路2段366巷10號10樓
電話／（02）8245-9896
網址／www.silkbook.com

創見文化 facebook https://www.facebook.com/successbooks

本書於兩岸之行銷（營銷）活動悉由采舍國際公司圖書行銷部規畫執行。

線上總代理 ■ 全球華文聯合出版平台　www.book4u.com.tw	
主題討論區 ■ http://www.silkbook.com/bookclub	● 新絲路讀書會
紙本書平台 ■ http://www.silkbook.com	● 新絲路網路書店
電子書平台 ■ http://www.book4u.com.tw	● 華文電子書中心

B 華文自資出版平台
www.book4u.com.tw
elsa@mail.book4u.com.tw

全球最大的華文自費出版集團
專業客製化自助出版 · 發行通路全國最強！